中国云南野生花卉

《中国云南野生花卉》编辑委员会

顾　　　问	吴征镒　李诤友　郝小江
主任委员	雷吟天　刘培贵
副主任委员	武全安　李德铢　徐志辉
编　　　委	武全安　徐志辉　李　惟　罗元明
	刘培贵　李德铢　严文才　由慧中
	李正安　龚　洵　龙勇诚　陈英君
	陈志诚

主　　　编	武全安
副 主 编	由慧中
编　　著	武全安　由慧中
摄　　影	武全安
补充摄影	徐志辉　武　刚
助　　编	武　劲　鲁元学　武　翔

| 策　　划 | 陈利　徐志辉　武全安 |

| 责任编辑 | 朱崇胜　何增明 |
| 装帧设计 | 李　田 |

图书在版编目（CIP）数据

中国云南野生花卉／武全安主编．- 北京：中国林业出版社，1999.3
ISBN 7-5038-2195-7

Ⅰ.中… Ⅱ.武… Ⅲ.花卉 - 野生植物 - 云南Ⅳ.S68

中国版本图书馆 CIP 数据核字（1998）第 39471 号

中国林业出版社出版
（100009 北京西城区刘海胡同 7 号）

深圳美光实业股份有限公司印制
新华书店北京发行所发行

1999 年 3 月第 1 次印刷
2000 年 1 月第 2 次印刷
开本：215mm x 285mm
印张：13　　　　字数：260 千字
印数：2001 ~ 2500　　定价：220 元

中国科学院昆明植物研究所
云南省科学技术协会
云南省生态经济学会

中国云南野生花卉

武全安　主编

中国林业出版社

序

　　武全安教授是我所长期从事云南野生花卉资源研究和系统地按区系进行引种驯化的植物学家。1986年前后他和我及俞绍文、张启泰与日本知名植物学家原宽、北村四郎及园艺学家津山尚等协作，由日籍中国台湾学者许建昌译成日文，中国云南人民出版社和日本放送出版协会合作印刷日文版《云南の植物》三巨册，他是主力之一。

　　该书虽对云南经济发展略有贡献，可惜由于彩色出版费用过于昂贵，书价亦颇不菲，当时未能在国内外用中、英文印刷发行，以至国内未见流通，更鲜应用。武君有鉴于斯，从那时起就个人全力以赴，于野外观察拍摄、室内收集整理鉴定。十余年来共收集云南从热带到高山寒带各类有赏花（多数）、赏果、赏叶价值的植物，得彩照千余幅。从中精选出475幅，代表有各种观赏价值的绿色高等植物89科，237属，475种，可以说几乎囊括了云南省全部的主要的花卉植物资源。其所介绍的植物种，除彩色照片外，文字包括学名、中名、形态简要描述、地理分布、生态环境、海拔、观赏用途和其他用途等等，可谓图文并茂。尤其具有特色的是在全面广泛收集中，注意突出重点，例如热带以兰科、姜科、豆科、夹竹桃科为主，仅兰科就有64种之多，而其他热带各科各有二三种至七八种不等，亚热带则突出木兰科（7属20种）、野牡丹科（5属8种）、杜鹃花科（低海拔种类、全属共收36种），茶科、蔷薇科、毛茛科和其他零散的种类，温带和高山寒带则以杜鹃、报春（22种）、龙胆、马先蒿、绿绒蒿、百合、豹子花（5种）等云南特有的名花为主。总之，全书收集比较齐全，而又精心选择，鉴定名称较为准确，分布、生态环境较为详实，是近年来已发行的各种彩照图册中佼佼者，余固乐为之序。

吴征镒

1998.12.22

前 言

云南地处中国西南部，由于有着得天独厚的自然环境和独特的地理地貌，植物种类极为丰富，为我国之冠，仅种子植物就有近14000种（包括变种、变型），约占中国此类植物总数的50%，但云南的土地面积仅占中国土地面积的4%。云南不仅植物种类多，而区系成分亦很丰富多样，热带、亚热带、温带、寒带各类区系成分应有尽有，故素有"植物王国"之称，其中花卉资源亦极为丰富。

作者在80年代初从事《云南植物》（日文版）一书的编写和野外考察、拍摄照片资料，在此过程中就深深为云南美丽的野生花卉所吸引，就专心注意拍摄这方面的照片和收集有关资料，《中国云南野生花卉》一书就是在此基础上从中挑选其精华，得以很快编集成册。

花卉是彩色的来源，是季节变化的标志，野生花卉是自然风光不可缺少的重要组成部分，它以其姿色、风韵和香味给人以美的享受。一个地区，一个城市种满了花草树木，也体现着人们的精神文明，而人们也把花作为美好、幸福、吉祥、友谊的象征。现代化的城市要求高质量的花卉和其他观赏植物来绿化、美化，野生花卉则是城市栽培花卉的来源。据有关资料分析统计，云南具有重要观赏价值的野生观赏植物约在2500种以上，这是人类极其宝贵的财富，是一种永续利用的再生资源，本书共收录了云南较为名贵的野生花卉475种编集成册，供人们今后进一步发掘利用，为云南的花卉产业化提供一些基础资料。

该书所收集的种类覆盖了云南各气候带下各种植被类型中所生长的重要花卉。热带地区重点介绍一些常见而又易于引种的兰科、姜科、豆科、夹竹桃科和其他零散的热带种类。亚热带着重介绍木兰科、毛茛科、蔷薇科、野牡丹科、茶科和中低海拔生长的杜鹃。云南温带和高山寒带是世界名花杜鹃、报春、龙胆、马先蒿的主产地。本书也较集中地介绍了其中部分名贵花卉。本书以在原产地拍摄得到的彩色照片配以简明的文字说明，阐述其形态特征、分布、生态环境、用途等等，为园林设计、园艺教育、科研、花卉专业户及企事业开拓者提供资源信息，以便发掘利用云南这一宝贵的花卉资源，同时也较直观地使人们了解云南花卉事业的巨大潜力。

书中所收录的种类科按哈钦松分类系统排列，属、种则按拉丁字母顺序排列。在附录中附以中名索引和拉丁名索引以便于读者查阅。

此书的出版得到云南生态经济学会秘书长、高级工程师徐志辉先生的大力推荐和帮助；图片的精选过程中中国林业出版社副总编辑陈利先生和第三编辑室主任李惟女士直接参与，使书的内容更为精练，重点突出。在野外拍摄照片、采集标本、收集资料等过程中得到我的同事龚洵、鲁元学和其他同志的协助，杜鹃部分种名的鉴定得到杨增宏先生的帮助，作者对上述诸位先生的帮助表示深切的谢意。

承蒙中国科学院资深院士吴征镒教授给予作序并对本书植物种类的中名和拉丁名进行审定，特此致谢。

本书所收集的植物种类科、属、种较多，学名虽经反复鉴定，可能还有错误，在成书过程中，文字虽经反复审定，不足和错误之处仍在所难免，敬请读者批评指正。

作 者

1998 年 11 月

目　录

序

前言

云南的自然概况　1

云南植物区系的组成及其特点　9

云南野生观赏植物资源　14

云南的野生花卉　21

云南的自然概况

地形地貌

云南地处祖国的西南边陲,位于青藏高原和长江以南的亚热带平原丘陵、山地到中南半岛平原中间的过渡地带,自然条件极其复杂多样。地理位置介于东经97°31′39″~106°11′49″,北纬21°8′22″~29°15′8″之间。全省地势大体上从西北向西南、东南和东北倾斜,山岳高耸,河谷深嵌,地貌结构十分复杂,平均海拔约2 000m左右。东与贵州、广西相连,与贵州组成"云贵高原",南面、西面与西南面与越南、老挝、缅甸接壤,西北部地处"世界屋脊"青藏高原的东南边缘,北面则与四川相接,南北纵贯910km,纬差达8°6′3″,东西横跨885km,经差8°40′8″,面积约39.4万 km²。这大而特殊的地理区位,本身就为云南丰富多彩、而又复杂多样的自然资源提供了存在的空间条件。

1. 地貌的基本类型

云南的地貌大体上可分为:山地地貌、高原面和山间盆地、河谷、喀斯特地貌4个类型。而云南是一个多山省份,地貌则以山地地貌为主。

(1) 山地地貌   由于地貌海拔高差悬殊,一般可分为以下4种类型:

极高山   绝对高度在5 000m以上,相对高度大于1 000m,主要分布于德钦、中甸一带。由于有金沙江、澜沧江、怒江三大水系由北向南而流,河谷深切,悬崖峭壁,谷底海拔一般约1 200~2 000m,相对高差一般为3 500~4 000m(4 500m),在极高山中有名的高山为梅里雪山(主峰卡格博峰,为云南最高峰,海拔为6 740m)、太子雪山、白马雪山、哈巴雪山、玉龙雪山。从河谷至山顶日温差可达40℃以上,山顶终年积雪,有现代冰川活动。

位于丽江境内的玉龙雪山,拥有多种多样的植被类型和丰富的植物资源,是云南重要的自然保护区

太子雪山为云南第二高山，最高海拔6050m

高山　绝对高度为3500～5000m，多分布于丽江以北（以金沙江为界）和云南东北部东川、昭通等地，其中的高山有剑川老君山、大理的点苍山、禄劝的轿子雪山，滇东北普渡河以东的落雪大山，巧家的药山，海拔均在4000m以上。

中山　其绝对高度一般为1000～3500m，其相对高差仅500～1000m，这是云南山地中比重最大的一类，它广泛分布于滇中高原和滇东南，总面积约达25万km²。

低山　绝对高度仅500～1000m，主要分布于云南南部的西双版纳和德宏的热带地区。

以上的山地地貌，从山系来看其山脉主要分为三个系统。

一是横断山脉。它的北端位于青藏高原，在云南境内自西向东横断山脉依次为高黎贡山、怒山（碧罗雪山）、云岭、玉龙雪山4条南北向平行的山脉，其依次镶嵌的三江为怒江、澜沧江、金沙江。怒山的主峰为梅里雪山，南段称大雪山，最南降至勐海的桦竹梁子，海拔仅2429m。云岭往南在景东附近的无量山海拔降低至3000～3200m，继续往南分为两支，一支伸入西双版纳，另一支向东南沿元江南岸发展。玉龙雪山南端至大理海拔仅为3200m左右。

二是大凉山山脉。此为川西山地向西南延伸进入云南的部分，分西、中、东三支，西支为白草岭，最高峰为3657m，南段行至南华附近海拔仅2600m左右；中支为三台山，往南至易门，海拔降至2100m；东支为梁王山，由东川经昆明至石屏、建水。

三是乌蒙山山脉。从四川、贵州进入云南，呈北北东向，其最高峰为巧家药山。

(2)高原面和山间盆地　高原地貌在发生上属于古夷平面的组成部分，现在或为丘陵状的高原面，或为分割的高原面。山间盆地是由于高原面局部凹陷或断陷的构造因素和外力剥蚀因素所形成的负向地貌形态。这种山间盆地云南俗称坝子，高原地貌一般多呈"山上有原"或"原上有山"的丘陵状高原向山地过渡的一种地貌形态。云南高原面范围很广，由昆明向西直到大理附近，以昆明向东到富源，直线距离达400余km，基本上属丘陵状的高原面地貌，其间镶嵌的盆地（坝子）数量也不少，面积大于5km²的有553个，但大于100km²的仅49个，而昆明和陆良坝子面积达700km²。盆地与四周的丘陵往往有2～3级阶地，相对高差在200～300m间。

(3)河谷　云南江河密布，深嵌于高原面以下纵横交错的河谷，对高原面起到明显的切割作用。云南的几大江河，谷底一般都呈V形谷，阶地与河漫滩均不发

云南是一个高原多山的省份，拥有复杂的地质地貌。左图为云南东南部喀斯特地貌景观；右图为中国第一险峡虎跳峡

达，其中比较重要的河谷低盆地有红河河谷的元江坝、漠沙坝、金沙江河谷的巧家坝、龙街坝，陇川江河谷的元谋坝，南盘江河谷的开远坝，怒江河谷的怒江坝、上河坝等。这些河谷与高原面，特别与高山地貌间的高差都很大，在云南西北部高差在1 000m以上，在滇中高原约1 000m左右，在南部也在500m以上。

(4)喀斯特地貌　云南的喀斯特地貌全省均有分布，其中以滇东南发育程度最高，面积最广，滇中以举世闻名的路南石林最为壮观。

2.地貌的基本特征

云南地貌类型多样，结构复杂，这种特殊的地貌结构通过对水、热、土壤条件的配置，来影响植被的分布和地域组合。因而使云南植物区系成分和植被类型亦极为多种多样，丰富多彩。云南地貌结构和基本特点，主要有以下方面。

(1)地势呈西北高东南低的阶梯状倾斜　全省地势高耸，平均海拔在2 000m以上，其梯状倾斜大体可分为6个层次，最上层是西北部的德钦、中甸极高山区，在这个层次上的高黎贡山、怒山(碧罗雪山)、云岭等很多山峰海拔均在5 000m以上。第二层次也是在滇西北德钦一带海拔4 000m左右的古夷平面，这是具有一定面积的台状高地。第三个层次则是中甸附近3 400m至丽江铁架山一带海拔3 000m左右的古夷平面，地势较为平坦，古夷平面保存较为完整，并具有较大的陷落盆地。第四层为滇中高原海拔在2 000~2 500m的一级平地，面积广阔，是云南高原的主体，由此地势向东、向南、向西逐渐降低，至路南、弥勒、师宗一带海拔已降低至2 000m左右。第五层在滇南则降为1 300~1 400m的平坦台地，如大渡岗、通关、临沧一带则是此层的典型地带。第六层则是滇南的河谷低地，低盆地十分发达，在思茅以南海拔为500~800m，如景洪、橄榄坝、勐腊、小勐岔等地。在东南部由于河流切割较深，而海拔更低，在河口海拔仅76.4m。

(2)具有高差十分悬殊而复杂的多层次的切割高原的特点　云南从整体看地势高耸，全省大部地区海拔在2 000m左右，但地形起伏很大，各地海拔高差十分悬殊，其垂直向层次地貌十分发育，这些层次形成了不同的植被类型。如西北部的梅里雪山是全省的最高点，海拔高达6 740m，而在南部河口县元江与南溪河交汇处的水平面海拔仅为76.4m。省内高差达6 600余米，这种十分发育的层次地貌大致可分为以下基本层次：一是高原面的高耸山地，这是指古夷平面的解体过程中被抬升到远远高出高原面通常高度以上的雄伟群山。亦即是山地地貌中的极高山和高山。二是由丘陵状高原面和分割高原组成的高原面及其山间盆地。三是河谷和盆地。

(3)有众多的盆地(坝子)星罗棋布地镶嵌于群山之中　这些山间盆地有的沿河流呈串珠状分布，有的沿湖泊存在。这些山间盆地小的仅数平方千米，大的六七百平方千米。

高原明珠——泸沽湖

(4)云南的地貌可划分为两个明显的地貌区　这种地貌上的明显地域差异，可分为两个部分，即滇东高原区和横断山系峡谷中山高山区。其分界大致沿点苍山至哀牢山为界，此界以东，地貌以丘陵状高原为主，地势起伏缓和，高原盆地较多，少高山深谷，这一区域又可沿昆—河铁路线为界划分为东西两部分，东部为石灰岩岩溶高原，高原面较为完整，丘陵起伏缓和。西部则为滇中的断陷湖盆高原，有滇池、抚仙湖等十余个高原湖泊分布其中。点苍山—哀牢山以西为横断山系峡谷中山高山区，其中又可划分为南北两部分，两部分大致以保山、大理为界，南部横断山系帚状山脉峡谷中山区，北部系横断山系的高山区，南北走向从西至东排列的高黎贡山、怒江、怒山(碧罗雪山)、澜沧江、云岭、金沙江等相互紧逼。高耸并列山峰对峙，汹涌的江水在谷底奔腾。这些大山脉高度一般都在4 000m以上。

滇东北为高山山原峡谷地貌，构成乌蒙山脉。

河流与湖泊

1. 河流

云南河流众多，据统计共600余条。其中流域面积在1 000km²以上的有84条，它们分属于伊洛瓦底江、怒江、澜沧江、金沙江、元江和珠江6大水系，其中仅元江和珠江发源于省内，其余4大水系均发源于青藏高原。

(1)金沙江　发源于青海的唐古拉山东西侧，经西藏由北向南于云南的德钦县入境，在云南境内全长1 560km，流域面积达10.91万 km²，约占全省面积的1/3，是云南最重要的水系，它在云南境内有17条较大的支流，这个区域 较大的坝子都 分布在这些支流上，只有巧家坝才在金沙江边，而河谷也才豁然开朗。

金沙江自横断山北面进入云南，流到丽江石鼓突然转向东北流，形成举世闻名的"长江第一湾"，而后下行35km到达"虎跳峡"，沿中甸和丽江分界线流至四川边界，再转东，自此逐渐脱离横断山地，进入滇中高原和滇东北、川西南山地。金沙江上游河段主要在云南省境内，下游河段基本为川滇界河，而后进入长江段最后流入太平洋。

(2)澜沧江　亦发源于青海唐古拉山东北面经西藏于云南德钦布衣处入境直向南流，经维西、兰坪、云龙、永平、凤庆等17个县，最后从勐腊出境进入老挝，而称湄公河，最后流入太平洋。在云南境内干流长1 170km，流域面积约8.97万 km²，它较大的支流有黑惠江、墨江、补远江、小黑江、流沙河等。上段在云龙功果桥以上谷深流急、人烟稀少，云岭与怒山高耸于东西两岸。主峰海拔5 000余米。

(3)怒江　发源于唐古拉山南麓，上游称黑水河，经西藏与金沙江、澜沧江并流入云南，而在贡山县青 拉桶入境。而后与澜沧江并流，平行南下经福贡、泸水、保山、龙陵、昌宁、镇康，从潞西进入缅甸后，称萨尔温江，入印度洋。怒江在云

云南河流众多，水系复杂。这是伊洛瓦底江水系的大盈江夕阳西下的风光

南境内干流长仅547km，流域面积3.35万km²。

(4)伊洛瓦底江　发源于西藏，由云南的贡山县布迪入境称为独龙江，在云南的西北角干流长80km，而后又从贡山的马库流往缅甸。在云南境内的独龙江、大盈江、龙江是伊洛瓦底江的三大支流。

(5)珠江水系　云南省流入珠江的河流有南盘江、北盘江和西洋江。珠江源头发源于曲靖市的马雄山，南经曲靖、陆良、宜良到开远小龙潭转向东北至罗平入广西，在云南境内干流长677km，径流面积约5.8万km²。从源头至开远段地势平坦。在小龙潭以下山岭重叠，呈峡谷地形。

(6)红河水系　红河发源于云南巍山县茅草哨，而后呈西北至东南流向，它的上段称元江，它流经巍山、双柏、新平、元江、红河、元阳等县直至河口流入越南。云南境内干流长692km，径流面积约7.49万km²，它较大的支流有普梅河、盘龙河、腾条江、李仙江等。

2. 湖泊

云南大小湖泊共40余个，总面积约1 100km²，是云南高原上的明珠，对调节云南的气候起着重要的作用。多数湖泊平均水深在20m以内，超过20m深度的只有抚仙湖、阳宗海、程海、清水海和泸沽湖，其中抚仙湖最深处达151m，是我国第二深水湖。根据湖泊所处地理位置，可分为滇西北、滇中、滇南、滇东4个湖群。

滇西北湖群主要分布于横断山东部边缘地带，它包括中甸的纳帕海、丽江的拉市海(此湖已渐干涸、积水甚少)、宁浪的泸沽湖、永胜的程海、大理地区的剑湖、茈碧湖、洱海等，其中面积最大的是洱海(面积250km²)，程海(面积78.8km²) 和泸沽湖(51.8km²)。水位最深的是泸沽湖(最深处73m)。

滇中湖群包括滇池、阳宗海、抚仙湖、星云湖、杞麓湖、异龙湖、清水海等。其中面积最大的是滇池(300km²)和抚仙湖(250km²)，并有较高旅游观赏价值。湖水

总面积和蓄水量均大于全省湖泊总数的 2 / 3，除滇池流入金沙江外，其余均流入南盘江。

滇东湖群，湖体一般很小，但数量较多，湖水总面积和总蓄积量在 4 个湖群中居末位。其中较大的湖有青海、逸谷海、阳宗海、月湖、长湖等。一般外地人知之者甚少。

滇南湖群分布于北回归线附近，主要有大屯海、长桥海、三角海、差黑海、海子边等，各湖体面积亦较小。

气候条件

云南由于地理位置和地貌条件的复杂多样，地势高差悬殊极大，大江河多、河谷深切，多破碎地形，反映在气候条件上，气候类型和气候带必然是多种多样，素有"十里不同天"之说。云南又因地处低纬度地带，北回归线从省内部穿过，形成了年温差小，四季不明显的低纬度气候特征。同时云南又受到来自印度洋孟加拉湾海面西南季风和来自南海东南季风的影响形成了干、湿季明显的气候，故云南有低纬气候、季风气候和山原气候的特征。

1. 气候的一般特征

(1)四季温差小的低纬气候　云南省最南端接近北纬21°，最北端到北纬29°以北，跨越8个纬度的空间，其范围相当于从中国的广东湛江到湖南的岳阳，但湛江附近的年温差为12℃，岳阳附近年温差却达25℃；云南绝大部分地区年温差仅在10～14℃之间，最南端年温差只10℃左右，最北端也仅15℃左右，因此云南终年温暖，作物全年可生长，树木四季常青，到处郁郁葱葱，生机盎然，在滇中则形成了冬季无严寒、夏季无酷暑、"四季如春"的气候。

多种多样的气候条件为各种植物提供了良好的生活环境。左图是中甸高原春夏之交的五花草甸；右图是白马雪山杜鹃－红杉林群落的春夏景观

(2)垂直变化显著的山原立体气候　云南由于地貌复杂，海拔高差悬殊大（特别是在滇西北地区，这种差异就更大），因此气候垂直差异十分显著。"一山分四季、十里不同天"在云南是普遍的常见现象。同是一个山体，亦因海拔高度、坡度和坡向的不同，气温和降水、湿度亦随海拔高度的变化差异很大。河谷地带气候炎热，雨量少，而通称干热河谷；到山腰气候温和，降雨量增多，湿度大，植被往往较为茂密；山顶气候冷凉、雨水最多，并常为大雾笼罩，在高山和极高山地区气候尤为冷凉。高山垂直变化，在海拔不同的低山、中山、高山区有这样的描述：低山"草经冬不枯，花非春亦放"(海拔1 240m，年平均温度20.1℃)；中山"人间四月芳菲尽，山里桃花今始开"(海拔2 252m，年平均温度13.1℃)；高山"六月暑天犹着棉，终年多半是寒天"(海拔3 227m，年均温仅7℃)。而这三地直线距离仅30km左右。

亚热带森林植被类型是云南的主要植被类型。这是云南中部湿性常绿阔叶林的林内景观

这种情况在滇西北就更为显著了。

(3)干湿季分明的季风气候 云南高空的大气环流因子特征基本上属于中国西部季风(即南亚季风)的范围,在它的影响下各地干湿季异常明显。由于云南南近海洋,西北靠青藏高原,每年10月环流的西风向南移动,位于青藏高原东南方向的云南高原,这时上空 受南支西风气流的控制,这种来自西亚秉性干燥温暖的气流,在其影响之下形成云南的干季。到次年5月随着西风带的迅速北撤,南支西风突然消失,随之而来的是印度洋和孟加拉湾热带洋面西南季风和来自南海的东南季风推进,笼罩了云南各地,带来大量水汽,形成云南的雨季。这种西风环流和季风的交替更迭形成了云南干、湿季明显的季节特征。

2.云南的气候带

根据《中国气候区划》气候带划分指标,结合云南特点,云南的气候带划分为5个气候带和1个高原气候区:

(1)北热带 云南的热带属世界热带的北缘。它的范围大致在南部的河谷地区如河口、元江、景洪、勐腊、潞江坝、金沙江河谷的元谋等地及哀牢山以西海拔1700m以下, 哀牢山以东海拔400m以下的一些河谷谷地,因此不成明显的带状。其气候要素为全年无霜,年积温大于7500℃,最冷月平均温度大于15℃。此区可分为干热、湿热两个类型,湿热型如河口、勐腊、景洪等地,年降水量一般在1400～1800mm, 可种植橡胶、胡椒等;干热型如元江、元谋、潞江坝等,年降水量 约800mm以下, 可种咖啡、甘蔗等经济作物,年干燥度在1.9以上。

(2)南亚热带 主要是北纬24°以南的广大地区,即哀牢山以西从景东、云县、潞西、梁河一线以南、海拔高度在700～1400m之间的地区和哀牢山以东从石屏、建水、蒙自、文山到富宁一线以南海拔高度在400～1110m之间的地区,此外

左图为云南中部乌蒙山（即轿子雪山）海拔4000m处多色杜鹃的群落；右图为鸡足山常绿阔叶林景观

在金沙江流域的华坪、东川、巧家亦属此带。年均温度大多在18～20℃，年积温在6 000～7 500℃，最冷月均温度10～15℃，全年无霜期在330天左右。此区亦分干、湿两种类型，湿区如江城、思茅、德宏，年降水量达1 500～2 200mm；干热型如蒙自、开远、东川等，年降水量仅700～830mm。该带是云南大叶茶的适生地。

以上这两个带是云南植物种类最为丰富的地区，植被保存亦较好。

(3)中亚热带和北亚热带　这两个气候带植被类型基本相同，主要为常绿阔叶林带。该区的大致范围是从云南的西部腾冲、保山、昌宁、大理州东部、楚雄州大部、昆明市大部、曲靖地区南部到南亚热带交界线以及昭通、彝良、盐津、大关、文山州的砚山、怒江州的福贡等地，海拔在1 100～2 000m之间，年降水量两带都在900～1 000mm之间，这两个带，地域较大。靠北部和东北部气候较云南中部冷凉，年均温仅14～16℃，有的地区霜期可长达4～5个月，而其他区年平均温度一般在16～18℃，有霜期约3个月，近年来天气变暖，冬季少霜。

(4)温带　它包括大理州北部、丽江地区除华坪外各县，曲靖地区东北部及师宗、昭通鲁甸、镇雄、威信等地以及滇西北海拔3 000m以下、滇东北海拔2 800m以下的地区，即云南西北部和东北部海拔2 000～(2 800)3 000m的地带，在海拔2 400m以上地区水稻已不能种植。该区南部及东部地区，年均温度仅12～14℃，西北部海拔2 400～3 000m地区，年均温度仅7～12℃，最冷月均温度0～6℃，年降水量900～1 000mm左右。就植被而言，主要为云南松林和硬叶栎类林区，在海拔2 800m以上出现云杉林带。

(5)高原气候区　一般指滇西北迪庆州、怒江州海拔3 000m以上地区，滇东北海拔2 800m以上的高寒山区。该区气候寒冷，年平均温度在7℃以下，年积温小于1 600℃，年极端最低温在-10℃以下。年降水量在650～1 000mm，但西部较少，东部较多。该带冬长无夏，霜期达6～8个月。该区3 000～4 200m地带为针叶林带。夏季雪线在海拔4 500～4 700m，5 000m以上为永冰雪带。此区花卉资源极为丰富，是杜鹃、报春、龙胆三大名花的分布中心或主要分布地区，亦是云南的木材基地，自然景观极为美丽，是国家重要的风景旅游区，有极广阔的开发前景。

云南植物区系的组成及其特点

　　前已述及云南地处青藏高原的南缘到长江以南的亚热带平原丘陵、山地和中南半岛平原中间的过渡地带。而这区域正横跨在泛北极植物区和热带植物区之间，植物种类异常丰富，植被类型几乎全部是森林，但从热带到寒带各类型的植被应有尽有，故素有"植物王国""植物宝库"和"世界花园"之称。

植物区系的基本特点

1.种类繁多，居全国第一

　　在世界植物区系中，中国的植物区系在数量上仅次于巴西，居第三位，而云南的植物种类，其种子植物约占全国该类植物的50%。据有关资料统计，云南现有种子植物299个科，2136属，近14000种(包括亚种、变种和变型)，种类约占中国科种总数的50%。与中国植物种类丰富的省相比也首屈一指，如台湾有种子植物170科，1 100属，6 300种；广西有237科，1 519属，5 463种；四川有191科，1 491属，8 541种。

这是云南中部国家级自然保护区哀牢山亚热带中山湿性常绿阔叶林

与周边省(区)大多数种类相同，但特有种也很多。云南植物种类丰富，究其原因主要是云南地形地貌复杂，加之横断山脉是南北走向，对周边国家和邻近省(区)植物种类的分布扩散起到重要的南北沟通作用。另一方面云南地史古老，在冰川期没有直接受到冰川的侵袭，保留很多古老成分，加之云南地形地貌复杂，使寒、温、热各带的植物均能找到生存繁衍的场所，因此使云南植物种类非常丰富，区系成分新老兼备五方杂处。

2.特有属特有种亦居全国第一

　　在《中国种子植物特有属》一书中，报道了中国种子植物特有属共243属，隶属72个科，其中云南有110个属，且很多属是云南特有的，如兰科的蜂腰兰 *Bulleyia*，是一个单种属，仅 *B.yunnanensis* 一种，产西北部河谷地带；反唇兰属 *Smithorchis* 一种也仅特产大理；爵床科的宽丝爵床 *Hophanthoides*，木兰科的华盖木属 *Manglietiastrum*，野牡丹科的药囊花属 *Cyphotheca*、八蕊花属 *Sporoxeia*、长穗花属 *Styrophyton*，樟科的黄脉檫木属 *Sinosissafras*，苦苣苔科的密序苣苔属 *Hemiboeopsis*……等。云南的特有种(包括以云南为分布中心，部分扩展到川、黔、桂的种类)约在1 000种以上。如樟科云南有191种20个变种，其中特有种有75种；杜鹃属有277种，特有种81种(包括变种、变型)；壳斗科云南有149种，特有种有51种；金缕梅科云南33种，特有种13种。云南植物种类特有现象十分突出，这和云南地形地貌、气候条件十分复杂有联系外，还和青藏高原抬升运动持续时间长而持久有关，使许多新生类型不断出现，而演化过程中的中间类型也得以保存。另外中国的三个特有现象中心，其中有两个与云南有联系，即川西、滇西北特有现象中心和滇东南、桂西特有现象中心，前者的特有属近达101属。因此，云南除特有种多外，小范围分布的特有种也十分突出。

3.起源古老，多子遗植物

　　云南地史悠久，远至中生代第三纪(约距今一亿八千万年前)云南已露出海面成为陆地，并相继出现大量蕨类和裸子植物。地球上经历了新生代第四纪的几次冰川期，但对云南这块古老的陆地没有较大的影响，起源于各个地质年代的古老类群在这个避难所中保存了下来。现全球裸子植物有12个科、71属、近800种，云南保存了10个科，29属，88种和11个变种，如杉科(Taxodiaceae)全球现存10属，17种，我国有5属7种，云南就保存了4属4种和1变种；苏铁属约17种，我国有10种，云南有4种，近年来又发现了一种小体型的多歧苏铁。又如罗汉松属(Podocarpus)是罗汉松科中最原始的一个属，全属约100种，我国有13种，3变种，而云南就有8种和1变种。在维管束植物中的古老植物首推蕨类，云南的蕨类占了全国的50%，其中最古老的类群如松叶兰(Psilotum)、莲座蕨(Angiopteris)、原始莲座蕨(Archangiopteris)、紫萁(Osmunda)、桫椤(Alsophila)、苏铁蕨(Brainea)等等。

被子植物中现存的很多孑遗分类群：木兰目(Mognoliales)、樟目(Iaurales，部分)、八角目(Illiciales)、昆栏树目(Trochodendrales)、领春目(Eupteleales)、杜仲目(Eucommiales)等，云南有很多类群都被保存了下来。美国马萨诸塞大学植物学系 James W.Walker 在《毛茛类复合群的比较花粉形态和系统发育》一文提出了一个原始被子植物"毛茛类复合群"(Ranalen complex)，在这个原始复合群中共包括了38个科，其中云南有17个科，在云南被子植物中占有显著地位。

4.南北植物区系交汇，地理成分复杂

云南植物区系的分布,其地理成分组成格式十分复杂。中国地处泛北极植物区和古热带植物区，而这两个植物区中的三个亚区和五个植物地区都经过云南，使寒、温、热各带的区系成分都在云南交汇，温带成分由横断山区由北向南下移，而热带成分则由南向北沿三江(怒江、澜沧江、金沙江)河谷上升相互交汇。在植物区系科、属、种各级中与世界各地有广泛联系，如超过10 000种以上的世界大科如菊科，世界有25 000～30 000种，云南有723种；兰科中国有1 000余种，云南约684种；禾本科近10 000种，云南有366种；种数超过1 000种以上的大科，云南超过百种以上的还有蝶形花科(488种)、杜鹃花科(471种)、毛茛科、蔷薇科、玄参科、伞形科等。

有热带性的属性者，在云南热带、亚热带分布也极多，又如广泛分布于欧亚、北美的北温带属如冷杉、云杉、松、柳、槭树、桦木、桤树等在云南高山、亚高山地区都广泛分布，而在滇中高原地区较普遍。

植物区系分区简介

云南地处中国——喜马拉雅森林植物亚区和马来亚植物亚区。这两个亚区的分界线大致是从东面的富宁起经西畴、麻栗坡、马关、屏边至个旧、石屏向西经景东、凤庆、保山、泸水一线以南，大体和南亚热带与中亚热带的分界线一致。前一个亚区包括有西北横断山区、滇中高原和滇西，而滇西南、滇南和滇东南则属马来亚植物亚区，滇东北一角则属于中国——日本森林植物亚区中的华中区系。据《云南植被》一书将其划分为5个小区。

1.滇南、滇西南小区

本区包括哀牢山以西的德宏、临沧、西双版纳、思茅等地州和红河州的元阳、绿春、河口等地。其中热带性强的科有龙脑香科、四数木科、肉豆蔻科、山榄科、橄榄科，常见的热带东亚成分无患子科的番龙眼(Pometia)、荔枝(Litchii)、楝科的麻楝(Chukrasia)、葱臭木(Dysoxylum)、番荔枝科，苏木科的无忧花(Saraca)、樟科的黄肉楠(Actinodaphne)、油丹(Alseodaphne)、桑科的白桂木(Arcartopus)、海桑科的八宝树(Duabunga)、木兰科木莲(Manglietia)、假含笑(Paramichelia)以及梧

杜鹃花是世界著名的观赏花卉。在云南从低海拔到高海拔生长着能适应热带、亚热带、温带和寒温带等各种气候条件的杜鹃种类。云南是全世界重要的杜鹃花引种和育种的种质资源库

桐科、锦葵科的一些种类。在这个小区中兰科和姜科植物种类很丰富。

2. 滇东南小区

主要包括金平、屏边、马关、麻栗坡、西畴、富宁等县。这个小区属滇东南、桂西特有现象中心，与邻近广西及越南的植物区系联系紧密，特有属、种非常丰富，又多起源古老的区系成分。这个小区木兰科的种类极为丰富，云南有10个属，除盖裂木属外9个属这个小区都有分布，其中以木莲属(*Manglietia*)和含笑属(*Michelia*)的种类最为丰富，构成当地植被的主要成分之一。作为东南亚热带雨林的特征树种的龙脑香科，在中国也只有这个地区最多，有4属6种，这个小区中特有属种，除上面提到的木兰科外，还有马蹄参(*Diplopanax*)、喙核桃(*Annamocarya*)、马尾树(*Rhoiptelea*)、钟萼木(*Bretschneidera*)、鸡毛松(*Podocarpus imbricatus*)、金钱槭(*Dipteromia*)等等数不胜数。这个小区的植被主要是由壳斗科、樟科、木兰科、茶科、金缕梅科的一些常绿树种组成森林，少针叶树种。

3. 滇东北小区

主要是昭通地区大关、彝良一线以北的绥江、盐津、威信等地，它属于中国—日本植物亚区中的华中小区。在这个小区中与华中、华西分布的峨眉栲(*Castanopsis palatyacantha*)、峨眉石栎(*Lithocarpus cleistocarpus var.omeiensis*)、小叶青冈(*Cyclobalanopsis myrsinoefolia*)常成山地常绿阔叶林中的优势成分；另一方面也出现较多的阔叶落叶树种，如 *Acer*、*Fagus*、*Betula*、*Alnus* 等与其他常绿阔叶树种组成常绿阔叶—落叶阔叶混交林。在华中、华东常见的杉木(我国特有种)，在此区亦有分布，杜仲(*Eucommia*)、珙桐(*Davidia involucrata*)、鹅掌楸(*Liriodendron sinensis*)等亦有分布，马尾松代替了云南松，说明该区与滇西北和滇中高原的植物区系明显不同。其景观已显然过渡到四川盆地的常绿阔叶林带。

4. 滇中高原区

其范围主要是楚雄、昆明、曲靖、东川等地、州、市和昭通、鲁甸、巧家等地，该小区属中国——喜马拉雅植物亚区，本区的植物区系和植被代表着中国西南部具有干、湿季交替明显的常绿阔叶林带，高原面的平均海拔约1500~2500(2800)m，因此多由断层形成的大小山间盆地(俗称坝子)及为数颇多的湖泊。原生常绿阔叶林植被保存极少，而多次生林，主要为中亚热带的常绿栎类林及松林，而且幼年松林及松栎混交林尤占优势。松林的优势种主要为云南松(*Pinus yunnanensis*)、华山松(*P.armandii*)和云南油杉(*Keteleeria evelyniana*)，在各类松林、油杉林的中上层多混有各种不同种类和比例的常绿栎类和落叶栎类。栎类林中常绿栎和落叶栎各有多种，分别或混交形成优势，其种类与中国东南部(长江以南、五岭以北)低平原地区的种类相比较，虽多系相近种，但显然有适应于较长干季气候的地理代替现象。植物区系有以下几方面主要特点：①与华中、华东地区的中国——日本植物区系相比，出现了一系列的地理代替现象，如云南松代替了马尾松(*Pinus massoniana*)，云南油杉代替了铁坚杉(*K.davidiana*)，滇青冈(*Gyclobalanopsis glaucoides*)代替了青冈(*C.glauca*)，高山栲(*Castamopsis delavayi*)代替了苦槠(*C.sclerophylla*)，旱冬瓜(*Alnus nepalensis*)代替了桤木(*Alnus cremastogyne*)等等；②在此小区中的中国—喜马拉雅的很多特有种，多以滇中高原为分布中心而向邻近区域扩散到川西南、藏东南和黔西一带，如云南松、云南油杉、滇青冈、高山栲、滇石栎(*Lithocarpus dealbutus*)等；③在滇中高原的干热河谷如金沙江河谷，元江上游河谷亦保存了不少的古老的孑遗植物和热带区系成分，如栌菊木(*Nouelia insignis*)、白头树(*Garuga forrestii*)、千果榄仁(*Terminalia franchetii*)等等；④多地区特有种，如山玉兰(*Magnolia delavayi*)、云南含笑(*Michelia yunnanensis*)、滇润楠(*Machilus yunnanensis*)、滇朴(*Celtis yunnanensis*)、皮

在云南的亚热带森林植被中，生存有许许多多的被子植物的孑遗种类，木兰科种类是其中的典型代表。这是木兰科的云南拟单性木兰

哨子(*Sapindus delavayi*)、大黄连 (*Mahonia mairei*)等等。

　　滇中高原由于人为活动如砍伐、放牧 、火焚等更频繁，促使植被向松林和栎林作两极分化，但发育较好的仍是中亚热带性质的常绿栎类林，很少有以樟(*Cinnamomum*)、楠(*Machilus*)为主的樟、楠林。本区的主要植被类型是云南松和松栎混交林以及常绿栎类林两大类型。

　　5.滇西、滇西北横断山脉小区

　　此小区海拔差异极大，高山峡谷地貌发达，峡谷区的海拔1 600～2 000m，而高山则在5 000m以上。与垂直地带立体气候相适应的植被类型应有尽有，从峡谷到山顶相继出现热带、亚热带、温带和寒带的植被，有时在一个很短的空间距离内亦出现许多垂直分布带。就植物区系分区，它属于中国——喜马拉雅森林植物区内的横断山区，这一植物区也有一个相当于分布在北纬20°～40°之间相当丰富而古老的温带、亚热带至热带北缘的植物区系。一方面该区地貌和气候条件复杂，天然避难所多，许多古老成分得以保存；另一方面又由于青藏高原抬升运动延续和持久，植物在演化过程中出现了很多新生类型和中间类型；再者，由于横断山的南北走向，使温带植物和热带区系成分沿河谷南北交汇。基于上述原因使这里的植物区系成分复杂多样，植物种类极为丰富，在一个很小的范围内可以看到各气候带的植被类型和多种多样的区系成分，因此这里成了中外植物学家、园艺学家的乐园。

　　在这小区高海拔地区的植物种类尤其是观赏花卉特别丰富，且多特有种，该区素有"世界花园之母"之称，是杜鹃、报春、龙胆的分布中心或主产地，豹子花属(*Nomocharis*)我国有7种1变种，全分布于该区。特有种中以毛茛科的种类为最多，其中如罂粟莲花(*Anemoclema glaucifolium*)、铁破锣(*Beesia calthifolia*)、黄花鸡爪草(*Calathodes palmata*)、毛茛莲花(*Metanemone ranunculoides*)等等。另外，

分布在云南西北部高海拔山区的重要森林植被类型——红杉林(徐志辉 摄)

多种类型的植被为丰富多彩的野生花卉植物提供了适合的生存环境，这是云南野生花卉资源丰富的重要原因。上左图为石灰岩山灌丛群落（结红果者为老虎刺）；上右图为高黎贡山次生常绿阔叶林内的滇丁香生境；下左图为中甸高原的秋景，龙胆花正在开放（红色为大狼毒的秋色）；下右图为苍山洱海边的植被生境

该区的木本植物在不同的海拔带上有不同的代表类型，如低山有云南松、侧柏(Platycladus orientalis)、圆柏(Cupressus duclouxana)；再上带为高山松(P.densata)或华山松。中山普遍出现两种铁杉(Tsuga)，但在较干的生境（多为阳坡）则为多种硬叶高山栎类代替，其中较常见的有光叶高山栎(Quercus rehderiana)、黄背栎(Q.pannosa)，在湿润的生境则为云南铁杉(Tsuga dumosa)常和多种硬叶栎或常绿栎类混交，有时也出现与澜沧黄杉(Pseudotsuga forrestii)、云南榧(Torreya yunnanesis)、秃杉(Taiwania flousiana)等混交。亚高山带依次出现云杉(Picea)、落叶松(Larix)、冷杉(Abies)林带，并最占优势形成景观，在这林带中却是多种杜鹃林或灌丛间杂其间，高矮均有，春夏杜鹃盛开时繁花似锦，极为美丽，在林间和坝子的草甸是盛产报春、龙胆、马先蒿等名贵花卉的生育地。在亚高山针叶林带也有桦木(Butula，多种)，杨(Populus，2~3种)组成针叶林破坏后的次生群落，但较藏东南和横断山北部少，在河谷地区常见槭(Acer，多种)和椴树(Tilia，约2~3种)有分布。

在海拔3 700~4 000m以上，有一些砾石堆和流石滩上(且面积很大)多菊科、十字花科、景天科、石竹科、伞形科、罂粟科等具地上芽、地面芽或地下芽的一些耐干、耐寒的草本植物，而且很多是特有属种。

在该小区的三江峡谷干热河谷，多系灌丛草原或稀树灌丛草原，区系成分相当特殊，与现代地中海及印度、非洲的区系与植被均有联系，在2800m以下常见的种类有白刺花(Sophora viciifolia)、马鞍羊蹄甲(Bauhinia faberi)、刮金板(Excoecaria acerifolia)、灰毛莸(Caryopteris forrestii)、金合欢(Acacia farnesiana)、山枣(Ziziphus montana)等灌木，乔木中常见的有攀枝花(Bombax malabaricum)等。

云南野生观赏植物资源

云南野生观赏植物种类极为丰富,据不同的统计资料约在2 500~3 000种以上,因人们对观赏植物的欣赏水平和认识各有不同,此数字自然有所出入。以形态而言,从雄伟高大、多姿多彩、形态优美而奇特的高大乔木,到花期繁花似锦、色彩缤纷的灌木,小巧玲珑的小花小草,亭立于水面或漂浮于水中之花,或攀援、附生于岩石、悬崖及树干上的藤本及草本花卉等应有尽有。其应用范围广泛。特别值得一提的是,寒、温、热各气候类型所需的绿化观赏材料,在云南大自然这个植物宝库里均可找到所需的各种绿化美化材料。

野生观赏植物的多样性

1. 物种的多样性

云南具较重要观赏价值的种类在2 700种以上,这相当于在我国植物种类较为丰富的云南邻近省(区)如西藏、贵州、广西和台湾等地种类总数的50%以上,或者大于我国华北、西北一些省(区)种子植物种类的总合。特别是一些大的植物类群,不仅在我国占有十分重要的地位,而且在世界上也占有重要的地位。在国际上具有重要地位的观赏花卉,如兰科植物,中国有161属1 100多种,而云南有133属684种,分别占属的83.1%,种的62.2%,其中具有重要观赏价值的石斛属54种,玉凤花属30种,虾脊兰属29种,贝母兰属25种,兰属24种,杓兰属13种,兜兰属15种(中国有18种),万带兰属10种(中国有10种),鹤顶兰属4种(中国有8种);杜鹃属全世界有约850种,中国有470种,云南有227种;报春全球有约500种,中国约300种,云南有195种;龙胆全世界有约500种,中国有230种,云南有125种;百合科全球有148属约3 700种,中国有47属370种,云南36属194种(含变种),其中百合属中国有约40种,而云南有23种,豹子花属共8种1变种,其中除阿萨姆豹子花云南不产,全部种类都分布于云南西北部横断山区,又如大百合属共3种,中国有2种,云南有1种和1变种。上述所列举的名花,其中杜鹃、报春、龙胆亦是以云南的西北部中、高山——横断山区为分布中心或主产地。

据有关资料分析统计,在云南约14 000种种子植物中,具较重要观赏价值的类群有110个科,约490属2 400多种。除上述已列举的科外,观赏种类在50种以上的大科有木兰科、毛茛科、虎耳草科、秋海棠科、山茶科、蔷薇科、豆科、槭树科、菊科等。近年来蕨类已成为新崛起的一大新秀,在石山造景,荫生地栽培,花架、室内栽培等处越来越受到人们的青睐,在云南有约200种是重要观赏种类。

2. 生境和生态类型的多样性

前已述及云南各气候带的植物种类都很丰富,除没有盐碱地和沙漠地区的沙生植物外,中国从南到北各种气候带的植物种类均有,其生物地理景观和生态系统类型犹如中国东部地区横跨25个纬距,成为从海南岛到长白山的各种植被类型的缩影,此种情况在国内外均属罕见。在此种复杂多样的环境中它孕育了极其丰富的物

丽江玉龙雪山松林内春天早花象牙参开花的美景(武刚 摄)

云南重要的野生花卉资源集中分布区
大理苍山

种，观赏植物是其中精华之一，在绿化美化人类生活环境时，可以从云南这块大地上找到能适于不同气候环境，不同生境的植物类型。从布景的需要，从高大雄伟的乔木到尺寸之高的灌木、小草均可求得，在热带和南亚热带的雨林、季雨林和常绿阔叶林中，林下有很多美观而耐荫的喜荫或耐荫的植物，其中常见的有姜科、天南星科和竹芋科一些大型草木，并具较多耐荫湿的蕨类，林中树干上附生有较多的兰科种类；在高山寒冷的气候条件下，在长期自然选择过程中，为适应寒冷多雪的环境，大自然为我们培育了众多的树姿美观而耐寒的针叶类乔木树种，其中如冷杉（*Abies*）、云杉（*Picea*）、桧（*Sabina*）等，它们具有枝条浓密，塔形树姿而常年葱绿不怕风雪等特点，在园林造景中深受人们的喜爱。

3. 应用功能方面的多样性

云南观赏植物具极高或较高的观赏价值。当代的城市建设，由于人类文化素质的提高，思想意识的转变，开始追求建设花园式的城市，提高生活环境质量，加大绿化美化生活环境的力度，从而使观赏植物逐渐发展成为最具活力的商品之一，过去生长在山野里不被人们重视的花花草草，近年来变得身价百倍。现将云南野生观赏植物应用性能简述如下：

（1）造园造景树种　在公园、住宅小区一般以木本植物为主体进行造园、造景，云南在这方面的材料来源极为丰富。以裸子植物为例，云南产的有10个科，其中常用于园林绿化的有8个科80余种，除银杏、落叶杉(2种)为落叶树种外，其余均为常绿树种，大部分为乔木，高20~30m，多数种的树冠为塔形、圆锥形、长圆形，树姿秀丽，常年苍翠浓绿，其中如冷杉、云杉、桧、圆柏、红豆杉、台湾杉、柳杉等均受人

云南西北部是云冷杉林的集中分布区，在它们的林内和林缘是多种高山花卉的最佳生境。在这里可以发现各种高山杜鹃、龙胆、报春、绿绒蒿等。这是云冷杉林的夏季景色(徐志辉 摄)

们的欢迎，这是温带和亚热带高山地区城市园林中不可缺少的观赏树种。过去的园林景观多以松、柏、竹、玉兰、梅花为主体，现在地方树种正日益受到重视，其中特别是木兰科、樟科、金缕梅科、槭树(特别是红叶类或黄叶类)、樱花、珙桐、朴树等等是最具发展前途的类群。

（2）行道树　过去中国城市行道树的种类极为简单，北方多为杨树，南方多为雪松、悬铃木、银桦等，种类很简单。行道树是一个城市绿化的骨干，它要求有干直、枝叶繁茂、树冠浓荫，花色鲜艳而花期长，耐修剪而萌发率高，无毒无臭味，抗病虫害力强的树种，并具一定抗烟尘的能力。因此选择城市行道树种有一定难度。花卉、绿化树种是色彩的来源，是季节变化的标记，城市绿化的主体。除观花植物外，亦需观叶、观果、观奇特树姿的种类，除常绿树，亦需一定的落叶树种，云南在这方面可供选择的种类极为丰富，除上面已提到的针叶树种外，阔叶树种中木兰科、樟科、金缕梅属、槭属、樱属、紫薇、椴树、柳、杨、梧桐、榆、朴、珙桐、七叶树、合欢……等均可供因地制宜选择使用。

（3）庭院观赏种类　这方面多以灌木为主，云南的种类极为丰富，如杜鹃、小檗、素馨、蜡梅、樱花、桂花、蔷薇、绣线菊、枸子、溲疏……等等，数不胜数。

（4）其他　如绿篱用材、垂直绿化与棚架植物，花坛布景、盆栽植物和盆景植物，庭院荫湿地和室内装饰荫生植物、石山造园等等所需的植物种类，在云南这个植物宝库均可找到不同气候环境所需的适生种类。

分布特点

云南观赏植物的分布与整个云南植物区系地理分布是一致的,在前面植物区系分区中已略提及。从数量与地域关系讲,云南的观赏植物主要集中分布于云南的西北部和东南部至南部及西部两地区域,滇中高原种类相对贫乏。现简述如下:

1. 滇西北地区

云南的针叶树种大部分集中于该地,起源和分布于北温带的区系成分也主要分布于滇西北,如世界名花杜鹃、报春、龙胆等80%以上的种产于该地,其他重要的观赏花卉有马先蒿(*Pedicularis*)、绿绒蒿(*Meconopsis*)、紫堇(*Corydaris*)、蔷薇(*Rosa*)、小檗、豹子花、百合、菊科、十字花科、景天科、虎耳草科、石竹科和毛茛科的乌头、翠雀……等很多美丽的花卉都集中该地区,故有"天然花园"之称。

2. 滇东南、滇南至滇西地区

此区的观赏植物以高大的常绿阔叶乔木和灌木为主,植被终年郁郁葱葱,但外表无繁花似锦的景观,是云南兰花种类分布最多的地区。该区由于气温高、林内潮湿,附生兰的种类如石斛、贝母兰、石豆兰(*Bulbophyllum*)、万带兰(*Vanda*)、羊耳蒜兰(*Ziparis*)等也很多,常多种附生于高大的乔木树干上形成"空中花园"。重要的常绿阔叶乔木观赏树种也主要分布于该区,其中如木兰科、樟科、金缕梅科、桑科、八角科、豆科、无患子科、紫葳科等都有很多极有观赏价值的种类;在草本花卉中多姜科、野牡丹科、秋海棠科、苦苣苔科、凤仙花科等花大而美丽种类,本区亦不乏有极高观赏性的藤本、灌木或小乔木,如紫金牛科、安息香科、夹竹桃科(其中很多种是美丽的藤本花卉)、旋花科等的一些种类。

云南有"动物王国"、"植物王国"之称,更有"天然花园"的美誉。热带花卉、亚热带花卉、温带花卉、高山花卉,在这里都有丰富的资源

云南西北部高山杜鹃草甸春天的景观

3. 滇中高原区

花卉种类相对较少，无大科大属观赏种类，但茶花是滇中的名花，生在低海拔的杜鹃种类亦不少，如马缨花、大白花杜鹃、迷人杜鹃、滇南杜鹃、映山红、爆仗杜鹃……等等亦有较高的观赏价值。

云南观赏植物在世界园林观赏植物中所占的重要地位

前已述及世界著名观赏花卉杜鹃、报春、龙胆其分布中心和主产地都在云南，近百余年来云南的植物资源被欧、美一些国家职业植物专门采集者、传教士、外交官、军官等私自采集，使云南大量的重要观赏花卉流入欧美。今日欧美各国庭园中争相培育的名花如杜鹃、报春、龙胆、豹子花、百合、茶花、蔷薇、珙桐等数以千计，其中绝大部分来自于云南，近年深受欧美、日本喜爱的兜兰(特别是珍贵的杏黄兜兰、硬叶兜兰、麻栗坡兜兰等——均属云南特产)亦在各国市场高价出售。无怪乎西欧有"没有云南的花，不成其为花园"谚语。如一个名叫乔治·福雷斯特(George Forrest)的英国人50年前先后7次深入云南，单是杜鹃花就发现了309种(也包括国内其他地区采到的种，有些种后来已归并)，全部引种在英国爱丁堡皇家植物园，现成为该园最珍贵花木，并吸引着世界上研究杜鹃属植物的专家到该园进行研究。100余年来英国集中从中国引走了数千种园林植物，其中大部分产自云南，从而大大丰富了英国公园中的四季景色和色彩，展示了云南珍贵、稀有的花木，在欧美一些植物园或公园中建起来的诸如蔷薇园、杜鹃园、槭树园、牡丹芍药园、岩石园等很多物种也来自云南。现在瑞士日内瓦、美国白宫门前种植的鸽子树——珙桐盛花时，一对对白色大苞片形似展翅的白鸽，从而称为"中国鸽子树"，广为世人所知。随着中国改革开放的大潮，云南的珙桐(云南还有一个特有变种)近几年每年有数千株幼苗通过外贸出口到日本而转销到其他国家。

自1899年起，亨利·威尔逊 (E.H.Wilson)受英国威奇安公司和美国哈佛大学的委托，曾先后5次到中国收集野生花卉和栽培植物，时间长达18年之久，在云南、四川、湖北、台湾和甘陕地区，共收集乔灌木达 1 200 余种，其中发现了许多新种和一些新属，有很多新种，植物学家都以 "Wilson" 命名。威尔逊把采到的种子和鳞茎交给哈佛大学的阿诺德树木园进行繁殖，进而传播全世界。云南的观赏植物的名誉也随之在全球传播。近几年来一些发达国家和发展中国家的植物学家和园艺学家、花卉爱好者正与日俱增涌入云南西北部和东南部、南部至西南部进行参观考察，其中有很多希望得到云南的名贵花卉，或提出共同开发云南的观赏植物，使之成为商品。

云南的野生花卉

桫椤　桫椤科
Alsophila spinulosa(Hook.) Tryon

树形蕨类植物，高1～6m，胸径达20cm，上部有残存的叶柄。叶螺旋状排列于茎顶端；叶柄和叶轴粗壮，茎端和拳卷叶以及叶柄的基部密被鳞片和糠秕状鳞毛。叶片大，长矩圆形，长1～2m，宽40～50cm，纸质、三回羽裂；羽裂片矩圆形，长30～50cm，羽轴下面无毛，上面小羽轴疏生棕色卷曲有节的毛，小羽轴和主脉下面被灰白色小鳞片，沿叶脉有疏短毛，小羽片羽裂几达小羽轴；裂片披针形，短尖头，有疏锯齿。叶脉分叉，孢子囊群生于小脉叉点上凸起的囊托，囊群盖近圆球形，膜质。

产云南广南、麻栗坡、金平、屏边、泸西、通海、绿春、河口、西双版纳、贡山、盈江、瑞丽。生海拔1500～1600m的山坡林中。四川、贵州、西藏、广东、广西、福建、台湾亦有分布。尼泊尔、锡金、不丹、印度、缅甸、泰国、日本也有分布。

桫椤植物是一个较古老的类群，株形美观，供观赏。取成熟孢子用组织培养法育苗。

鹿角蕨　鹿角蕨科
Platycerium wallichii Hook.

多年生草本。根状茎肉质，横向生长。鳞片淡棕色。叶2列，二型，基生叶厚肉质贴生树干上，长20～35cm，宽15～18cm，具不整齐3～5次叉裂，裂片近等长，全缘，两面疏被星状毛；能育叶片常成对生长、下垂、灰绿色，长20～70cm，分裂成不等大的3枚主裂片，基部下延呈楔形，近无柄，内裂片较大，多次分叉成狭裂片，中裂片较小，内裂片及中裂片能育，外裂片不育，叶脉粗突。孢子囊散生于主裂片的第一次分叉的凹缺处，不到基部，全部密被灰白色星状毛，成熟孢子绿色。

产云南盈江那邦坝。生海拔210～950m的热带雨林中，附生于树干枝上。缅甸、泰国及中南半岛、马来半岛有分布。

株形美观奇异，可栽培观赏。用分生繁殖或用孢子组织培养繁殖，在栽培时用附生基质并需湿雾条件。

篦齿苏铁　苏铁科
Cycas pectinata Griff.

棕榈状常绿植物，树干圆柱形，高3m。羽叶长1.2～1.5m；叶柄两侧具疏刺，刺略向下弯，长约2mm；羽状裂片80～120对，全裂，条形或条状披针形，厚革质，坚硬，中部的羽状裂片长15～20cm，宽6～8mm，边缘反曲，基部两侧不对称，下延；叶脉在两面显著隆起，上面叶脉的中央有一条凹槽。雌雄异株，雄球花圆锥状圆柱形，长达40cm，径10～15cm；大孢子叶多数，聚生于茎顶呈球形，密被褐黄色绒毛，上部的顶片斜方状宽圆形，宽6～8cm，边缘有30多枚钻形裂片，顶生裂片较大，长4～5cm，边缘常疏生锯齿或两分裂；胚珠2～4，生于大孢子叶柄上部两侧，无毛。种子卵圆形或椭圆状倒卵形，长4.5～5cm，径4～4.7cm，熟时红褐色。

产云南南部和西南部。生海拔1500m以下的常绿阔叶林疏林下或次生灌丛间。印度、尼泊尔、锡金、缅甸、泰国、柬埔寨、老挝、越南也有分布。

作庭院观赏树。

桫椤 *Alsophila spinulosa*

鹿角蕨 *Platycerium wallichii*

篦齿苏铁　*Cycas pectinata*

云南穗花杉 *Amentotaxus yunnanensis*

红豆杉 *Taxus chinensis*

长蕊木兰 *Alcimandra cathcardii*

云南穗花杉　　红豆杉科

Amentotaxus yunnanensis Li

常绿乔木,高3~8m;小枝对生。叶二列交互对生,条状披针形,直或上部微弯,长3.5~10(15)cm,宽8~15mm,先端渐尖或钝,边缘微反曲,中脉上面隆起,中脉下面两侧有两条宽的淡褐色或淡黄白色气孔带,常较边带宽2~3倍。雄球花排成穗状,4~6序近顶生,长10~15cm,每雄蕊有4~8花药;雌球花单生于当年生枝的叶腋或苞腋中,下垂。种子椭圆形,长2.2~2.8cm,径约1.4cm,成熟时假种皮红紫色,微被白粉;柄下部扁平,上部扁四棱形。

产云南麻栗坡、屏边、富宁、西畴、马关。生海拔1 000~1 800m的石灰岩山地。越南北部也有分布。

种子可榨油,木材供农具用。

红豆杉　　红豆杉科

Taxus chinensis (Pilger.)Rehd.

常绿乔木,高30m,胸径达1m;小枝互生。叶螺旋状排列,基部扭转成二列,条形,长1~1.25cm,宽2~2.5mm,边缘反曲,先端渐尖或急尖,叶背沿中脉两侧有两条宽灰绿色或黄绿色气孔带,中脉带上常有密生均匀的微小乳头点。雌雄异株;雄球花淡黄色,单生叶腋;雌球花的胚珠单生于花轴上部侧生短轴的顶端,基部托以圆盘状假种皮。种子扁卵圆形,生于红色肉质的杯状假种皮中,长5mm,先端微有二脊,种脐卵圆形。种子8~9月成熟。

产云南东北部昭通、会泽及东南部文山、马关、金平、西畴。生海拔1 000~1 200m的疏林。甘肃、陕西、四川、贵州、湖北、湖南、广西、安徽有分布。生海拔1 000~1 500m的高山上部。

木材优良,抗腐力强;种子油供制皂及润滑用,入药驱虫、消积食。树姿美观,供观赏,种子繁殖。

长蕊木兰　　木兰科

Alcimandra cathcardii (Hook.f.et Thoms.)Dandy

常绿乔木,高25m,径50cm;幼枝被柔毛。顶芽圆锥形,被白色长毛。叶革质,椭圆状卵形,长8~14cm,宽3.5~5.6cm,先端尾状渐尖,基部宽楔形,侧脉12~15对,纤细,不显,网脉细密,干时两面凸起;托叶与叶柄分离,柄长1.5~2cm,无托叶痕。花两性:花梗长1.5cm,花被片9,三轮排列,白色,有透明油点,具9条脉纹,外轮长圆形,长5.5~6cm,宽2.5cm,内两轮倒卵状椭圆形,长5.5cm,宽2.5cm;雄蕊长4cm,雌蕊群圆柱形,不伸出雄蕊群;心皮多数,胚珠2~5,聚合果长3.5~4cm;蓇葖扁球形,沿背缝线开裂,有白色皮孔。种子1~4。花期5月,果期8~9月。

产云南福贡、兰坪、景东、龙陵、澜沧、西畴。生海拔1 800~2 700m的潮湿林中,常与壳斗科、樟科混生。西藏南部、东南部有分布。印度东北部阿萨姆、锡金、不丹、缅甸、越南也有分布。

树姿美观,花艳丽,可供行道树和庭院种植。种子繁殖(注:木兰科的种子成熟后,均需取出种子,洗去红色假种皮,随即播种或用湿沙贮藏至翌年春播。种子干后失去发芽力)。

中国鹅掌楸　木兰科

Liriodendron chinense(Hemsl.)Sarg.

落叶大乔木，高可达40m，径1m；小枝灰褐色。叶马褂状，长4~18cm，宽5~19cm，基部及中部两侧各具一裂片，背面密被白粉状的乳头状突起；柄长4~8cm(幼树长达16cm以上)。花两性单生枝顶，杯状，花被片9，外轮3片绿色，萼片状，向外开展，内轮6片，倒卵形，外绿，内黄色，长3~4cm；雄蕊和心皮多数，覆瓦状排列。聚合果纺锤形，长7~9cm，径1.5~2cm，由具翅的小坚果组成，坚果木质，内有种子1~2颗。花期5月，果期9~10月。

产云南金平、彝良、大关。生海拔1100~1700m以下，常与常绿或落叶阔叶等混生，生常绿或落叶阔叶林中。浙江、安徽、江西庐山、湖南、湖北、陕西、四川、贵州、广西、台湾有栽培。越南北部也有。

叶形奇特，是珍贵的观赏树种。种子繁殖，春播供绿化造林、行道树、庭园观赏。枝皮入药，祛水湿风寒。

中国鹅掌楸 *Liriodendron chinense*

山玉兰　木兰科

Magnolia delavayi Franch.

常绿乔木，高10~12m，胸径达80cm；小枝被淡黄褐色平伏柔毛。叶互生，革质，椭圆状圆形，长14~32cm，宽7~20cm，基部圆形，顶端钝尖，侧脉15对；叶柄长5~10cm；托叶贴生于叶柄，托叶痕延至叶柄顶部。花单生于枝顶，芳香，大型，直径15~20cm；花被片9，肥厚乳白色，外轮3片淡绿色长椭圆形，长6~8cm，宽2~3cm，向外反卷，中、内轮卵状匙形；雄蕊长1.8~2.5cm，药隔伸出成三角状锐尖；雌蕊群卵圆形，先端尖，长3~4cm，被黄色细柔毛。聚合果卵状圆柱形，长10~15cm，蓇葖木质，先端喙状，反曲。花期4~6月，果期8~12月。

云南除西双版纳、德宏州和西北部高山区不产外，全省大部分地区有分布。生海拔1000~2200m的阔叶林中。四川、贵州有分布。

树皮入药代厚朴，花大，微具芳香，树

山玉兰 *Magnolia delavayi*

辛夷 *Magnolia liliflora*

红花山玉兰(变型)*Magnolia delavayi f.rubra*

馨香木兰 *Magnolia odoratissima*

产云南西北部。海拔不详。福建、湖北、四川有分布。生海拔300~1 600m的山坡林缘。中国各大城市有栽培。

树皮、叶、花均供提制化妆品芳香浸膏；花蕾入药、辛温解表、治鼻窦炎。是著名的庭院观赏树种。为中国2 000多年来的传统花卉。

馨香木兰　　木兰科
Magnolia odoratissima Law et R.Z.Zhou

常绿乔木，高5~6m，嫩枝密被白色长毛；小枝淡灰褐色。叶草质、卵状椭圆形、长8~14(30)cm，宽4~7(10)cm，先端短急尖，基部阔楔形，侧脉9~13对，在叶面凹下，干时两面网脉凸起；托叶与叶柄连生，托叶痕几达叶柄全长。花白色，直立极芳香，花被片9，凹弯，肉质，外轮3片较薄，长圆形，长5~6cm，宽2.5~3cm，外面淡绿色，具约9条纵脉纹；中轮3片倒卵形，长5~6cm，宽2~3cm，内轮3片倒卵状匙形，长4~4.5cm；雄蕊约175枚，长约3cm，花药长约2cm，内向开裂，药隔伸出三角短尖。

产云南广南。

花极芳香，枝叶密集，树冠多呈圆球形、长圆形，树姿优美，是很好的庭院观赏树种。

姿优美，花期长，为优良观赏植物树种。种子繁殖，种子采收后，去假种皮，用湿沙贮藏至翌年春播。

红花山玉兰(变型)　　木兰科
Magnolia delavayi Franch.f.*rubra* K.M.Feng

本变型植株大小、叶、花、果形态特征与山玉兰无根本区别，唯花的颜色为粉白色至红色。花期5~8月，果期8~9月。

产云南牟定。生海拔1 000~1 900m的次生常绿林中。

用途与繁殖方法与山玉兰相同，唯花更美丽。

辛夷　　木兰科
Magnolia liliflora Desr.

落叶灌木，高5m，常丛生；小枝紫褐色，芽有细毛。叶倒卵形，长8~18cm，宽3~10cm，先端急尖或渐尖，基部窄楔形，全缘，两面被短柔毛，侧脉8~10对；叶柄粗短，长8~20mm。花先叶开放或同时，单生于枝顶，钟状，大型；花被片9，3片排成1轮，最外轮披针形，萼片状，黄绿色，长2.3~3.3cm，内两轮矩圆状倒卵形，长8~10cm，外面紫色或紫红色，内面带白色；雄蕊紫红色，侧面开裂，药隔伸出成短尖头；心皮多数，窄卵形，花柱1，顶端尖，微弯。聚合果矩圆形，长7~10cm，淡褐色。花期3~4月，果期8~9月。

龙女花　木兰科

Magnolia wilsonii(Finet et Gagnep.)
Rehd.

落叶小乔木，高2～8m；树皮具木栓质
皮孔。小枝紫红色，幼时被长柔毛；叶互生，
纸质，卵状椭圆形，长6～20cm，宽3～8cm，
先端渐尖，基部微心形；侧脉14～20对；叶
柄长1～4cm，托叶痕达叶柄顶端。花和叶
同时开放，白色，芳香，直径10～12cm；花
梗细下弯，褐色、垂悬；花被片9～12，外轮
与内两轮等大，倒卵形或宽匙形，长4～
7cm，宽3～5cm；雄蕊紫红色，多数，长
9～12mm，药隔顶端微凹；雌蕊群绿色，卵
状圆柱形，长15～20mm，心皮长圆形，具
弯长的柱头。聚合果圆柱形，长6～10cm，
直径2～3cm，紫褐色，蓇葖具喙；种子微
扁，长5～6mm。花期4～6月，果期9～10
月。

产云南东川、禄劝、会泽、巧家、大姚、
景东、大理、鹤庆、剑川、丽江。生2 000～
3 300m的沟谷疏林或灌丛中。四川、贵州
有分布。

树皮入药代厚朴。花大而美丽，供庭院
单植或丛植。

龙女花 *Magnolia wilsonii*

香木莲　木兰科

Manglietia aromatica Dandy

常绿乔木，高25m，胸径50cm，树冠
圆伞形。叶互生，薄革质，倒披针形至倒披
针状长圆形，长14～20cm，宽6～7cm，先
端渐尖，基部楔形，两面均无毛；柄长1.5～
3cm，托叶痕为叶柄长的1/3～1/4。花单
生枝顶，白色芳香；花被片12，排列成4轮，
长7～11cm，雄蕊多数；心皮多数，各有3～
4个胚珠。聚合果近卵球形，径7～8cm，紫
红色，蓇葖厚木质，熟时分离，沿腹缝开
裂，长2.5～3.3cm，内有种子3～4粒，种
子黑色，外包被红色假种皮。花期5～6月，
果期9～10月。

产云南广南、马关、西畴。生海拔800～
1 600m的山地常绿阔叶林中。广西有分布。
越南也有分布。

花、果均有香味；花白、果红，是珍贵
的庭院观赏树种，也是优美的行道、风景
树；供细木工用材。种子繁殖。

小叶木莲　木兰科

Manglietia duclouxii Finet et Gagnep.

常绿乔木，高10～15m，胸径30～
40cm；树冠塔状圆柱形。叶互生，薄革质，
倒卵状披针形至倒卵状椭圆形，长9～
13cm，宽3～4cm，先端尾状渐尖，基部楔

香木莲 *Manglietia aromatica*

形，两面均无毛；侧脉约13对；叶柄长1～
1.2cm。花顶生，粉红色至紫红色，花被片
9，肉质倒卵形；雄蕊多数，长10～12mm，
雌蕊群卵形，长15mm，心皮窄椭圆形，被
长柔毛，花柱长2～3mm，胚珠5。聚合果
卵状椭圆形，长5～6cm，鲜红色。花期4～
5月，果期10月。

产云南东南部文山、河口、金平和东北
部的大关、盐津。生海拔1400～2000m的
常绿阔叶林中或沟箐边。四川有分布。

树冠塔形，花红色，果鲜红色，是优美
的风景树种，亦可作行道树。

滇南木莲　木兰科

Manglietia hookeri Cubitt et Smith

常绿乔木，高25m；幼枝被柔毛。叶革
质，长圆状倒披针形，长20～30cm，宽6～

10cm，先端短尖，基部楔形，两面无毛，侧
脉16～20对；柄长3～5cm，托叶痕锐三角
形。花白色，径10cm；花被片9～12，三轮
排列，外轮倒卵状长圆形，长6～7cm，基
部绿色，上部乳黄色，中、内轮厚肉质，倒
卵状匙形，长5～7cm，基部窄长成爪。聚
合果卵圆形，长7cm，径6cm；蓇葖露出面
菱形，具短喙，平滑，无瘤状突起，背缝开
裂，种子1～4。花期4～5月，果期9～10月。

产云南腾冲、景东、镇康、凤庆。生海
拔1500～3000m的常绿阔叶林中。贵州也
有分布。缅甸也有分布。

花大芳香供观赏，是优良的行道树种
和庭院观赏树。

小叶木莲 *Manglietia duclouxii*

滇南木莲 *Manglietia hookeri*

红花木莲 *Manglietia insignis*

红花木莲 *Manglietia insignis*

红花木莲　木兰科

Manglietia insignis(Wall.)Bl.

常绿乔木，高25～30m，胸径40～50cm；幼枝被柔毛。叶互生，革质，倒披针形至长圆形，长15～21cm，宽4～10cm，先端渐尖，基部楔形；叶柄长3～5cm，托叶痕为叶柄长的1/3～1/4。花顶生，芳香，花梗粗长2cm；花被片9～12，红色，3轮排列，外轮3片，倒卵状长圆形，长6～7cm，褐色，腹面紫红色，中内轮6～9片，直立，乳白色染粉红色，倒卵状匙形，基部渐窄成爪；雄蕊多数，长10～18mm；雌蕊群圆柱形，心皮无毛。聚合果卵状长圆形，紫红色，长8～9cm，蓇葖背缝全裂，具瘤状突起，先端具短喙；种子黑色。花期5～6月，果期8～9月。

产云南东南部至中西部的元江、新平、峨山、景东、临沧、沧源、镇康、凤庆、龙陵、腾冲、泸水、贡山。生海拔1200～2600mm的亚热带山地常绿阔叶林中。西藏、广西、贵州、湖南有分布。

树冠团伞形，终年浓荫，花香色艳，秋日果香，为行道树及庭园观赏树种。

大毛叶木莲　木兰科

Manglietia megaphylla Hu et Cheng

常绿乔木，高达30m，径50～80cm；枝、叶、果梗均密被锈褐色绒毛。叶互生，革质，常5～6叶集生枝顶，倒卵形，长20～50cm，宽12～20cm，先端短尖，2/3以下渐窄，基部楔形，侧脉20～22对；柄长2～3cm，托叶痕为柄长的1/2～2/3。花大，白色，具芳香；花梗粗壮，长3～4cm，径达1.3cm，紧靠花被片下有1小苞片；花被片肉质，9～10片，排成3轮，外轮3片较大，长5～6.5cm，内二轮较小；雄蕊多数，被长柔毛长1.2～1.5cm；雌蕊群卵圆形，长2～2.5cm，无毛，雌蕊约60～75枚，螺旋状排列在花托上。聚合果卵球形或长圆状卵圆形，长6.5～12cm，蓇葖果长2.5～3cm，先端尖，稍向外弯，沿背腹缝开裂；果梗粗，长1～3cm，径1～1.3cm。花期4～5月，果期9～10月。

产云南西畴、麻栗坡。生海拔800～1500m的山地常绿阔叶林中。广西有分布。

花大美观，可供庭园观赏，种子繁殖。

灰岩含笑　木兰科

Michelia calcicola C.Y.Wu

常绿小乔木，高3～8m；芽被黄褐色长绒毛。嫩枝被黄褐色绒毛，老枝无毛，具皮孔。叶长圆形或卵状长圆形，长13～18cm，宽4～7cm，先端渐尖或急尖，嫩叶被毛，老叶无毛，叶背灰白色，侧脉11～13对；叶柄长1.5～3cm，托叶与叶柄离生，无托叶痕。花黄色，径4～6cm；花被片6，长4～4.5cm，宽1～1.5cm；雄蕊多数，长20～24mm，花丝长4～5mm；雌蕊群圆柱形，长约2cm，柄长约6mm。聚合果圆柱形，长9～10cm，蓇葖长圆形，长1.7cm，宽约1cm，顶端具短喙。花期3～4月，果期9～10月。

产云南广南、西畴、麻栗坡。生海拔1200～1600m石灰岩山疏林内。广西有分布。花形、花色美丽；树冠长圆形美观，可作庭院观赏树种。

黄兰　木兰科

Michelia champaca L.

常绿乔木，高10余米；芽、嫩枝、嫩叶、叶柄均被淡黄柔毛。叶互生，薄革质，披针状卵形，长10～25cm，宽4～9cm，顶端尾状渐尖，基部楔形，全缘；叶柄长2～4cm，托叶痕达叶柄中部以上。花单生于叶腋，橙黄色，极香；花被片15～20，长3～4cm，宽4～5mm，披针形；雄蕊药隔伸出顶端成长尖头；雌蕊群柄长3cm，有毛。穗状聚合果，长7～15cm；蓇葖倒卵状矩圆形，长1～1.5cm；种子2～4颗，有皱纹。花期6～7月，果期9～10月。

产云南南部和西南部的勐腊、景洪、思茅、孟连、潞西、陇川、保山等地。生南亚热带地区以南湿热地区海拔500～1600m常绿阔叶林。西藏东南部有分布。印度、缅甸、越南有分布。

花、叶是提芳香油、浸膏的原料。花芳香浓郁、树姿优美，为著名观赏树种，亦可在南亚热带地区作行道树。种子繁殖。

大毛叶木莲 *Manglietia megaphylla*

黄兰 *Michelia champaca*

灰岩含笑 *Michelia calcicola*

素黄含笑　　木兰科

Michelia flaviflora Law et Y.F.Wu

常绿乔木，高达20m，树皮灰白色；嫩枝被柔毛。叶纸质，披针形或狭长圆形，长15～24cm，宽4～6cm，先端渐尖，基部楔形，叶背被褐色绢毛，侧脉16～24对；叶柄长5～12mm，托叶与叶柄离生，柄上无托叶痕。单花腋生，花梗长约1cm，被褐色绒毛；花淡黄色，芳香，花被片15，倒披针形；雄蕊约90枚，长1.1～1.5cm，花药长7～10mm；雌蕊群狭卵状球形，长约1.2cm，柄长约1cm，被绒毛；心皮多数，分离，密被长柔毛。果未见。花期3～4月。

产云南屏边、楚雄。生海拔1450～1900m的常绿阔叶林中。越南有分布。

花芳香，花色美观；树冠长卵圆形，枝叶繁茂，树姿优美，可作庭院观赏树，亦可培育为行道树。

多花含笑　　木兰科

Michelia floribunda Finet et Gagnep.

常绿乔木，高15～20m；幼枝被灰白色柔毛。单叶互生，革质，窄卵状椭圆形，长7～14cm，宽2～4cm，叶背苍白色，被白色长毛，先端渐尖，基部楔形，侧脉8～12对，叶柄长0.5～1.5cm，托叶痕为柄的1/2。花蕾椭圆形，花单生叶腋，花梗长0.3～0.7cm，具1～2苞片脱落痕，花被金黄色平伏柔毛；花被片11～13，淡黄白色，匙形；

雄蕊多数，长1～1.4cm；雌蕊群长1cm，子房卵圆形，密被银灰色微毛。聚合果长2～6cm，柄长0.5cm，稍扭曲，蓇葖长圆形，先端微尖；种子扁，微圆。花期2～4月，果期8～9月。

产云南文山、墨江、思茅、峨山、临沧、腾冲、龙陵、保山。生1300～2700m的山坡沟谷常绿阔叶林中。

树形优美可作行道树及庭园观赏。花可提芳香油。

毛果含笑　　木兰科

Michelia sphaerantha C.Y.Wu

常绿乔木，高8～16m；芽被褐色绒毛；小枝黄褐色，散生柔毛和皮孔。叶薄革质，倒卵状长圆形，长16～20cm，宽8.5～10.5cm，先端具骤尖头，基部圆形，侧脉9～12对；叶柄无托叶痕，托叶与叶柄离生。花单生叶腋、下垂，花梗长约1cm，有短硬毛；花被白色，花被片12，狭倒卵形，长6～7.5cm，有时内轮长达10cm，宽1～2.5cm；雄蕊多数，长约2cm，花药长约1.5mm；雌蕊群圆柱形长约3cm，被短柔毛，雌蕊群柄长约1cm。聚合果面常长19～24cm(有时达40cm)，成熟蓇葖卵圆形，两瓣全裂，裂瓣厚约2mm，深褐色，被微白色皮孔。花期3月，果期7～8月。

产云南景东、双柏、屏边。生1100～2110m的林中。

花大、红色下垂的果穗极为美观，树形美观、生长快，是很好的庭园观赏树和行道树。

云南含笑　　木兰科

Michelia yunnanensis Franch. ex Finet et Gagnep.

常绿灌木，高2～4m；芽、嫩枝、叶柄、花梗均密被红褐色或黄褐色长绒毛。叶革质互生，倒卵状椭圆形，长4～10cm，宽1.5～3cm，顶端急尖，基部楔形，全缘，侧脉7～9对，托叶痕为叶柄长的2/3或至顶端；叶柄长4～5mm。花单生叶腋；花芽具棕褐色茸毛；花梗短；有1苞片脱落痕；白色，极芳香；花被6～12，倒卵形，长3～3.5cm，宽1～1.5cm，排成2轮，内轮较小；雄蕊多数，长1cm，花药侧向开裂，花丝白色，药隔伸出成1～3mm的短尖头。聚合果短，仅5～6个蓇葖发育，蓇葖褐色，扁球形，顶端具短尖，种子1～2颗，有假种皮，成熟时悬挂于丝状的种柄上，不脱落。花期3～4月，果期8～9月。

素黄含笑 *Michelia flaviflora*

多花含笑 *Michelia floribunda*

云南含笑 *Michelia yunnanensis*

假含笑 *Paramichelia baillonii*

毛果含笑 *Michelia sphaerantha*

云南拟单性木兰 *Parakmeria yunnanensis*

产云南中部的昆明、嵩明、寻甸、禄劝、武定、富民、禄丰、易门、玉溪、峨山、江川、元江、通海、石屏、蒙自、东南部的广南、砚山、屏边、西北部祥云、大理、丽江等地。生油杉或云南松林下，及酸性红壤地带的灌木丛中。

花大，极芳香，可提浸膏；叶有香气、可磨香面。是优良的观赏植物，可作庭园观赏、绿篱等用材。种子繁殖。

云南拟单性木兰　　木兰科

Parakmeria yunnanensis Hu ex Hu et Cheng

常绿乔木，高20~25m；树皮灰色；小枝圆柱形，被星状毛。叶薄革质，椭圆状披针形至披针形，长6.5~13cm，宽2.5~4.5cm，先端钝至钝渐尖，基部楔形，叶面有光泽，背面被星状毛；叶柄长1~2.5cm，托叶苞状，革质，早落。花单生枝顶，雄花和两性花异株，花梗粗短，无毛；花白色，芳香，花被片12，4轮排到，外轮3片较大，

倒卵形，红色，长4cm，宽2cm，先端圆，基部渐窄，内3轮窄倒卵状匙形，白色，长3~3.5cm；雄蕊30，长约2.5cm，花药长约1.5cm，花丝短，药隔伸出成短尖的附属物；两性花花被片与雄花同。聚合果长圆状卵形，长6cm，蓇葖菱形，种子长0.6~0.7cm，宽1cm，黑色。花期4~5月，果期9~10月。

特产云南东南部的屏边、金平、西畴、麻栗坡、广南。生海拔1 200~1 900m的山谷常绿阔叶林中。

树冠团伞形，终年翠绿，花瓣白色，芳香，是珍贵的园林树种，可作行道树。云南特有树种。

假含笑　　木兰科

Paramichelia baillonii(Pierre)Hu

常绿大乔木，高35m，胸径1m。枝具白色气孔，嫩枝、叶背被毛。叶椭圆形，长6~22cm，宽4~7cm，先端渐尖，基部楔形，侧脉9~15对；柄长1.5~3cm，托叶痕为柄长的1/2~1/3。单花腋生，花芳香，黄

白色；花被片18~21，6片1轮，外两轮倒披针形，长约2.5cm，向内渐窄小，内轮披针形；雄蕊多数，长6~11mm，花药长0.5cm；雌蕊长6~7mm，雌蕊群窄卵形，长5mm，心皮完全合生，密被黄色柔毛，花柱红色，雌蕊群柄长3mm；花梗长1~1.5cm。聚合果肉质，椭圆状圆柱形，长6~10cm，径4cm；成熟心皮合生，干后不规则小块脱落；心皮中脉木质化，扁平，弯钩状，宿存于果轴上。花期4~7月，果期8~10月。

产云南西双版纳、景洪、勐海、思茅、澜沧、普洱、金平、绿春、临沧。生海拔500~1 500m的沟谷季雨林和南亚热带常绿阔叶林内。

花多而芳香，树形优美，可作庭园观赏树和行道树，木材为高级家具用材。

野八角　　八角茴香科
Illicium simonsii Maxim

小乔木, 高10m。叶革质, 互生近对生, 椭圆形, 长5~10cm, 宽1.5~3cm, 先端短渐尖, 基部渐窄, 楔形下延至柄成窄翅。花腋生, 淡黄色, 芳香, 常密集于枝顶聚生, 梗较短; 花被8~23, 外面的2~5片薄纸质, 长圆状披针形, 长9~15mm, 最里面的几片狭舌形; 雄蕊16~28, 花丝舌状; 心皮8~13枚, 子房扁卵形, 花柱钻形。果梗长5~16mm; 蓇葖8~13枚, 长1.1~2cm, 宽6~9mm, 厚2.5~4mm, 先端具长尖头, 长3~7mm。花期2~5月, 果期6~10月。

产云南昆明、富民、嵩明、禄劝、双柏、马龙、会泽、巍山、大理、贡山等。生海拔1300~4000m的水沟、溪谷、沿江湿润杂木林、丛林中。四川、贵州有分布。缅甸和印度也有分布。

果、花、叶均有毒, 含芳香油, 不能食用, 树姿美观, 供庭园观赏。

云南五味子(变种)　　五味子科
Schisandra henryi C.B.Clarke
var.*yunnanensis* A.C Smith

落叶木质藤本; 小枝紫褐色, 棱翅狭而粗厚; 内牙鳞紫红色, 宿存新枝基部。叶宽卵形、膜质、叶背无白粉, 两面同色, 长6~11cm, 宽3~8cm, 基部边缘具胼胝齿尖的浅锯齿, 侧脉4~6对; 叶柄红色, 具叶基下延的薄翅。雄花: 花柄长4~6cm, 花被片黄色, 8~10片, 圆形, 最大1片直径9~12mm, 最外与最内1~2片稍小; 雄蕊群倒卵形, 雄蕊30~40枚, 花药长1~2.5mm, 内侧向开裂, 药隔倒卵形, 具凹入的腺点。雌花: 花柄长7~8cm, 花被与雄花相似; 具雌蕊50枚, 顶端花柱附属物白色, 子房狭椭圆形。小浆果红色、球形, 具果柄, 顶端花柱附属物白色, 种子褐色, 具乳突状, 种脐斜"V"形。花期5~7月, 果期8~9月。

产云南元江、西双版纳、思茅、澜沧、景东、凤庆、临沧、潞西、贡山、腾冲。生海拔1100~2500m的沟谷、林中或灌丛中。广西、贵州亦有。

供药用, 通经活血、强筋壮骨。果叶美观, 可作棚架观赏植物。

球蕊五味子　　五味子科
Schisandra sphaerandra Stapf

落叶木质藤本, 全株无毛。叶纸质, 倒披针形, 长4~11cm, 宽1.5~3.5cm, 先端渐尖, 2/3下渐狭成楔形; 边缘具胼胝质齿尖; 侧脉5~7对, 柄具叶下延狭膜翅。花深红色; 雄花: 花梗长1~2.8cm, 花被片5~8, 倒卵状椭圆形, 雄蕊群卵圆形, 雄蕊30~50枚, 下部雄蕊具短花丝, 上部雄蕊无花丝; 雌花: 花梗与花被片与雄花相似, 雌蕊群长圆状椭圆形, 雌蕊80~110枚, 子房倒卵形, 鸡冠状柱头面宽约0.5mm。聚合果柄长3~6cm; 小浆果椭圆形; 种子椭圆形, 内种皮灰白色, 背具细乳头状凸起或有皱纹, 种脐微凹。花期5~6月, 果期8~9月。

产云南大理、丽江、中甸、维西、德钦、禄丰、大姚、宾川。生海拔2300~3900m的阔叶混交林或冷杉、云杉林间。四川有分布。

花红色、美观, 可作棚架观赏植物, 种子繁殖。

白花球蕊五味子(变型)　　五味子科
Schisandra sphaerandra Stapf
f.*pallida* A.C.Smith

本变型与原变型的区别在于花被片白色或乳白色(内面桃红色), 或淡玫瑰红色, 花较大, 长约14mm, 宽约10mm, 基部有明显的脉纹。

产云南西北部及双柏。生海拔2700~3300m的常绿阔叶林中或高山针叶林中。西藏有分布。

花、果均很美丽, 可作棚架观赏植物。

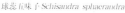
球蕊五味子 *Schisandra sphaerandra*

野八角 *Illicium simonsii*

云南五味子(变种) *Schisandra henryi*

白花球蕊五味子(变型)*Schisandra sphaerandra f.pallida*

阴香 *Cinnamomum burmannii*

粗壮润楠 *Machilus robusta*

阴香　　樟科

Cinnamomum burmannii(C.G.& Th. Nees)Bl.

　　常绿乔木，高20多m，胸径80cm；树皮灰褐黑色，有肉桂香味。叶革质，互生或近对生，卵形至长椭圆形，长6～10cm，宽2.5～4cm，叶面绿色，叶背带绿苍白色，离基三出脉，脉腋内无腺体；叶柄长6～12mm。圆锥花序顶生或腋生，长2～6cm，花被6，绿白色，长椭圆形，两面均被柔毛；能育雄蕊9，花药4室，第三轮雄蕊花药外向瓣裂。果卵形，长8mm，直径5mm；果托有一半残存的花被片具齿裂，齿端平截。花果期各不一致，有12月至翌年1月开花，3～4月果熟；3月开花，8月果熟。

　　产云南东南部至中南部。生海拔1250～2100m的常绿阔叶林中或溪边、路旁。广西、广东、福建有分布。印度、缅甸、越南、印度尼西亚、菲律宾也有分布。

　　枝皮、根、叶可提芳香油；茎皮入药；种子榨油，木材耐腐，为细木工用材。树冠浓密，为优良行道树和庭院绿化树种。种子繁殖，宜采收后去种皮，湿沙贮藏至翌年春播。

粗壮润楠　　樟科

Machilus robusta W.W.Smith

　　乔木，高3～15(20)m。叶厚革质，互生，倒卵状椭圆形，长10～26cm，宽5.5～8.5cm，侧脉5～9对，在叶缘之内网结，小脉网状、明显；柄长2.5～5cm。圆锥花序生于枝顶和先端叶腋，长5.5～16cm，多花，分枝，总梗长3～11cm，粗壮且带红色；苞片和小苞片细小，线状披针形，密被蛛丝状短柔毛，早落；花大，长7～10mm，花梗带红色，被毛；花被片6，卵圆形，长6～7mm；能育雄蕊9，第一、二轮雄蕊长6～7mm，基部被毛，第三轮雄蕊略长，花丝上有柔毛，退化雄蕊位于最内轮；子房球形，花柱丝状，柱头小，不显。果球形，直径达2.5cm，幼果深绿色，成熟蓝黑色，宿存花被外翻，果梗粗壮、深红色。花期1～4月、果期5～7月。

　　产云南思茅、西双版纳。生海拔1000～2100m的常绿阔叶林中。贵州、广西、广东有分布。缅甸也有分布。

　　枝、叶繁茂，树冠伞状球形，美观，果梗红色，是非常美观的庭园观赏树种。

长喙乌头 *Aconitum georgei*

黄草乌 *Aconitum vilmorinianum*

中甸乌头 *Aconitum piepunense*

乌头 *Aconitum carmichaeli*

乌头　　毛茛科

Aconitum carmichaeli Debx.

多年生草本。块茎倒圆锥形，长 2～4cm。茎高 60～150cm。单叶互生，薄革质，五角形，长 6～11cm，宽 9～15cm，3 全裂，中央裂片宽菱形，近羽状分裂，2 回裂片三角形，侧生裂片斜扇形，深 2 裂；柄长 1～2.5cm，被短柔毛。总状花序顶生，长 6～25cm，密被反曲微柔毛，花梗长 1.5～5cm，苞片 3 裂，狭卵形；萼片 5，蓝紫色，外被微柔毛，上萼高盔形，高 2～2.6cm、喙不明显，侧萼长 1.5～2cm；花瓣 2，无毛，有长爪，距长 1～2.5mm；雄蕊多数，花丝具 2 小齿；心皮 3～5，子房有疏微柔毛。蓇葖长 1.5～1.8cm；种子有膜质翅。花期 9～10 月，果期 11 月。

产云南马关、彝良、大理、维西、丽江。生海拔 2100～2900m 的山坡草地灌木丛中。四川、贵州、湖南、湖北、广西、广东、江西、浙江、江苏、安徽、陕西、河南、山东、辽宁有分布。越南也有。

块根入药，主治关节、神经风寒湿痛。花大而多，花色艳丽，供花坛种植和庭院丛栽观赏。用块根子球分株或种子繁殖。

长喙乌头　毛茛科
Aconitum georgei Comber

多年生草本。块根胡萝卜形。茎高60～150cm，上部具紧贴的短柔毛。叶无毛，茎中部叶的叶片圆五角形，长约6cm，宽8cm，3深裂，中深裂片近菱形，近羽状浅裂，具不整齐的缺刻状粗齿；叶柄长约3cm；茎上部叶具短柄。顶生花序直立或下垂，疏生5～10朵花，疏被反曲的短柔毛；下部苞片叶状，上部大多3裂；小苞片生花梗中部附近，线状披针形；萼片蓝紫色，外面被紧贴的短柔毛，上萼片高盔形，高2～3cm，外缘近垂直，凹，喙长5～8mm，侧萼片长1.8cm；花瓣长约2.2cm，瓣片长约1cm，唇2浅裂，距极短；雄蕊无毛，花丝全缘；心皮4～5，子房密被短柔毛。花期7～9月。

产云南中甸。生海拔3 700～4 000m间山地林边或灌丛中。

花大而美丽，供花坛种植或庭院丛植。

中甸乌头　毛茛科
Aconitum piepunense Hand. ～ Mazz.

多年生草本。块根圆锥形。茎高1.1～1.8m，上部被反曲的短柔毛，等距离生叶，茎下部叶在开花时多枯萎，有长柄。叶片五角形，长约6.8cm，宽约10cm，基部宽心形，3深裂，中央裂片菱形，表面疏被紧贴的短柔毛。顶生总状花序长38～70cm，有多数花；轴和花梗密被伸展的淡黄色短柔毛，并混有反曲的小毛；下部苞片叶状，上部的线形；小苞片生花梗上部或中部，狭线形；萼片蓝色，上萼片盔形或高盔形，高1.5～2cm，自基部至喙长约1.6cm，下缘稍凹，喙短；花瓣无毛，唇长约4mm，距约1.2mm，向后弯曲；雄蕊无毛，花丝多全缘，有时生2小齿；心皮5，无毛，蓇葖长1～1.5cm。种子三棱形，背部密生横翅。7～8月开花。

产云南中甸　生海拔3 000～3 300m间山地草坡。

花大、多花、花色艳丽，供花坛种植、庭院丛植。

黄草乌　毛茛科
Aconitum vilmorinianum Kom.

多年生攀援草本。块根2，长2.5～7cm。缠绕茎，长可达4m，疏被反曲的微柔毛。叶片坚纸质，五角状肾形，长5～10cm，宽8～15cm，3全裂近基部，中央裂片宽菱形，二回3裂，具疏小裂片或齿状，叶面疏生短伏毛。花序多花；花序轴和花梗密生反曲的淡黄色微柔毛；苞片线形；小苞片狭条形；萼片5，紫蓝色，外面密生微柔毛，上萼片高盔形，高1.5～2cm，中部粗7～11cm，下缘与外缘形成向下展的喙，侧萼片长1.3～1.4cm；花瓣唇微凹，向后弯曲；雄蕊无毛；心皮5，蓇葖直。种子三棱形，在一面密生横膜翅。花期8～10月。

产云南昆明、武定、楚雄、双柏。生海拔1 900～2 500m的山地灌木丛中。贵州有分布。

块根药用，治各种痛症。花多而美丽，供棚架和假山四周种植。

云南银莲花(变种)　毛茛科
Anemone demissa Hook.f. et Thoms.var.*yunnanensis* Franch.

多年生草本，植株高10～45cm。基生叶5～13，有长柄；叶卵形，长3～4cm，宽3.2～4.5cm，基部心形，3全裂，全裂片和末回裂片均互相分开，中全裂片菱状宽卵形，基部宽楔形，突缩成短柄，3深裂，末回裂片卵形，顶端钝或圆形，侧全裂较小，近无柄；叶柄、花葶均有开展的长柔毛，基部有狭鞘。花葶1～3；苞片3，无柄，3深裂，裂片线形，有长柔毛；伞辐1～5，有柔毛；萼片5～6，白色，倒卵形，外面有疏柔毛；雄蕊多数；心皮无毛。瘦果扁平，椭圆形。花期6～7月。

产云南丽江、中甸、禄劝。生海拔3 000～4 600m的山坡草地疏林中。

花大而美丽，供花坛种植。种子繁殖。

宽叶展毛银莲花(变种)　毛茛科
Anemone demissa Hook.f. et Thoms.var.*major* W.T.Wang

多年生草本，植株高25～68cm。基生叶5～13，叶较大，叶片心状圆形或心状圆卵形，长4～6.5cm，宽6～10cm，中全裂片通常有短柄，末回裂片较短而宽，狭卵形；叶柄和花葶均有开展的柔毛；花葶1～3；苞片3，3深裂线形，有长柔毛；伞辐1～5，长1.5～8.5cm，有柔毛；萼片5(6)，白色或蓝紫色，椭圆状倒卵形，长1～1.8cm，宽0.5～1.2cm，外面有疏柔毛；雄蕊多数，长2.5～5mm；心皮无毛。瘦果扁平。6～7月开花。

产云南中甸、德钦、禄劝。生海拔3 200～4 100m的山地草坡或疏林下。四川、西藏南部有分布。

供花坛、假山四周、墙脚空地种植或盆栽。种子繁殖。

云南银莲花(变种)*Anemone demissa* var. *yunnanensis*

宽叶展毛银莲花(变种)*Anemone demissa* var. *major*

水棉花(变型)　　毛茛科

Anemone hupehensis Lemoine f. *alba* W.T.Wang

多年生草本，植株高20～120cm。基生叶通常为三出复叶有时为单叶，有长柄，小叶片卵形或宽卵形，长4～11cm，宽3～10cm，顶端急尖，基部圆形，不分裂或3～5浅裂，边缘有锯齿，两面有疏糙毛；侧生叶小，被柔毛，基部有短鞘。花葶直立，聚伞花序2～3回分枝，花多，苞片3，有柄，似基生叶；花梗长3～10cm，具密或疏柔毛；萼片5，白色或带淡粉红色，倒卵形，外面有短绒毛；雄蕊多数长为萼片的1/4，花药黄色，花丝丝形；心皮约400，生于球形花托上；子房具长柄有短绒毛，柱头长方形。聚合果球形；瘦果有细柄，密被绵毛。花期7～10月。

云南除南部、西南部、东北部和中甸、德钦不产外，其他大部分地区有分布。生海拔1600～3100(3500)m的山地草坡或沟边。四川、贵州、台湾有分布。

根状茎治痢疾、难产、关节炎；花大而美观，供花坛种植或庭院丛栽。种子繁殖。

秋牡丹(变种)　　毛茛科

Anemone hupehensis Lemoine var. *japonica*(Thunb.)Bowles et Stearn

多年生草本，植株高25～120cm。根状茎。基生叶为三出复叶，叶片卵形或宽卵形，长4～11cm，宽3～10cm，两面有疏糙毛；侧生小叶有长柄。聚伞花序2～3回分枝，花葶直立，花较多，重瓣；苞片3，似基生叶，被疏柔毛；萼片20，紫色或红紫色，倒卵形，外有短绒毛；雄蕊多数，花药黄色，椭圆形，花丝丝形；心皮约400，生球形花托上；子房有长柄，具短绒毛，柱头长方形。聚合果球形，密被绵毛。7～10月开花。

产云南昆明、邓川、大理、巍山、西畴。生海拔1400～2500m低山草坡。广东、江西、江苏、浙江、安徽栽培甚为普遍。日本也有。

花色艳丽、花期长，秋季开花，是珍贵的观赏花卉；种子繁殖或分株繁殖。

野棉花　　毛茛科

Anemone vitifolia Buch.-Ham ex DC.

多年生草本。植株高60～100cm。根状茎木质。基生叶2～5，有长柄；叶片心状卵形，长5.2～22cm，宽6～26cm，顶端急尖，3～5浅裂，边缘有小齿，表面疏被短糙毛，背面密被白色短绒毛；叶柄有柔毛。花葶粗壮，具疏柔毛；聚伞花序长20～60cm，2～4回分枝；苞片3，似基生叶；花梗密被短绒毛；萼片5，白色或带粉红色，倒卵形，外被白色绒毛；雄蕊多数，花丝丝状；心皮约400；子房密被绵毛。聚合果球形，瘦果有柄，密被绵毛。花期7～10月。

产云南丽江、大理至滇中、滇东南地区。生海拔1200～3100m的山地草坡、沟边疏林中。四川、西藏有分布。缅甸、不丹、锡金、尼泊尔、印度也有分布。

根状茎，消炎止痛、治蛔虫病。宜作花坛配植或草地丛植。

直距耧斗菜　　毛茛科

Aquilegia rockii Munz

多年生草本，根圆柱形，外皮褐色。茎高40～80cm，基部被稀疏的短柔毛，上部密被腺毛，常分枝。基生叶，为二回三出复叶；叶片宽达20cm，中央小叶具8～15mm的细柄，楔状倒卵形，长2～3.5cm，3裂近中部，小叶片略不对称，2深裂近中部处，背面只近基部处被短柔毛，基部变宽成鞘。茎生叶2～3枚或更多。花序含1～3朵花，花下垂或水平展出；苞片3深裂；花梗密被腺毛；萼片紫红色或蓝色，开展，长椭圆状狭卵形，长2～3cm，宽7～9mm，顶端渐尖；花瓣与萼片同色，瓣片顶端圆截形，距长1.6～2cm，直或末端微弯，被短柔毛；雄蕊比瓣片短，花药黑色，退化雄蕊白膜质，心皮直立，密被短腺毛。蓇葖长，先端有宿存花柱。种子黑色，具棱。6～8月开花，7～9月结果。

产云南中甸、丽江、维西。生海拔2500～3500m间的山地杂木林下。西藏、四

直距耧斗菜 *Aquilegia rockii*

梅花藻 *Batrachium bungei*

水棉花(变型)Anemone hupehensis f. alba

野棉花 Anemone vitifolia

秋牡丹(变种)Anemone hupehensis var. japonica

驴蹄草 Caltha palustris

川有分布。

花色美观、花形奇特，供花坛配置、草地丛植观赏，亦是育种的好材料。

梅花藻　毛茛科

Batrachium bungei(Steud.)L. Liou

多年生沉水草本。茎长30cm左右，分枝。叶无毛，无柄或有柄，叶片正三角形，长2cm，三至四回三出细裂，小裂片条形或狭条形。花对叶单生；萼片5，淡绿色，狭椭圆形，长约3mm；花瓣5，白色，基部橙黄色，倒卵形，长约7mm，宽约5mm，在基部之上具蜜槽；雄蕊约15；心皮多数，具短花柱。聚合果近球形；瘦果狭卵形，有横皱纹和短毛。花期5~8月。

产云南中部、西部至西北部。海拔达3300m。生于湖中或山谷溪水中。辽宁、河北、山西、江西、江苏、甘肃、青海、四川、西藏有分布。

供水池、人工湖、浅水池种植观赏。

驴蹄草　毛茛科

Caltha palustris Linn.

多年生草本，无毛。茎实心有分枝，高20~50cm。叶基生3~7，有长柄；叶圆形、心形，长2.5~5cm，宽3~9cm，边缘密生小齿；叶柄长6~24cm；茎生叶较小，具短柄或无柄。单歧聚伞花序生于茎枝顶端；苞片三角状心形，边缘生齿；萼片5，黄色，狭倒卵形；无花瓣；雄蕊多数，花丝狭线形，花药长圆形。心皮7~12，无柄。蓇葖果长约1cm；种子卵球形，有少数纵皱纹。花期5~9月，果期6~11月。

产云南贡山、中甸、德钦、丽江、维西。生海拔2100~4300m的山谷溪边、草甸或林下。四川、甘肃、陕西、山西、河北、内蒙古、新疆、东北及北半球温带其他地区有分布。

花、叶美观，供庭园潮湿地沟边种植观赏。

川甘铁线莲　毛茛科

Clematis akebioides(Maxim.)Hort.ex Veitch.

木质藤本。茎无毛，有明显的棱。一回羽状复叶；小叶5~7，叶片基部常2~3浅裂，侧生裂片小，中裂片较大，宽椭圆形，长2~4cm，宽1.3~2cm，边缘有不整齐的浅锯齿，裂片2~3浅裂。花单生或2~5朵簇生；花梗长5~10cm；苞片大，常2~3浅裂，中裂片较大，宽椭圆形，有齿；萼片4~5，黄色，斜上展，顶端锐尖，外面边缘有短绒毛，花丝下面扁平，被柔毛，花药无毛。瘦果倒卵形被柔毛；宿存花柱被长柔毛。花期7~9月，果期9~10月。

产云南德钦、中甸、丽江。生海拔1900~3200m的高原草地、灌丛、河边。西藏、四川、青海、甘肃有分布。

花形、花色美观，供棚架和其它需攀援植物造景使用，具较好的观赏价值。

小木通　毛茛科

Clematis armandii Franch.

常绿木质藤本，长5~6m。叶对生，为三出复叶；小叶薄革质，卵状披针形，长8~16cm，宽2~8cm，无毛，聚伞花序或圆锥状聚伞花序，顶生或腋生，腋生花序基部有多数宿存芽鳞；花序下部苞片矩圆形，常3裂，上部苞片小，钻形；萼片4~5，白色，展开，矩圆形至矩圆状倒卵形，外面边缘有短绒毛；无花瓣；雄蕊多数，花药矩圆形；心皮多数。瘦果扁，椭圆形，疏生柔毛，羽状花柱，长约5cm，具白色长柔毛。花期3~4月，果期4~7月。

产云南中部至大理、丽江和保山、临沧等地。生海拔800~2400m的山地林边。西藏、贵州、四川、甘肃、陕西、湖北、湖南、广东、广西、福建有分布。

茎入药治小儿麻痹后遗症、风湿、利尿、调经。花繁茂，可供棚架、石山造景，隔离栏带种植。

金毛铁线莲　毛茛科

Clematis chrysocoma Franch.

木质藤本，或呈灌木状，茎1~3m，密被短柔毛，后渐无毛。三出复叶，数叶与花簇生或对生，叶革质，两面密生绢状毛，边缘疏生粗齿，顶生小叶3浅裂，卵形或菱状

西南铁线莲 *Clematis pseudopogonandra*

川甘铁线莲 *Clematis akebioides*

金毛铁线莲 *Clematis chrysocoma*

倒卵形, 长2~6cm, 宽1.5~4.5cm, 侧生小叶较小, 稍偏斜; 柄长2~6.5cm。花1~5朵与叶簇生, 新枝上1~2朵生叶腋或为聚伞花序; 花直径3~8cm, 花梗3~20cm, 密生黄色短柔毛; 萼片4, 开展, 白色或粉红色带紫色, 椭圆状倒卵形, 长1.5~4cm, 宽0.8~3cm, 外面密生短柔毛; 无花瓣; 雄蕊无毛。瘦果偏, 卵形, 有绢状毛, 宿存花柱长4cm, 有金黄色绢毛。花期4~7月, 果期7~11月。

产云南昆明、嵩明、沾益、广南、禄劝、永仁、宾川、大理、漾濞、洱源、剑川、鹤庆、丽江、中甸、兰坪、腾冲、龙陵。生海拔1000~3200m的山坡、山谷的灌丛中。贵州、四川有分布。

全株入药、清热利尿、消炎止痛。花供观赏, 是垂直美化的绝好植物。种子繁殖。

丝铁线莲　毛茛科
Clematis filamentosa Dunn
常绿木质藤本。茎圆柱形, 有纵沟。三出复叶, 无毛; 叶片薄革纸质, 卵形, 长7~11cm, 宽4~8cm, 基出掌状脉5; 柄长7~13cm。腋生圆锥花序或总状花序。常7~12花, 花梗在幼时有棕色绒毛, 后渐脱落, 基部具线状披针形的苞片; 萼片4, 白色, 窄卵形或卵状披针形, 长1.6~2cm, 宽5~8mm, 开展, 外面有锈褐色绒毛, 内面无毛, 顶端钝圆; 无花瓣; 雄蕊多数, 外轮较长, 内轮短, 能育雄蕊花药椭圆形, 药隔突起, 花丝线形, 无毛; 心皮在开花时有白色绵毛, 花柱被短柔毛。瘦果狭卵形, 常偏斜,

丝铁线莲 *Clematis filamentosa*

小木通 *Clematis armandii*

棕色, 宿存花柱丝状, 有开展长柔毛。花期11~12月, 果期1~2月。

产云南西畴。生海拔500~1600m的溪边、山谷密林及灌丛中、潮湿地、攀援树上。广西、广东、海南、香港有分布。

为垂直绿化树种, 供布置棚架、墙垣之用。

西南铁线莲　毛茛科
Clematis pseudopogonandra Finet et Gagnep.
木质藤本。茎长达3m, 幼枝被柔毛, 老枝无毛, 具纵纹; 当年生枝基部有芽鳞, 外层芽鳞仅边缘有毛, 内层芽鳞被紧贴柔毛。二回三出复叶, 连叶柄长7~9cm; 小叶片卵状披针形或窄卵形, 长2~5cm, 宽1~3cm, 顶端尾状渐尖, 边缘常3裂或有1~2对齿, 幼时被毛, 老时无毛。单花腋生, 稀2花束生, 花梗长2.5~7cm, 无苞片; 花钟状, 萼片4枚, 淡紫红色至紫黑色, 卵状披针形或椭圆状披针形, 长2~3cm, 宽6~10mm, 顶端渐尖, 被毛; 无花瓣; 雄蕊长为萼片之半, 花丝上部及药隔背面被密毛, 花药黄色; 心皮与雄蕊等长, 被黄色毛。瘦果狭卵形, 被毛。花期6~7月, 果期8~9月。

产云南中甸、洱源。生海拔2700~4300m的溪边、山沟及灌丛中。西藏、四川有分布。

可供气候寒冷地区作垂直绿化之用。

毛茛铁线莲　毛茛科
Clematis ranunculoides Franch.
藤状灌木。茎初直立, 高35cm, 或攀援长约4m, 茎分枝及花序均有伸展的短柔毛。叶对生, 三出复叶或5小叶的羽状复叶; 小叶卵形, 薄纸质, 长2.2~7cm, 宽1.8~5cm, 边缘有齿, 生短柔毛; 基生叶有长柄, 长7~10cm, 茎生叶柄短, 长3~7cm。聚伞花序腋生; 花序有1~3花; 基部有1对苞片, 花梗长3~10cm; 花萼钟形, 淡紫红色, 萼片4, 狭卵形, 顶端钝, 反曲, 边缘有短绒毛, 中脉具翅; 无花瓣; 雄蕊多数, 花丝条形, 被长毛, 花药线形、无毛。瘦果纺锤形, 有短毛, 羽状花柱宿存。花期9~10月, 果期10~11月。

产云南中部、西部至西北部。生海拔500~3000m的山坡草地或灌丛中。四川、广西、贵州有分布。

藤茎入药, 治风湿。花色美丽, 供垂直绿化、石山造景等用。

毛茛铁线莲 *Clematis ranunculoides*

拟螺距翠雀　　毛茛科

Delphinium bulleyanum G. Forrest ex Diels

直立多年生草本。茎高65～180cm，下部常带紫色，等距地约生10叶。基生叶在开花时枯萎。茎中部叶有稍长柄；叶片五角形，长4.8～7.2cm，宽7.5～12cm，3深裂至近基部，中央裂片菱形，二回裂片有粗齿，两面均被短伏毛。顶生总状花序狭长，有6～16花；基部苞片叶状，其他苞片小，披针状线形，花梗与轴均密被反曲的白色短柔毛和开展的黄色短腺毛；小苞片生花梗中部至上部；萼片蓝色，椭圆形，外面密被短柔毛，内面无毛，距钻形，长1.8～2.4cm，呈马蹄状或螺旋状弯曲；花瓣蓝色，无毛，顶端2浅裂；瓣片与爪近等长，2深裂，腹面有黄髯毛；雄蕊无毛，心皮3，子房有少数柔毛或无毛。蓇葖长1～2cm。种子长1～1.5mm，倒金字塔形，生鳞状翅。8～9月开花。

产云南丽江和中甸、德钦一带。生海拔3 100～3 700m山地草坡。

花色美观，供花坛、草地、墙垣等处丛植观赏。

角萼翠雀　　毛茛科

Delphinium ceratophorum Franch.

多年生直立草本。茎高30～65cm，下部被白色糙毛，中上部无毛。基生叶有长柄，长可达30cm，叶片五角形或五角状肾形，长3～6.5cm，宽3.2～10cm，3深裂至叶片中下部，中深裂片菱形，3浅裂，侧裂片斜扇形，两面被糙毛。茎生叶1～3枚。总状花序有5～10花，花梗长1.7～8cm；小苞片与花邻接，披针形或披针状线形，长5～10mm；萼片蓝紫色，倒卵形或椭圆状倒卵形，长1.6～1.8cm，外被短糙毛，内面无毛，萼片顶端背面有长1.5～2mm长的角，距圆筒状钻形，长2.2～2.5cm，下部弯曲呈"V"字形；花瓣无毛；退化雄蕊紫色，瓣片2浅裂，腹面有黄色髯毛；心皮3，子房被毛；蓇葖长1～2cm。花期8～10月。

产云南宾川、洱源、丽江、维西、中甸、德钦。生海拔2 800～3 600m间的山坡草地或林边草地。

适于花坛、花境丛植或散植，亦可作切花。

翠雀 *Delphinium grandiflorum*

角萼翠雀 *Delphinium ceratophorum*

云南翠雀 *Delphinium yunnanensis*

拟螺距翠雀 *Delphinium bulleyanum*

粉背叶人字果 *Dichocarpum hypoglaucum*

翠雀　毛茛科

Delphinium grandiflorum Linn.

多年生草本。茎高 35～65cm，等距生叶。基生叶和茎下部叶具长柄；叶片圆三角形，长 2.2～6cm，宽 4～8.5cm，3 全裂，一至二回 3 裂近中脉，小裂片条形，叶柄基部具短鞘。总状花序具 3～15 花，轴和花梗被反曲的微柔毛，下部苞片叶状，其他苞片条形；萼片 5，蓝色或紫蓝色，距通常较萼片长，钻形，长 1.7～2.3cm；花瓣蓝色，无毛，顶端圆形；退化雄蕊无毛；心皮 3，子房被贴伏短柔毛。蓇葖直，种子倒卵状，四面体形，沿棱有翅。花期 5～10 月。

产云南昆明以北至大理、丽江一带，生海拔 2 000～2 800m 山地草坡、灌丛间。山西、河北、宁夏、内蒙古、东北有分布。蒙古、俄罗斯西伯利亚也有分布。

根治牙痛；茎叶浸汁可杀虫。花美观，供花坛配植、草地荫湿处、墙垣边丛植，是翠雀园艺品种育种好材料。

云南翠雀　毛茛科

Delphinium yunnanensis Franch.

多年生草本。茎高 40～90cm，茎下部有少数分枝，下部被毛，上部无毛。有叶 4～6 片，茎下部叶在花时枯萎，叶片五角形，长 3.6～6cm，宽 5～10cm，3 深裂至近基部，中央裂片 3 深裂，侧裂片不等 2 深裂，两面被毛；叶柄长 8～13cm。上部茎生叶变小。总状花序狭长，疏生 3～10 花，基部苞片叶状；花柄长 1.2～5.5cm，小苞片生花梗上部；萼片蓝紫色，椭圆状倒卵形，长 1～1.4cm，外面被短柔毛，距钻形，长可达 2.4cm，直或稍下弯曲；花瓣无毛；退化雄蕊紫色，瓣片倒卵形，2 裂至中部，腹面有黄色髯毛；心皮 3，子房密被短伏毛。蓇葖长约 1.8cm。花期 8～10 月。

产云南中部昆明、嵩明、安宁至洱源、丽江一带 以及元江、景东、凤庆、砚山等地。生海拔 1 000～2 400m 的山坡草地或灌丛边。四川、贵州有分布。

供花坛、草地、墙边种植。可培育切花。

粉背叶人字果　毛茛科

Dichocarpum hypoglaucum W.T.Wang et Hsiao

多年生直立草本，具根状茎，全株无毛。基生叶约 4 枚，为二至三回鸟趾状复叶，柄长 20～26cm；叶片五角形，叶背粉白色，长 14～16cm，宽 10～16cm，中央一回裂片菱状卵形，长 10～12cm，宽约 5cm。花茎

直立，高约 28cm，下部粗约 3mm；复单歧聚伞花序长约 12cm，疏松；下部苞片具短柄，长 2.4～3.2cm，一回三出，顶生小叶倒卵状菱形，3 浅裂，侧生小叶较小，上部苞片无柄，3 全裂或 3 深裂，裂片菱形。花两性、辐射对称：萼片 5，花瓣状，长椭圆形，粉红色，近平展；花瓣 5，极小，圆形，黄色，具细长的爪；雄蕊多数，花药黄色。蓇葖 两叉状分开，倒披针状线形，喙长约 2mm；种子近球形，深紫色，光滑。5 月结果。

产云南西畴、麻栗坡。生于山地林内，荫湿处的石灰岩上。贵州有分布。

供岩石园造景用，但需种植于荫湿处。

紫牡丹　毛茛科

Paeonia delavayi Franch.

落叶灌木，高 0.6～1.5m；小枝无毛。叶互生，二回三出复叶，长 15～20cm，宽 10～16cm，羽状分裂，裂片披针形至长圆状披针形，宽 0.7～2cm，基部下延，边全缘或微被齿，叶柄长 10～15cm，无毛。近总状花序生当年生枝的顶端，花数朵；花杯形，紫红色，直径 6～8cm；萼片 5，绿色，宿存；花瓣 5～9，紫色、紫红色，倒卵形，长 3～4cm，宽 1.5～2cm，雄蕊多数，花丝细长；心皮 1～5，分离，革质，无毛，基部被花盘所包围。蓇葖 浅绿黄色，长 2～2.5cm，革质，自腹面开裂；种子数粒，熟时黑色。花期 5～6 月，果期 9～10 月。

产云南丽江、中甸、德钦、贡山。生 2 700～3 700m 的石灰山地疏林中或石砾坡地。四川、西藏有分布。

根入药，治吐血、尿血，是有名的"赤丹皮"。花大、紫红色，极为美观，是庭院美化的极好种类，更是牡丹育种的重要种质基因。种子繁殖或分株繁殖。

紫牡丹 *Paeonia delavayi*

黄牡丹 *Paeonia lutea* Delavay

美丽芍药 *Paeonia mairei*

保氏牡丹 *Paeonia potanini*

金莲牡丹(变种)*Paeonia potanini var.trollioides*

黄牡丹　毛茛科

Paeonia lutea Delavay ex Franch.

落叶亚灌木，高0.6~1.5m，无毛。叶互生，纸质，二回三出复叶，长20~30cm，小叶羽状分裂，裂片披针形，长4~10cm，宽1~3cm，基部常下延，全缘或具齿，叶背微带白粉；叶柄长6~14cm。花2~5朵生于当年生小枝顶或叶腋；花黄色，有时基部紫红色或边缘红色，直径5~6cm；苞片3~4，披针形；萼片3~4，宽卵形，绿色，叶状；花瓣倒卵形，9~12枚，长2.5~3.5cm，宽2~2.5cm，倒卵形；雄蕊多数，花药深黄色；心皮2~3，花盘肉质，包围心皮基部。蓇葖革质，顶端长渐尖而向下弯；种子数粒，黑色。花期4~5月，果期8~9月。

产云南昆明、嵩明、禄劝、曲靖、洱源、大理、中甸、维西、德钦、丽江。生海拔1950~3500m的石灰岩山地疏林或荒坡。西藏有分布。

本种是名贵的观赏花卉，亦是重要育种材料。种子繁殖或分株繁殖。

保氏牡丹　毛茛科

Paeonia potanini Kom

本种主要特征：花橙红色(有时为橙黄色)，花丝和花药均深红色，苞片和萼片数目为5~9；叶裂片为狭披针形至线状披针形。在《中国植物志》中把它归并为野牡丹的变种：狭叶牡丹*P.delavayi* Franch. var. *angustiloba* Rehd. et Wils.。

产云南中甸。海拔2700~3500m的山坡草地。四川木里有分布。

此种花很美观，是很好的观赏植物。

金莲牡丹(变种)　毛茛科

Paeonia potanini Kom var.*trollioides*
(Stapf ex Stern)Stern

此变种在《中国植物志》中把它归并入黄牡丹，但在野外观察中它与黄牡丹还有一定的区别，如花不完全开放而略为钟形，花瓣数增多，近于半重瓣，故在此保留此变种。

产云南中甸。分布范围很小。

美丽芍药　毛茛科

Paeonia mairei Lévl.

多年生草本，全株无毛；茎高0.5~1m。叶为二回三出复叶；叶片长15~23cm；顶生小叶长圆状卵形，长11~16cm，宽5~6.5cm，常下延，全缘，叶柄长4~9cm。花单生茎顶；苞片线状披针形；萼片5，宽卵形，绿色，长1~1.5cm，宽0.9~1.2cm；花瓣7~9，红色或淡紫色，倒卵形，长3.5~6.5cm，宽2~4.5cm，顶端圆形，有时稍具

短尖头；雄蕊多数，花丝无毛，花盘浅杯状，包住心皮基部；心皮通常2~3，密生黄褐色短毛，花柱短，柱头外弯，干时紫红色。蓇葖长3~3.5cm，生有黄褐色短毛，顶端具外弯的喙。花期4~5月，果期6~8月。

产云南巧家、东川。生海拔1500~2700m的山坡林缘荫湿处。贵州、四川有分布。

根药用，有行瘀活血、止痛之效，花色美观，供花坛和庭院种植观赏。

高原毛茛　毛茛科

Ranunculus tanguticus(Maxim.)Ovcz.

多年生草本。茎高10~25(40)cm，茎、叶柄均生短柔毛。叶为三出复叶，基生叶和茎下部叶具长柄；叶片宽卵形，长1~4cm，宽0.6~6cm，下面被短柔毛，小叶常二回3细裂，末回裂片披针形，茎生叶小，具短柄。花较多，单生茎顶和分枝顶端；萼片5，淡绿色，船形，外面有短柔毛；花瓣5，黄色，倒卵形，长6~8.5mm，基部具狭爪，蜜槽点状；花托圆柱形；雄蕊10~25；心皮多数，无毛。瘦果，喙直伸。花果期6~8月。

产云南丽江、中甸。生海拔2850~3250(4600)m的山坡或沼泽。西藏、四川、青海、新疆、甘肃、陕西、山西、河北有分布。尼泊尔、印度、原苏联中亚地区有分布。

西藏民间供药用；花繁茂，供花坛配植或草地丛植观赏，种子繁殖。

高原毛茛 *Ranunculus tanguticus*

偏翅唐松草 *Thalictrum delavayi*

偏翅唐松草　　毛茛科

Thalictrum delavayi Franch.

多年生草本，无毛。茎高 60～200cm。茎下部及中部叶为三至四回羽状复叶，小叶革质，大小变异很大，顶生小叶圆卵形，长 0.5～3.6cm，宽 0.3～2.5cm，3 浅裂，裂片全缘或具 1～3 齿；叶柄基部有鞘，托叶半圆形，边缘分裂。圆锥花序长 15～40cm；花梗长 0.8～25cm；萼片 4，紫色，椭圆形，长 5～8mm；无花瓣；雄蕊多数，花丝丝状；心皮 12～22，子房具短柄，花柱短，宿存，柱头小。瘦果具柄，斜倒卵形，沿腹缝和背缝有翅。花期 6～9 月。

产云南贡山、德钦、中甸、维西、丽江、永胜、大理、楚雄、昆明、安宁、嵩明、禄劝、江川、景东、龙陵等地。生海拔 1 900～3 400(3 600)m 的山地林边或灌丛中。四川、西藏有分布。

可供药用，代黄连；花美丽，供观赏。供庭院、岩石园种植。种子繁殖或分株繁殖。

云南金莲花　　毛茛科

Trollius yunnanensis (Franch.)Ulbr.

多年生草本，全株无毛。茎高 30～80cm，不分枝或在中部以上分枝；基生叶 2～3 枚，长 20～25cm，有长柄，叶片五角形，长 2.6～5.5cm，宽 4.8～11cm，基部深心形，叶片 3 深裂至近基部。中央裂片菱状卵形或菱形，3 裂至中部，侧裂片斜扇形；下部茎生叶似基生叶，但柄短，上部茎生叶小，近无柄。花单生茎顶或 2～3 朵聚生茎顶，花径 3～5cm；花梗长 4～9cm；萼片花

云南金莲花 *Trollius yunnanensis*

瓣状，黄色，5(7)片，开展，宽倒卵形或卵形，长 1.7～3cm，宽 1.5～2.5cm，顶端圆形；花瓣线形，比雄蕊短；雄蕊多数，长达 1cm。聚合果近球形，直径约 1cm。花期 6～9 月，果期 9～10 月。

产云南鹤庆、洱源、丽江、中甸、巧家以及西部高山区。生海拔 2 800～3 600m 间的山地草坡或溪边草地。四川有分布。

花美丽，可种植于庭院、墙垣荫湿处或水池边。种子繁殖。

睡莲　睡莲科

Nymphaea tetragona Georgi

多年生水生草本。根状茎短粗直立。叶幼时沉水，成叶漂浮于水面，心脏状卵形，长 10~15cm，宽 8~10cm，先端圆钝，全缘，基部裂口狭、三角形，基裂片末端急尖，上面光亮，下面带红色或紫色；叶柄细长几着生于叶片基部边缘，无毛。花单生在花梗顶端，直径 3~5cm，漂浮于水面；萼片4；花瓣8~15，白色，2~3轮，雄蕊较花瓣短，花药内向；子房半下位，5~8室，柱头5~8，放射状排列。浆果球形，直径2~2.5cm，为宿存萼片包裹；种子多数，椭圆形，有肉质囊状假种皮。花期7~10月。

产云南昆明、洱源。生海拔 1 500~2 500m 的沼池中。贵州、新疆至东北、华北有分布。印度、越南、朝鲜、日本、前苏联、美国亦有。

花及梗可食。花香美洁，为人所爱。入药有强壮、收敛作用。全株作绿肥。

川滇小檗　小檗科

Berberis jamesiana Forrest et W.W.Smith

落叶灌木。高 2~4m。幼枝紫色，老枝亮红色，无疣状突起；刺单生或三分叉状，长0.5~3cm，有时无刺。叶近革质，长2.5~6(10)cm，宽 1~3cm，边缘有刺状疏锯齿，叶面暗绿色，叶背灰绿色，有白粉。总状花序长 7~10cm，有花20~40朵；花橘黄色，萼片排列成2轮，外轮倒卵形，内轮窄倒卵形；花瓣矩圆状椭圆形，长约4.5mm，宽

2mm；先端2裂，基部具爪；子房有2胚株。浆果，最初时为乳白色，后变浅红色。外果皮透明。花期4月，果期9月。

产云南昆明、嵩明、剑川、维西、丽江、中甸、贡山、德钦。生海拔400~3 900m 的山间林缘或林中。四川、西藏有分布。

入秋，叶、果变红色，极为美观，是庭院观赏的极好种类。可单植或丛植，亦可作隔离墙带种植。种子繁殖 。

白果小檗(变种)　小檗科

Berberis jamesiana Forrest et W.W. Smith var. *leucocarpa*(W.W.Smith)Ahrendt

此变种，形态特征与川滇小檗基本相同，云南植物已并入川滇小檗，唯果成熟后仍为乳白色，故此处仍保留白果小檗之名。花期4月，果期9月。

产云南昆明、嵩明、剑川、维西、丽江、中甸、贡山、德钦。生 2 400~3 600m 的山谷疏林边。

察瓦龙小檗　小檗科

Berberis tsarongensis Schneid.

灌木，高 1.5m。幼枝紫红；老枝棕灰，具棱角与稀疏黑色小疣点；刺单生或三叉状，长 1~1.5cm。叶薄纸质，窄倒卵形，长 1.2~2.3cm，宽 0.5~1cm，先端具1尖头，全缘或间有1~2齿，叶面具乳突，无白粉，侧脉2~3对，近无柄。伞形花序有花4~9朵，间杂有簇生，具总梗。花黄色；花梗长 8~15(20)mm；萼片2轮，外萼片长圆状椭圆形，长 3~4mm，宽 2mm，内萼片倒卵形，长5mm，宽4mm；花瓣长圆状倒卵形，

川滇小檗 *Berberis jamesiana*

睡　莲 *Nymphaea tetragona*

白果小檗(变种)Berberis jamesiana var. leucocarpa

金花小檗 Berberis wilsonae

长5mm，宽3mm，先端凹，裂片圆形，基部楔形，近边缘有2枚卵圆形腺体；雄蕊长3.5mm，顶端圆形。浆果红色，长圆状椭圆形，外果皮质软，顶端具极短的宿存花柱，种子2颗。花期4~5月，果期6~10月。

产云南维西、丽江、中甸、德钦。生海拔2 900~3 300m的杂木林中。

入秋，叶、果红色，极美观，可供温带地区城市庭园栽培。种子繁殖。

金花小檗   小檗科

Berberis wilsonae Hemsl.

半常绿灌木，高0.5~2m。幼枝暗红色，具棱角和散生黑色疣点。刺细弱三叉状，长1~2cm，腹部具沟。叶革质，倒卵状匙形，长10~15mm，宽2.5~6mm，叶被白粉，网脉两面显著；近无柄。花黄色，4~7朵簇生，花梗被白粉，萼片2轮，外萼片卵形，先端急尖，内萼片倒卵形；花瓣倒卵形，长4mm，宽2mm，先端2裂，裂片近急尖；雄蕊长3mm，顶端伸长成钝尖；胚珠3~5枚。浆果粉红色，球形，顶端具明显的宿存花柱，外果皮质地柔软，微被白粉。花期7~9月，果期翌年1~2月。

产云南昆明、富民、寻甸、禄劝、镇雄、巧家、洱源、维西、丽江、中甸、德钦、曲靖、东川。生海拔2 000~4 200m的山坡、路边灌丛。四川、西藏有分布。

根、枝代黄连用，清热、消炎、止痢，

治赤眼红肿。株形美观，入秋叶、果均为红色，是极好的观叶、观果植物，亦是石山造景的好材料。种子繁殖。

粗毛淫羊藿   小檗科

Epimedium acuminatum Franch.

多年生草本。茎高30~40cm，茎直立，无毛。叶为三出复叶，具柄；小叶披针形至长圆状披针形，长8~10cm，宽2~4cm，先端长渐尖，基部心形，两侧高度偏斜，一边常呈耳状，边缘具刺毛状齿，叶面亮绿色，无毛，叶背密被粗伏毛。圆锥花序疏散，长15~20cm，无毛，花淡青色；花柄纤细，长2~4cm，被腺毛或无腺毛；萼8片，排列成2轮，外轮萼片渐小，长圆形，内轮萼片花瓣状，近圆形；花瓣4，距长达2cm，基部有紫色斑纹；雄蕊4，花药瓣裂，外卷；雌蕊子房长圆柱形，柱头盾状。蒴果长1~2cm，顶端具长喙，种子多数。花期3~4月，果期5~7月。

粗毛淫羊藿 Epimedium acuminatum

产云南维西、昭通、彝良、威信、大关。生海拔2 100~2 800m的河谷杂木林、山谷草丛。四川亦有。

全株入药，泻火除风。花、叶美观，花姿优美潇洒，供观赏。可作岩石园配景布置或盆栽。用种子繁殖和分株繁殖。

察瓦龙小檗 Berberis tsarongensis

密叶十大功劳 Mahonia conferta

鱼子兰 Chloranthus elatior

密叶十大功劳　小檗科
Mahonia conferta Takeda
常绿灌木，高1～2m。奇数羽状复叶，长18～22cm，具小叶21～41枚，排列紧密，具短柄，基部小叶略小，中部以上小叶近等大，长圆形，长3～6cm，宽2～3cm，基部截形或圆形，微偏斜，边缘每边具2～3枚锐尖。总状花序多枚簇生于茎的顶端，长10～16cm，花黄色；花梗长7～10mm；萼片9，3轮，外轮萼片卵形，长约3mm，中轮萼片宽椭圆形，长约6mm，内轮萼片长卵形，长约9mm；花瓣6，排成2轮，长圆状匙形，长约7cm；雄蕊6；子房卵圆形，胚3颗。幼果窄椭圆形，被白粉。花期6～8月，果期8～12月。

产云南金平、元阳、新平、龙陵。生海拔1 500～2 100m的山。荫处疏林中。贵州有分布。

花、叶均非常美观，可供观赏。性喜荫，宜植于林荫下或建筑物附近。

川八角莲　鬼白科
Dysosma veitchii(Hemsl. et Wils.)Fu
多年生草本。茎高20～60cm，多汁，基部密覆棕色大鳞片。茎生叶2，对生，纸质，盾状，直径约20cm，通常6～8掌状深裂几达中部，下面叶脉有微柔毛，裂片楔状矩圆形，顶端常3裂，小裂片三角形，边缘具疏小腺齿。伞形花序有花2～6朵，簇生于茎顶叶柄分叉处的腋间，无总花梗；花梗下弯，有柔毛；萼片6，膜质，矩圆状倒卵形，早落；花瓣6，紫色，长4～5cm，椭圆状披针形；雄蕊6，花丝短而平；雌蕊短，仅为雄蕊长度之半；花柱短粗，柱头大而呈流苏状。浆果卵形，红色，顶端具短花柱。花期4月，果期8月。

产云南嵩明、彝良、大关、镇雄、维西、文山。生海拔1 600～2 400m的山地密林中。贵州、四川有分布。

全草入药，有滋阴补肾、追风散毒等功效。叶形奇异，花果美观，供庭园观赏，可供花坛配植或盆栽。

桃儿七　鬼白科
Sinopodophyllum hexandrum Ying
多年生草本。根状茎粗壮，横走，节状。茎高25～30cm，上部有2～3叶。茎生叶具长柄，心脏形，直径约25cm，3～5深裂几达基部，裂片再3(2)裂达近中部，小裂片先端渐尖，叶背具白色长软毛，具长叶柄。花大型，单生，先叶开放；萼片6，早萎；花

川八角莲 Dysosma veitchii

桃儿七 Sinopodophyllum hexandrum

川八角莲 Dysosma veitchii

瓣6，张开、倒卵形、蔷薇红色，边缘波状，外轮长3～4.5cm，宽2.5～3cm，内轮3个较小；雄蕊6，花丝向内弯，花药狭矩圆形纵裂；花柱短，子房1室，胚珠多数。浆果卵圆形、红色，种子多数。花期5月，果期8～9月。

产云南文山、嵩明、大理、维西、丽江、中甸、德钦。生海拔3 200～4 500m的山坡疏林下或灌丛间。西藏、陕西、甘肃有分布。

根入药；花、果大而美观，供庭园花坛、墙垣丛栽观赏。

川滇细辛　马兜铃科
Asarum delavayi Franch.

多年生草本。根状茎横走，直径2～3mm，根稍肉质。叶片长卵形或近戟形，长7～12cm，宽6～11cm，基部耳状心形，两侧裂片，长2～6cm，宽1.5～5cm，通常外展，有时互相接近或覆盖，叶面绿色具白色云斑，疏被短毛，叶背淡绿色，偶为紫红色，有光泽；叶柄长可达21cm，无毛或被疏毛；芽苞叶长卵形，长1～3cm，宽8～10mm，边缘有睫毛。花大，紫绿色，直径4～6cm，花梗长1～3.5cm，无毛；花被管圆筒状，向上逐渐扩展，内壁有格状网眼，花被裂片阔卵形，长2～3cm，宽2.5～3.5cm，基部有乳突皱褶区；子房近上位或半下位，花柱6，离生，顶端2裂，柱头侧生。花期4～6月。

产云南绥江、大关、彝良。生海拔800～1 600m林下荫湿岩坡上。四川亦有。

根状茎入药；叶形美观、花形奇异，可供庭院荫湿处种植观赏。

鱼子兰　金粟兰科
Chloranthus elatior Link.

常绿亚灌木，高约1m；茎圆柱形，具节。叶对生，无毛，纸质，椭圆形，长11～22cm，宽4～8cm，顶端渐尖，基部楔形；边缘具腺顶锯齿；脉两面明显；柄长5～10mm。穗状花序形成顶生2～3分枝的圆锥花序；花总梗长9cm；花极小，两性、无花被，有浓郁香味；花无柄，相距0.5cm排列在序轴上；苞片宽卵形；雄蕊3枚，药隔合生，卵圆形，不等大的3齿裂，顶全缘，中间花药2室，侧生1室；子房卵圆形。果实成熟白色。花期6月。

产云南中部、南部的昆明、屏边、元江、新平、通海、玉溪等地。生海拔350～2 400m的疏林或密林中。四川、广东、广西亦有。喜马拉雅山脉南坡，东到中国西部和中南半岛，南到马来西亚、印度尼西亚也有分布。

川滇细辛 *Asarum delavayi*

滇秃疮花 *Dicranostigma franchetianum*

为中国西南部城市常见的盆栽观赏植物，因花香、植株常绿美观深受人们的喜爱。分根繁殖。

滇秃疮花　罂粟科
Dicranostigma franchetianum(Prain) Fedde

多年生草本，高15～20cm。茎多数上部分枝，被短柔毛。基生叶狭倒披针形，长6～20cm，宽2～4cm，羽状深裂，裂片4～6对，疏离，圆形；叶柄长2～5cm；茎生叶长1～3cm，无柄，半抱茎。花3～5朵生茎或分枝顶端组成聚伞状花序；花梗长2～3cm；萼片宽卵形，无毛，先端渐尖成距；花瓣近圆形，黄色；雄蕊多数，花丝丝状，花药长圆形，开裂后弧曲；子房狭圆柱形，无毛，密被疣状突起，花柱短，柱头2裂，直立。蒴果线形，无毛，2瓣自先端开裂近基部。种子卵球形，具网纹。花果期3～9月。

产云南西北部金沙江河谷。生海拔1 700～2 800m的草坡或砾石地。四川亦产。

花大而美丽，耐干旱，可供石山造园之用。

总状绿绒蒿(变种)　罂粟科

Meconopsis horridula Hook.f.et Thoms. var.*racemosa*(Maxim.)Prain

多年生草本，高40cm，全株被淡黄色而平展的刺毛。根生叶和下部茎生叶长圆状披针形，长5~20cm，宽0.7~4.2cm，先端急尖，基部狭楔形，下延至叶柄基部近鞘状，全缘或波状；柄长3~8cm；花生于茎上部叶腋内，最上部者无苞片，有时生于基生叶腋的花葶上；花梗长2~5cm；花瓣5~8，蓝或蓝紫色，倒卵状长圆形，长2~3cm，宽1~2cm；雄蕊多数，花丝丝状，花药长圆形，黄色；子房卵形，心皮4~6。蒴果卵形，4~6瓣自顶端开裂，果梗长1~1.5cm。种子长圆形；种皮具窗格状网纹，花托膨大成盘状。花期5~8月，果期7~11月。

产云南西北部，鹤庆、洱源以北。生海拔3 000~4 900m的草坡、石坡林下。四川、甘肃、青海、西藏也有分布。

藏药用全草消炎。丽江用根治浮肿哮喘等。著名的观赏植物，为云南"八大名花"之一，喜冷凉气候环境。种子繁殖。

全缘叶绿绒蒿　罂粟科

Meconopsis integrifolia(Maxim.) Franch.

一年生草本。茎高15~150cm，生棕色长柔毛。基生叶多数，长约30cm，宽4cm，叶片全缘倒卵状披针形，顶端急尖或钝，基部渐狭成长柄，具3~5条主脉。茎上部叶

全缘叶绿绒蒿 *Meconopsis integrifolia*

总状绿绒蒿(变种)*Meconopsis horridula var.racemosea*

无柄，倒披针形，最上部数枚近轮生。花通常3~5朵生茎上部叶腋内；花萼2，舟形，开花时落；花瓣6~10，黄色，倒卵形，长约6cm；雄蕊多数，花丝狭条形，金黄色，花药矩圆形，橘红色；子房卵形，密生黄色糙毛，花柱短，柱头头形。蒴果4~9瓣自顶端开裂。种子肾形具明显的纵条纹或蜂窝状孔穴。花期5~8月，果期8~10月。

产云南西北部碧江、丽江以北及巧家。四川、青海、甘肃、西藏有分布，缅甸东部也有分布。

花美可供观赏，为世界名花，全草药用。种子繁殖。

尼泊尔绿绒蒿　罂粟科

Meconopsis nepaulensis DC.

多年生草本。茎高60~120cm，粗壮具分枝。基生叶密集丛生，长约30cm，宽约17cm，叶柄长约22cm，具沟槽；茎生叶近无柄，边缘缺刻状羽状浅裂至全裂，先端圆或急尖，基部楔形或耳形。花茎分枝，排成总状圆锥花序，生上部叶腋内，下垂花梗长3~10cm；萼片卵圆形；花瓣4，卵形，长3~4.3cm，宽2~3.7cm，红色、紫色、蓝色；雄蕊多数，花丝丝状，花药长圆形，橘黄色；子房近球形，密被淡黄色长硬毛，花柱棒状。蒴果长圆形，5~8瓣自顶微裂。花期6~7月，果期7~8月。

产云南禄劝、镇康、泸水、腾冲、大姚。生海拔2 700~3 800m的草坡。四川、西藏有分布。尼泊尔、锡金也有。

药用清热止咳。花供观赏，种子繁殖。

尼泊尔绿绒蒿 Meconopsis nepaulensis

乌蒙绿绒蒿 Meconopsis wumungensis

乌蒙绿绒蒿　罂粟科

Meconopsis wumungensis K.M.Feng

一年生草本，高约10cm。基生叶，阔卵形至披针形，长1.5～4.5cm，宽1～2cm，叶片顶端圆，基部心状楔形，下延成翅，两面无毛；叶柄线形。花单生于花葶上，长约11cm，被黄褐色反曲的硬毛；萼片无毛；花瓣4，蓝色或蓝紫色，倒卵形，长约3cm，宽约2cm；雄蕊多数，花丝丝状，花药圆形；子房狭椭圆形，长0.8cm，径0.3cm，疏被黄褐色硬毛；柱头头状，4裂下延至花柱上。花期6月。

产云南禄劝乌蒙山。生海拔3 600m的湿润石山岩石上。花美丽供观赏。

小距紫堇　紫堇科

Corydalis appendiculata Hand.-Mazz.

丛生草本。茎1～7条，高15～30cm。基生叶2～5枚，叶柄纤细，长4～7cm，叶片近圆形，二回三出分裂，小裂片倒卵形；茎生叶1～3枚，互生，具短柄或无柄，二回三出分裂，小裂片披针形。总状花序顶生，多花，小花梗基部着生叶片状苞片1枚；花萼鳞片状，早落；花瓣天蓝色，上花瓣长1.5～2cm，背部具鸡冠状突起，距圆筒形，下花瓣长8～9mm，基部两侧具钩状耳，爪楔形；雄蕊束长7mm，花药长圆形，花丝狭卵形；子房长圆形，具2列胚珠，柱头双卵形，上端具4乳突，基部两侧各具1乳突。

蒴果线状长圆形。种子数枚，黑色，有光泽。花期6～9月。

产云南鹤庆、丽江、维西、中甸、宁蒗。生海拔2 700～4 100m的林下、灌丛、草坡、流石滩。四川西南有分布。

根入药，调经止血、散瘀及作麻醉。花多、花色美丽，可供花坛丛植或岩石园种植。种子繁殖。

金钩如意草　紫堇科

Corydalis taliensis Franch.

一年生草本，高10～90cm，无毛；根茎匍匐，被残枯的叶基。茎1或多数，淡绿。基生叶数枚，均具长叶柄；叶片近宽卵形，二至三回三出全裂，一回裂片具较长细柄，二回裂片二或3深裂，小裂片狭卵形，柄较短，背具白粉；茎生叶4～6枚，疏离，与基生叶同形，叶片较小，柄短。总状花序生于茎和分枝顶端；萼片鳞片状，较小，白色，心状卵形，具疏状齿缺；花瓣紫色，上面花瓣片舟状卵形，背部在喙后具鸡冠状突起，下花瓣与上花瓣同形，爪细；雄蕊束花药小，黄色；子房线形，胚珠多数。蒴果狭圆柱体形，种子肾形。花果期3～11月。

产云南昭通、巧家、绿春、耿马、沧源、澜沧、腾冲、福贡、大理。生海拔1 700～2 800m的山坡地林下灌丛、草丛或溪边。

供观赏，作花坛配植，石山造景等用。

小距紫堇 Corydalis appendiculata

金钩如意草 Corydalis taliensis

荷包牡丹 *Dicentra spectabilis*

荷包牡丹 　　紫堇科

Dicentra spectabilis(L.)Lem.

　　多年生无毛直立草本，高30～60cm；茎带红紫色。叶具长柄；叶片近三角形，二回三出全裂，一回裂片具细长柄，二回裂片具短柄，二或三裂，三回裂片卵形或楔形，全裂或具1～3小裂片，叶背具白粉。总状花序，生花序轴一侧下垂；苞片钻形；萼片2枚，披针形，玫瑰色，极小，早落；花瓣两侧对称；外花瓣2个，蔷薇红色，下部囊状，上部变狭，向外反曲，内面2个狭长，呈匙形，背部鸡冠状突起延伸至花瓣基部，爪长圆状，白色，只顶部呈红紫色，在中部之上缢缩；雄蕊6枚，合生成两束；雌蕊条形。胚珠多数。花期4～6月。

　　产云南东北部彝良。生海拔1800m左右的阔叶杂木林疏林内，或灌丛湿润环境。中国多数省有栽培。日本、朝鲜、俄罗斯也有。

　　全草入药，镇痛、利尿、调经、消疮毒。花优美异常。供栽培观赏。

小绿刺 *Capparis urophylla*

荷包山桂花 *Polygala arillata*

小绿刺　白花菜科

Capparis urophylla F.Chun

常绿灌木或小乔木，高2~7m；幼枝被浅褐色星状毛。茎上生基部膨大微外弯的粗刺。单叶，互生，排成假二列状，叶片卵形，顶部渐狭延成长尾，连尾长3~7cm，尾长达1~2.5cm；侧脉4~6对。花单生或2~3朵排成一列腋生；花梗长0.6~1.5cm；萼片4个，2轮，长仅3~5mm，外轮卵形，内轮椭圆形；花瓣4，白色，外面近无毛，内面有毛，长6~7mm，宽3~4mm；雄蕊10~20枚，花丝长达2cm；雌蕊柄长1.4~2.5cm，丝状，无毛；子房1室，无毛，胎座2。果球形，直径6~10mm，橘红色；种子1~2颗。花期3~6月，果期8~12月。

产云南镇康、临沧、墨江、普洱、思茅、景洪、勐海、勐腊、金平、富宁。生海拔1500m以下的山坡疏林、道旁、溪边或石山灌丛。老挝有分布。

花多、花形奇特，供庭园石山造景，墙边种植。

苦子马槟榔　白花菜科

Capparis yunnanensis Craib et W. W. Smith

常绿灌木或藤本，高2.5~6m。新生枝密被黄褐色短柔毛，后无毛；刺粗壮，外弯，花枝上刺常退化或无刺。单叶，互生，革质，椭圆状披针形，无毛，或幼叶背略被短柔毛；侧脉6~8对；叶柄长1cm，被毛与枝同。亚伞形花序在花枝中上部腋生及在顶端再组成圆锥花序，花序常有退化的小型叶；总花梗与花梗，密被黄褐色毛，每花序有花3~7朵。萼长10~17mm，革质，圆形，外轮内凹，内轮质地薄，背部密被黄褐色绒毛；花瓣白色，膜质，内轮长2cm，最宽1.5cm，内被绒毛；雄蕊85~95，白色；雌蕊柄长3~4cm，无毛；子房卵球形，胚珠多数。果椭圆形，顶端急尖至有短喙。花期3~4月，果期11~12月。

产云南德宏、临沧、思茅至金屏。生海拔1200~2300m的沟谷林或山坡混交林中。缅甸北及越南也有。

花似白色毛球，极美观，供石山、假山造景用，亦可孤植观赏。

荷包山桂花　远志科

Polygala arillata Buch.-Ham. ex D. Don

灌木或小乔木，高1~5m；枝有纵棱，密被短柔毛。叶纸质，椭圆形至矩圆状披针

形，长4~14cm，宽2~6cm，全缘，具缘毛，幼时两面疏被短柔毛。总状花序下垂与叶对生，具纵棱及槽，密被短柔毛，具三角状渐尖苞片1枚，被短柔毛；萼5，外轮萼片3，较小，中间1枚深兜状，内轮萼片较大，花瓣状紫红色；花瓣3，黄色，侧生花瓣长11~15mm，龙骨瓣短盔形，与龙骨瓣合生，龙骨瓣背面顶部有细裂成8条鸡冠状附属物；雄蕊8，花丝下部3/4合生成鞘，与花瓣贴生；子房具狭翅及缘毛，基部具肉质花盘，柱头藏于下裂片内。蒴果阔肾形或心形，浆果状，紫红色，边缘具狭翅及缘毛。花期5~10月，果期6~11月。

产云南大部分地区。生海拔1000~3000m的石山林下或疏林内。陕西、湖北、江西、安徽、福建、广东有分布。尼泊尔、印度、缅甸也有分布。

根入药。花黄、果红、均美观，供庭园荫湿地种植。种子繁殖。

密花远志　远志科

Polygala tricornis Gagnep.

灌木，高0.5~2m；幼枝被短伏毛。叶椭圆状披针形，长7~18cm，宽1.5~6cm，顶端渐尖，基部楔形，全缘或微波状，上面疏被短硬毛，背面淡绿苍白；侧脉6~7对，于边缘网结；叶柄长2~2.5cm。总状花序密生于枝顶，被短伏毛；小苞片三角形；萼片5，脱落；花瓣3，白带紫或紫红色，3/4下以龙骨瓣合生，侧生花瓣长圆形，龙骨瓣盔形，具2束鸡冠状附属物；雄蕊8枚，花丝3/4以下合生成鞘并与花瓣贴生，花药卵形。蒴果四方状圆形，绿色带紫具宽翅。花

苦子马槟榔 *Capparis yunnanensis*

期12月至翌年5月，果期3~6月。

产云南景洪、大勐龙、屏边、西畴法斗、麻栗坡、文山、马关、屏边、河口、临沧。生海拔1000~2500m的林下或灌丛中。越南、泰国也有分布。

供庭园微荫处石山、沟边、墙垣边种植。种子繁殖。

密花远志 *Polygala tricornis*

岩白菜　　虎耳草科

Bergenia purpurascens(Hook.f.et Thoms.)Engl.

多年生草本，高20～35cm，几全株无毛；根状茎粗而长。叶基生，具粗柄；叶片厚肉质，狭倒卵形或矩圆形，长6.5～16.5cm，宽3.5～10cm，叶面绿色或带紫色，具光泽，叶背淡绿色，顶端钝圆形，基部楔形，全缘至边缘有小齿。总状花序，花6～7朵，顶部常下垂；花梗具褐色短棉毛；萼宽钟状，在中上部分成5个萼裂片；花瓣5，宽倒卵形，紫红色；雄蕊10个；一般花柱比花瓣短，顶部头状稍二裂。蒴果。花期5～6月，果期8～10月。

产云南禄劝、丽江、大理、漾濞、维西、中甸、德钦、贡山、昭通、鲁甸、曲靖。生海拔3 000～4 000m杂木林内阴湿处岩石草坡。四川、西藏有分布。

根入药，消炎止咳、止血。可种植于庭院荫湿处，供观赏。种子繁殖。

突隔梅花草　　虎耳草科

Parnassia delavayi Franch.

多年生草本，高10～45cm。基生叶近心形，厚纸质，长2.5～6cm，叶柄长约16cm；茎生叶1片，基部圆心形，抱茎，全缘。花单生茎顶，白色；萼片5，卵形或宽卵形，顶端钝圆；花瓣5，匙形，长2.5cm，全缘，基部稀疏睫毛状细裂；雄蕊5，与花瓣互生，药隔褐色，呈钻状长突出于花药之上；蕊间退化雄蕊中部以上3深裂；子房上位，心皮3，合生，花柱稍长于子房，柱头3裂。蒴果椭圆形。花果期6～9月。

产云南巧家、丽江、大理、镇康、维西、德钦、中甸。生海拔1 500～4 000m的山坡路旁、林缘。甘肃、陕西、河南、湖北、湖南、四川有分布。

根入药，消炎止咳，止血治结核。供花坛配植或盆栽观赏。

红毛虎耳草 *Saxifraga rufescens*

粉花蚤缀 *Arenaria roseiflora*

髯毛蚤缀 *Arenaria barbata*

红毛虎耳草　虎耳草科

Saxifraga rufescens Balf.f.

多年生草本，高20～30cm，有短根状茎。每株约3～5片叶，均基生；叶圆肾形或肾形，长2～6cm，宽4～10cm，边缘9～11浅裂，裂片具齿，叶两面疏生短柔毛，叶面由柄顶端沿放射状脉呈紫黑色；叶柄5～18cm，密被伸展长柔毛。花序单生，花葶直立，被毛，圆锥花序分枝稀疏；苞片披针形；花梗被短腺毛；花不整齐；萼片5，反曲，狭卵形，长约2mm；花瓣5，白色，4枚较小，狭卵形，长4～5mm，下面1枚较大，条状披针形，长可达2cm；雄蕊10枚，花丝棒状；心皮2，合生。蒴果，有种子多数。花期5～6月。

产云南昆明、禄劝、东川、会泽、永胜、大理、鹤庆、兰坪、丽江、中甸、维西、贡山。生海拔2100～3500m的山地林下或荫湿处岩石上。四川有分布。

花奇异，叶美观，供石山荫处种植或盆栽观赏。种子繁殖。

髯毛蚤缀　石竹科

Arenaria barbata Franch.

多年生草本，高15～40cm。根数个密集丛生，纺锤状。茎自中部以上分枝，近基部无毛，下部被长硬毛，上部被带褐色且具粘性腺柔毛。叶片椭圆形，长2～5cm，宽0.8～1.5cm，两面密被长硬毛，点状突起，上部叶无柄，下部叶具短柄。聚伞花序，花多；花梗直立，密被褐色具粘性柔毛；苞片叶状；萼片绿色，披针形；花瓣玫瑰红色或白色，倒卵形，先端流苏状细裂；雄蕊10，花药卵形，紫黑色，花丝绒线，白色；子房淡绿色，长圆形，胚珠数个，花柱2。蒴果卵圆形，4瓣裂，种子6～10，近圆形。花果期7～9月。

产云南丽江、洱源、中甸、鹤庆。生海拔2600～3500m的山坡草地或林下石上。

供假山石缝中种植。种子繁殖。

粉花蚤缀　石竹科

Arenaria roseiflora Sprague

多年生草本，高7～25cm。根肉质，圆柱形，长26cm。茎数条，带红色，自基部分枝，被紫色具节腺柔毛和反折的短柔毛，基部近无毛。叶多数，叶片线状披针形，长1～1.7cm，宽1～2.5mm，先端钝，基部稍连合，两面无毛具腺点状突起。花单个顶生、腋生或组成少花的聚伞花序；花梗长1.5～3cm；苞片与叶同形；萼片绿带紫色，

滇蝇子草 *Silene yunnanensis*

长圆状披针形；花瓣粉红色，倒披针形，先端2浅裂，裂片2～3齿；雄蕊10，花丝线形，花药圆形；子房长圆形，胚珠多数，花柱2，线形。蒴果长圆形，4瓣裂至中部，种子扁圆形，具宽环翅。花果期7～9月。

产云南西北部，中甸、德钦、贡山。生海拔3300～4510m的石隙间。

供花坛种植或盆栽观赏。

滇蝇子草　石竹科

Silene yunnanensis Franch.

多年生草本，高30～50cm。茎单生，直立，自基部分枝，多叶。茎生叶狭披针形或狭卵形，长2～5cm，宽3～7(10)mm，先端渐尖，基部宽楔形，表面无毛，具点状突起，背面密被短柔毛，具缘毛；叶无柄。二歧或多歧聚伞花序生茎和分枝顶端，花梗直立，长0.3～1cm，被硬毛；花萼筒状，长1.2～1.6cm，萼脉10，明显，分离，沿脉被硬毛，脉间绿色，萼齿卵状三角形；花瓣粉红色或淡紫色，伸出萼外达1cm，瓣片宽倒卵形，2浅裂；鳞片长圆形；雄蕊伸出萼外，花药长圆形，黄色。蒴果长圆形，先端6齿裂。花果期6～9月。

产云南洱源、鹤庆、丽江、中甸。生海拔2200～3900m的林下、灌丛间、草坡或路旁。

花美观，供花坛配植，石山、假山布景。

岩白菜 *Bergenia purpurascens*

突隔梅花草 *Parnassia delavayi*

草血竭　蓼科

Polygonum paleaceum Wall.

多年生草本，高20～50cm。根状茎肥厚。茎直立，基生叶披针形或长椭圆形，长7～10cm，宽1.5～2.5cm，先端渐尖，基部渐狭，两面无毛，边缘有不明显的细齿；柄长3～7cm，茎生叶较狭，呈条形；托叶鞘褐色膜质，长3～5cm，有稀疏短柔毛。穗状花序，近直立，长3～4cm；苞片卵状披针形，膜质，渐尖；花排列紧密，淡红色，花被5深裂，裂片椭圆形。瘦果包于宿存花被内。花期5～6月，果期8～9月。

产云南昆明、楚雄、元江、大理、蒙自、景东、漾濞、贡山、维西。生海拔1 800～3 400m的高山草原。四川、贵州有分布。印度东北部有分布。

根状茎药用，能祛痰、消肿、调经、止血；提制栲胶。供花坛、草坡种植。

黄麻叶凤仙　凤仙花科

Impatiens corchorifolia Franch.

一年生草本，高30～50cm。叶互生，卵形或卵状披针形，长3～10cm，宽1.5～3.5cm，先端尾状渐尖，基部圆钝，有缘毛状具柄腺体，边缘有锯齿，侧脉6～7对；叶柄长3～10mm。总花梗细，花2朵，花梗短，在花下部有1宿存的苞片，中部有1～2线形苞片。花大。黄色，有时有紫斑；萼片4，外面2个卵状矩圆形，内面2个小，矩圆状披针形；旗瓣圆形，背面中肋有龙骨突，先端小突尖；翼瓣近无柄，基部裂片圆形，上部裂片较大，宽斧形，背面有较大的耳，唇瓣囊状，基部圆形，距极短，内弯，二裂；花药钝。蒴果条形，纵裂。花期5～6月，果期7～8月。

产云南大理、宾川、蒙自、漾濞、永平、楚雄。生海拔2 100～3 160m的林下。四川有分布。

可作荫湿地花坛、墙脚、石山造景等用。种子繁殖。

耳叶凤仙花　凤仙花科

Impatiens delavayi Franch.

一年生草本，高30～50cm。茎直立，肉质，分枝或不分枝。单叶，互生，茎下部和中部叶宽卵形或圆形，先端钝或圆，边缘具圆齿，基部楔形，长3～5cm，宽1～2cm，茎上部叶无柄，稍抱茎。花腋生，花总梗长2～3cm，有花1～5朵，花梗短，上部有1卵形苞片，苞片宿存；花紫红色或污黄色；萼片2，斜卵形或卵状长椭圆形，长约7mm，宽约5mm；旗瓣圆形，兜状，背面中肋钝圆形；翼瓣基部楔形，二裂，基部裂片近正方形，上部裂片大，宽斧形，先端急尖，背面有较大的耳状突起；唇瓣囊状，基部延长成内弯的短距，距二裂；雄蕊5，花丝长3～5mm。花期8～9月，果期10～11月。

产云南宾川、丽江、中甸、德钦。生海拔2 800～3 600m的林下、山麓溪边或荫湿处。四川有分布。

本种花大，花色美观，供庭院荫湿地种植。

绒毛紫薇　千屈菜科

Lagerstroemia tomentosa Presl

乔木，高20～30m，胸径达60～100cm。叶互生近对生，纸质近革质，长圆状披针形，长8～15cm，宽4～5cm，顶端渐尖，基部钝，两面密被草绿色星状绒毛，老叶毛被较疏，侧脉9～13对，网状脉明显；叶柄亦密被绒毛，长5～8mm；圆锥花序顶生；花萼钟状，萼管长4～5mm，有6裂，裂片三角形，反折；花瓣6，淡紫色、白色，卵形，基部心形，爪纤细，长4～6mm；雄蕊24～70枚，5～8枚成束着生萼上，6枚较长；子房球形，密被黄色绒毛，花柱纤细。蒴果长圆形，纵裂6瓣，种子具翅。花期4月。

产云南普洱、景洪、勐腊。生海拔400～1 000m的山地低海拔混交林中的沟边、疏林。缅甸、泰国、老挝、越南亦有分布。

黄麻叶凤仙 *Impatiens corchorifolia*

绒毛紫薇 *Lagerstroemia tomentosa*

花非常美观，供热带地区造园或作行道树观赏。种子繁殖。

柳兰　柳叶菜科

Chamaenerion angustifolium(Linn.) Scop.

多年生粗壮草本，高1m。茎直立，根状茎匍匐。单叶互生，下部近对生，披针形，先端长渐尖，基部楔形，长7～15cm，宽1～3cm，边缘有细锯齿，侧脉10对。总状花序顶生，花序轴被短柔毛；苞片条形，长1～2cm；花大，两性，萼紫色，萼片4，几裂至基部，线状倒披针形；花瓣4，倒卵形，长

耳叶凤仙花 *Impatiens delavayi*

橙黄瑞香 *Daphne aurantiaca*

草血竭 *Polygonum paleaceum*

柳兰 *Chamaenerion angustifolium*

1.5cm，顶端钝圆，基部具短爪；雄蕊8，花丝向一侧弯曲；花柱基部弯曲，柱头4裂，子房下位，被白色短柔毛。蒴果圆柱形，长7~10cm；种子多，长纺锤形，顶端具1簇长1~1.5cm黄白色种缨。花期5~9月，果期8~12月。

产云南德钦、维西、中甸、贡山、碧江、泸水、丽江、鹤庆、兰坪、宁蒗；会泽、大关、永善。生海拔1950~3970m的山谷沼泽地或林间空地。中国西北部、东北部和欧洲、日本、北美广布。

花大、色彩艳丽，是很好的庭园观赏花卉。种子繁殖。

橙黄瑞香 瑞香科
Daphne aurantiaca Diels

常绿小灌木，高0.6~1.2m。枝条短而密，无毛。叶革质，近对生，长卵形或椭圆形，长8~17mm，宽5~10mm，顶端锐尖，基部宽楔形，边缘反卷，上面绿色，幼时长有白霜，下面苍白色，密被白霜，无毛。花常2~4朵成簇生顶端或腋部，橙黄色，芳香，叶状苞片卵状披针形，长2~3mm，微被白霜；花萼筒状，长约14mm，无毛，裂片4，椭圆状卵形，长4mm；雄蕊8，2轮分生，分别着生于花萼筒上部及中上部；花丝短，花药椭圆形，花呈盘状、浅裂；子房无毛。花期5~6月，果期8月。

产云南大理、丽江、中甸。生海拔3000~3900m的高山石灰岩地区阳坡杂林内或灌丛间。四川有分布。

花多而美观，枝、叶茂密，是岩石园、假山造景的极好材料。种子繁殖。

短瓣瑞香　　瑞香科
Daphne feddei Levl.

常绿灌木，高 0.5～1m。幼枝黄灰色，近无毛。叶互生，倒披针形至狭披针形，长 6～12cm，宽 1.3～3cm，先端渐尖，基部狭楔形，全缘，叶面深绿色，有光泽，背面淡绿色，两面均无毛；叶近于无柄。花白色，芳香，集成头状花序，有花 8～12 朵；苞片被丝状微柔毛，早落；无花瓣；花萼管状，长 1.2～1.5cm，密被短柔毛，先端 4 裂，裂片为管长的 1/3，无毛或沿中脉被疏柔毛；雄蕊 8，2 列，着生于萼管近顶部；子房 1 室。核果圆球形，橙红色，径 4.5mm，内含种子 1～2。花期 2～3 月，果期 5～6 月。

产云南中部、西部、东北部各地。生海拔 1 800～2 500m 的山坡、沟谷阴湿灌丛中。贵州也有分布。

是珍贵的观赏花的灌木，早春开花，夏结红果，终年常青。种子繁殖。

大山龙眼　　山龙眼科
Helicia grandis Hemsl.

常绿乔木，高约 10m，胸径达 20～30cm。小枝和叶柄密被锈色短柔毛，老枝渐脱落。单叶互生，倒披针形，长 20～35cm，宽 9～12cm，顶端急尖，基部宽楔形，边缘具牙齿状锯齿，叶面亮绿色，无毛，背面被锈色绒毛，脉上毛特多；叶柄短。总状花序生于枝上或叶腋，长 30cm，花轴、花梗和花被外面密被锈色绒毛；花长 1.8～2.5cm，花梗多双生，基部贴生；花两性，单花被，花被裂片 4，花开时向外反卷，下位腺体 4，下部贴生；雄蕊 4，与花被对生；子房无柄，有倒生胚珠 2 枚。坚果长圆形或近球形，长约 4cm，径约 3.3cm；果梗粗壮，长约 7mm。花期 3～8 月，果期 10～12 月。

产云南蒙自、屏边、金屏、绿春、马关、麻栗坡、文山等地。生海拔 1 000～1 800m 的山箐、林间荫湿地。越南有分布。

花序奇异、花美观，可作南亚热带地区庭院观赏树种。

异叶海桐　　海桐科
Pittosporum heterophyllum Franch.

灌木，高 1～4m。初生小枝具短柔毛，后无毛。叶革质，形状多变，狭披针形至卵状披针形；长 2～8cm，宽 0.5～2.5cm，顶端突尖，基部阔楔形，全缘，柄长 5～10mm。伞形花序，生枝顶。花淡黄色，芳香，花梗

大山龙眼 *Helicia grandis*

水柏枝 *Myricaria paniculata*

异叶海桐 *Pittosporum heterophyllum*

杨翠木 *Pittosporum kerrii*

短瓣瑞香 *Daphne feddei*

三开瓢 *Adenia parviflora*

产云南景东、蒙自、石屏、峨山、新平、玉溪。生海拔1 200~2 300m的山坡、林下。

花芳香而多花，枝叶繁茂，可供造园绿化用。

水柏枝　柽柳科

Myricaria paniculata P.Y.Zhang et Y.J.Zhang

落叶灌木，高1~3m。枝棕色，具条纹。叶小，单叶互生，条形或条状距圆形，长2~9mm，宽0.5~1.5mm，顶端急尖。花两性，单生枝顶组成顶生或侧生的总状花序，花梗短于萼；苞片披针状宽卵形，先端急尖缩成三角状尾状渐尖，有透明膜质宽边；萼片5，披针状长圆形，长约4mm，略短于花瓣，具白色膜质狭边；花瓣5，粉红色，矩圆状椭圆形，花丝从基部1/2~1/3以上合生；子房圆锥形，柱头头状。蒴果狭长圆锥形；种子披针状长圆形，光滑。花期5~6月，果期6~10月。

产云南文山、洱源、剑川、维西、丽江、中甸、德钦、贡山。生海拔2 000~4 000m的山脚沟边，乱石中。

幼枝药用，水煎服可治麻疹不透，发热咳嗽。供温带地区石山、假山造景观赏或水池边种植。

三开瓢　西番莲科

Adenia parviflora(Blanco)Cusset

木质大藤本，长8~12m。单叶互生，纸质，阔卵形，老叶2~3裂，长10~23cm，宽7~18cm，顶端急尖，基部心形，叶脉4~5对，叶柄顶端有两个大而圆扁平的杯状腺体。聚伞花序腋生，中央1~2朵花，具极长的卷曲花柄或形成卷须。苞片小、长圆形。花两性者：花萼管坛状，外被有红色斑纹，裂片5，反折；花瓣5，长圆匙形，分离，有红色斑纹，着生萼管喉部；副花冠裂片匙形，顶端2浅裂；雄蕊5，花药圆锥形，花丝中部以下合生成管，并合成雌雄蕊柄。雄花：花瓣长圆形，子房无柄，极退化。雌花：花瓣着生萼管中部以下，柱头有短花柱。蒴果纺锤形，室背三瓣开裂，成熟果深红黄色带紫，种子数个，有网纹及凹窝，黑褐色。花期5月，果期8~11月。

产云南西双版纳、临沧、凤庆、景东、龙陵、漾濞。生海拔500~1 800m的山坡密林中。锡金、不丹、印度、缅甸、泰国、老挝、柬埔寨、越南、印度尼西亚、菲律宾均有。

花果特别优美，可供观赏，供棚架或石山种植。种子繁殖。

长0.5~1cm；萼片5，卵形，长0.1~0.3cm；花瓣5。长5~10mm；雄蕊5；子房密生短毛。蒴果扁球形，黄绿褐色，直径6~8mm，果皮薄，革质；种子黑紫色，5~8枚，长2~4mm。花期4~6月，果期7~10月。

产云南丽江、维西、宁蒗、兰坪、洱源、剑川、贡山、中甸、德钦、禄劝。生海拔1 900~3 000m的山地林中或灌丛中。四川有分布。

树皮作绳或人造棉原料。常绿、美观、花期长，供庭园造景用。

杨翠木　海桐科

Pittosporum kerrii Craib

常绿小乔木或灌木，高3~12m。单叶互生，革质，倒披针形，长6~15cm，宽2~4.5cm，顶端短尖，基部狭楔形，全缘；叶柄长1~2cm。顶生圆锥花序有明显总花序柄，由多数伞形花序组成，花淡黄色，芳香，长6~7mm，子房被毛，或仅基部被毛，花柄长7~15mm；花萼5，分离；花冠5，分离，雄蕊5。蒴果卵圆形，2片裂开，果片薄，长6~8mm，种子2~4个。花期4~5月，果期7~12月。

西番莲　西番莲科

Passiflora caerulea Linn.

藤本，无毛，被白粉。叶片掌状5深裂，中裂片卵状长圆形，侧裂片略小，全缘；柄长2～3cm，中部具2～6细小腺体，托叶较大，肾形，抱茎，具疏波状齿。聚伞花序通常退化仅存1朵花，花大，淡绿色，花柄3～4cm；苞片阔卵形，全缘；萼片5，外淡绿，内绿白，背部顶端具1角状附属器；花瓣5，淡绿色；副花冠裂片3轮，丝状，外轮与中轮裂片等长，上部天蓝色，中部白色，下部紫红色；内轮裂片丝状，裂片顶端具1紫红色头状体，下部淡绿色；内花冠裂片流苏状，紫红色，下具1蜜腺环，具花盘，雄蕊5，花丝分离，扁平，花药长圆形；子房卵形。花期5～7月。未见结果。

云南广泛栽培，昆明、大理、西双版纳，有时逸生湿润山坡密林中。

原产南美，热带亚热带地区栽培供观赏，全草入药祛风清热。作荫棚和棚架攀援观赏。

龙珠果　西番莲科

Passiflora foetida Linn.

草质藤本。茎长数米，被平展长柔毛。叶膜质，阔卵形至长圆卵形，长4.5～13cm，宽4～12cm，顶端急尖或渐尖，基部心形，3浅裂，边缘常为不规则波状，具缘毛，叶两面被毛；叶柄长2～6cm，被柔毛和腺毛；托叶半抱茎。聚伞花序仅存1花；花白色或淡紫色，径约3cm，苞片1～3回羽状分裂为许多丝状小裂片；萼片5，长1.5cm；花冠5，与萼片等长；副花冠裂片3～5轮，丝状；花盘膜质，高1～2mm；雌雄蕊柄长5～7mm；雄蕊5枚，花丝基部合生，上部分裂。果卵圆形，成熟时黄色，径2～3cm。花期7～8月，果期翌年4～5月。

产云南富宁、河口。生海拔250～500m的路旁、草坡(逸生种)。

果可食。花奇特美观，可为干热地区的石山造景和棚架栽培观赏。

红花栝楼　葫芦科

Trichosanthes rubriflos Thoms. ex Cayla

草质攀援藤本，长5～6m。茎粗壮，具纵槽和柔毛。卷须3～5歧。单叶互生，纸质，阔卵形，3～7掌状深裂，裂片长卵形，先端尖，基部阔心形，基出脉3～7条；柄长5～13cm，具槽、被短柔毛。雌雄异株；雄花总状花序，苞片倒卵状菱形，被短柔毛，深红色，边缘具锐裂之长齿；花梗直立，花萼筒长4～6cm，被短柔毛，红色；花冠粉红色，裂片倒卵形，边缘流苏状；花药柱长11mm，花丝短；雌花单生，花梗密被柔毛，萼筒筒状，裂片和花冠同雄花；子房卵形，无毛。果实卵球形，熟时红色，平滑无毛，顶端具短喙；果柄粗壮，具纵棱及沟槽；种子椭圆形，黄褐色。花期5～11月，果期8～12月。

产云南盈江、瑞丽、潞西、沧源、耿马、双江、临沧、景东、新平、思茅、景洪、勐海、勐腊、红河、金平、屏边、西畴、富宁。

盾叶秋海棠 *Begonia cavalerei*

厚壁秋海棠 *Begonia silletensis*

生海拔1 500~1 540m的山谷密林、山坡疏林及灌丛中。广东、广西、贵州、西藏有分布。印度、缅甸、泰国、中南半岛、印度尼西亚(爪哇)亦有分布。

供荫棚、花架布景栽培,是很好的观果植物。

盾叶秋海棠　　秋海棠科

Begonia cavalerei Levl.

多年生草本,高20~30cm,全株无毛。根状茎横走,分节,具长卵形深棕色的鳞片。有2~4枚盾状叶从根状茎顶端生出;叶片长卵形,长12~20cm,宽9~16cm,顶端尾状渐尖,基部圆形,边全缘或浅波状,下面常为紫红色;叶柄淡紫红色,肉质。二歧聚伞花序自根茎生出,长20~35cm,顶生数朵花;苞片对生,圆卵形,径1~3cm;雄花淡红色,花被片4,2大2小,大者卵圆形,小的倒针形;雌花较雄花小,子房3室。蒴果淡红色,有3个不等大的翅,其中最大者约宽1.5cm。花期4~5月,果期8~9月。

产云南富宁、西畴、麻栗坡。生海拔1250~1 800m的林下荫湿岩壁上。贵州、广西、海南有分布。

植株四季常绿,叶面亮绿色,背面紫红色,叶形和花果均美观,可植于庭园荫湿处或盆栽观赏,是一种很好的观叶植物。种子繁殖。

红花栝楼 *Trichosanthes rubriflos*

变色秋海棠 *Begonia versicolor*

西番莲 *Passiflora caerulea*

厚壁秋海棠　　秋海棠科

Begonia silletensis C.B.Clarke

多年生草本,株高40~110cm。根状茎横走,粗壮,无地上茎。叶特大型,自根状茎顶端发出,叶片近心形,长20~50cm,宽15~36cm,基部心形,不对称,先端锐尖或骤尖,边近全缘或具浅波状小齿,或具粗齿,疏生睫毛,叶背密被棕褐色短绒毛;柄粗壮,径1~2cm,被毛。雌雄异株。雄株花白色或粉红色,芳香味极浓,花大,花序高10~20cm,二至四回二歧聚伞花序,花数量多而排列紧密,有花25~130朵;花被片4,外轮大,近圆形,长2~3.1cm,宽2~3.5cm,背面被短柔毛,内轮倒卵形。无毛;雄蕊多数,分离。雌株花序长5~20cm,一至二回二歧聚伞花序,花被片数变异大(4~7片),多数为6片,外轮椭圆形,内轮长椭圆形。蒴果近球形,有或无棱角,4室,果壁厚。花期4~5月,果期8~10月。

产云南景洪、勐腊。生海拔570~1 000m的林下。印度有分布。

花香而美丽,叶大型,是很好的观赏种类和育种种质。

变色秋海棠　　秋海棠科

Begonia versicolor Irmsch.

多年生常绿草本。茎高10~15cm,根状茎横卧,多分歧,节间短,节上长不定根,茎端生1~3(5)叶。单叶,丛生状,肉质,卵形至阔卵形,长7~15cm,宽5~10cm,先端短锐尖或突尖,叶基部心形,极度偏斜,叶缘不规则浅波状,并且具不规则小齿,上下两面被倒伏的短毛,叶背多呈紫红色。花单性,二歧聚伞花序从根茎顶端叶腋中发出,总花梗与叶柄近等长,紫红色,被长硬毛。雄花不详。雌花辐射对称,径约2cm,花柄长1.5cm,无毛;花瓣5,近圆形,径约10mm,先端圆形或微凹,基部狭;子房倒卵形,赤红色,3室。果具3翅,其中1

龙珠果 *Passiflora foetida*

枚特大,长约2cm。花期6~7月,果期8~9月。

产云南麻栗坡、马关、屏边。生海拔1 200~1 920m山地常绿阔叶林内多腐叶土荫湿地。

是庭园荫湿地或室内极好的观叶、观花植物。种子繁殖或用根状茎分株繁殖。

茶梨 *Anneslea fragrans*

茶梨　山茶科
Anneslea fragrans Wall.

常绿灌木或小乔木，高4～15m，全株无毛。叶厚革质，簇生小枝顶端，长圆形或长圆状披针形，长4.5～15cm，宽3～8cm，先端急尖，基部楔形，边缘上部具不明显波状；柄长2～3.5cm。花序由数花簇生于小枝上部叶腋；花白色，花梗长3～6cm，紫红色；小苞片2，阔卵形，边缘具腺体，无毛；花萼杯状，肥厚，基部合生，红色，萼片卵圆形，边缘膜质，具腺体；花瓣膜质，基部合生，瓣片阔卵形；雄蕊30～40，基部与花冠贴生；子房下位，2～3室，花柱合生。浆果直径2cm，为宿存萼所包，每室2～3颗种子。花期12月至翌年2月，果期8～10月。

产云南东南部、南部至西南部。生海拔800～2800m的阔叶林中。贵州、广西、广东、江西有分布。中南半岛亦有。

根叶入药，止血，治骨折；树皮治肝炎。果奇特，树形美观，供庭园绿化用。种子繁殖。

西南山茶　山茶科
Camellia pitardii Coh. Stuart

常绿灌木或小乔木，高3～9m。叶薄革质，矩圆状椭圆形，长4.5～10cm，宽2～3.5cm，边缘有显著尖锐细锯齿，两面无毛，侧脉表面清晰；叶柄无毛，带红色。花单生枝顶，粉红或红色，径5～6cm；花无梗；小苞片与萼片9～11合生成杯状总苞，外面有绒毛；花瓣5～6枚，阔倒卵形，长3.5～4.5cm，先端凹入，基部连合；雄蕊多数，外轮花丝下部1/2～1/3合生成肉质筒状，内轮花丝偶有稀疏柔毛；子房密生绒毛，花柱基部有丝状柔毛，顶端短3裂。蒴果扁球形，种子褐色，球形。花期2～3月，果期9～10月。

产云南元阳、绿春、金平、蒙自、开远、广南、富源、镇雄、彝良、大关、永善、绥江。生海拔1050～2100m的阔叶林下的山沟、水旁、疏林下。四川、贵州、广西、湖南、湖北均有分布。

怒江山茶 *Camellia saluenensis*

猴子木 *Camellia yunnanensis*

西南山茶 *Camellia pitardii*

植株常绿，冬春开花，是极好的庭园观赏树种。种子繁殖。

滇山茶　山茶科
Camellia reticulata Lindl.

常绿灌木或乔木，高3～15m。叶革质，椭圆形或长圆状椭圆形，长7～12cm，宽3～6cm，先端急尖或短渐尖，基部楔形，边缘有细锯齿，叶背常被柔毛；叶柄粗短，侧脉和网脉在两面突起。花单生或2～3朵簇生叶腋或枝顶，鲜红色，径6～8cm；无花梗；小苞片和萼片约10枚；花瓣5～7枚(栽培品种为重瓣)，倒卵形，先端微凹，基部连合。雄蕊多数，长3～4cm，无毛，外轮花丝下半部合生；子房球形，花柱顶端3浅裂。蒴果近球形，3室，每室种子1～2颗。种子褐色。花期1～2月，果期9～10月。

产云南龙陵、盈江、腾冲至云龙、剑川一线以北，丽江、华坪至东川一线以南的广大西部地区和中部地区的楚雄州、昆明市和峨山、元江等地。生海拔1 500～2 500(2 800)m的阔叶林或混交林中。四川西南部、贵州西部也有。

滇山茶是云南名花云南山茶花的原始野生种，现培育出的园艺品种已多达100余个，花大而繁茂，花姿多样，花色艳丽，冬春开花，形成云南高原的独特景观。种子可榨油，种子繁殖。

怒江山茶　山茶科
Camellia saluenensis Stapf ex Bean

常绿小灌木，分枝多，高1～3m。叶互生，硬革质，长圆形，长2.5～6cm，宽1～2.5cm，先端急尖至钝，基部楔形，边缘具细锯齿，齿端有黑腺体，背面沿中脉被柔毛；叶柄长0.4cm。花单生叶腋，或成对生小枝顶端，萼片和苞片未分化，约10枚，花后脱落；花粉红色，有红晕；花瓣5～7，倒卵形，先端圆而有凹缺，基部连合；雄蕊多数，外轮花丝2/3合生，花药黄色；子房3室，密被绒毛，花柱顶端3裂。蒴果小，球形，3室，每室1～2颗种子，果皮木质。种子球形，暗褐色。花期2～4月，果期8～9月。

产云南彝良、镇雄、昭通、会泽、东川、禄劝、富源、嵩明、富民、昆明、玉溪、峨山、通海、双柏、禄丰、武定、大姚、祥云、宾川、大理、巍山、剑川、丽江、腾冲。生海拔1 000～3 200m的干燥山坡云南松林或混交林或山顶灌丛中。四川和贵州有分布。

供庭院观赏。种子繁殖。

滇山茶 *Camellia reticulata*

猴子木　山茶科
Camellia yunnanensis Coh. Stuart

常绿灌木或小乔木，高1～7m；树皮棕红色，光滑；叶薄革质，阔卵形，长3.7～6.5cm，宽1.6～3.24cm，先端短渐尖，基部阔楔形，边缘具尖锐细锯齿，侧脉5～7对。花白色，单生枝顶，径4～6cm，无花梗；总苞宿存，小苞片及萼片9～11枚，卵圆形，具宽膜质边缘；花瓣8～12枚，阔倒卵形，基部略连合；雄蕊无毛，外轮花丝基部合生；子房扁球形，花柱5，离生。蒴果扁球形，直径4～6cm，5室。果皮厚，种子褐色。花期11～12月，果期8～9月。

产云南禄劝、武定、楚雄、南华、姚安、大姚、永胜、宁蒗、丽江、鹤庆、洱源、宾川、大理、巍山、永平、保山、凤庆、永德、镇康。生海拔1 960～2 300(2 850)m林下、林缘灌丛。四川有分布。

枝叶繁茂、花大，供庭院布景观赏。

黄药大头茶　山茶科
Gordonia chrysandra Cowan

常绿灌木或小乔木，高3～8m；幼枝被平伏短柔毛。叶薄革质，倒卵状椭圆形，长6～11cm，宽2～4.5cm，边缘具锯齿，近基全缘，疏生短柔毛；柄短，被平伏短柔毛。花单生或为3～5花的短总状花序，白色，梗短；小苞片6～7，早落；萼5，卵圆形，边缘膜质；花瓣5，阔倒卵形，先端凹入，基部合生成管；雄蕊多数，花丝基部与花瓣贴生，花丝淡黄色，花药黄色，背部着生；子房卵球形密被白色绒毛，5室，每室2～5胚珠，花柱合生，具5槽，柱头5，头状。蒴果圆柱形，果瓣木质，先端尖，中轴宿存。种子连翅长约2cm。花期11～12月，果期翌年8～9月。

产腾冲、龙陵、保山、漾濞、大理、宾川、南涧、凤庆、云县、景东、临沧、双江、沧源、澜沧、勐海、景洪、思茅、江城、墨江、元江、石屏、新平、峨山、玉溪、昆明、文山、西畴、广南。生海拔1 100～2 400m的阔叶林或常绿灌丛中。缅甸北部有分布。

黄药大头茶 *Gordonia chrysandra*

黄药大头茶 *Gordonia chrysandra*

本种花大、多而繁茂，枝叶茂密，冬季开花，是极好的庭园观赏树种。

齿叶木荷　山茶科

Schima khasiana Dyer

常绿乔木，高20~25m；叶互生、薄革质、椭圆形，长12~18cm，宽5~9cm，边缘具整齐锯齿；沿中脉两面被短柔毛；侧脉10~12对，和网脉两面明显突起；叶柄紫红色，疏生柔毛。花白色，生于小枝上部叶腋；花梗粗壮，密被灰黄色细绒毛；小苞片2，具脉纹，两面疏被微柔毛，生萼基部，早落；花萼5，杯状，下部合生，密被灰黄色细绒毛，萼片半圆形，边缘具流苏状小腺齿，宿存；花瓣5，阔倒卵形，基部合生成短管，被灰黄色绒毛；雄蕊多数，无毛，花丝基部与花瓣贴生；子房密被灰黄色绒毛，花柱无毛，5室，每室胚珠2~3颗。蒴果球形，5瓣裂，果瓣木质，种子肾形，具膜质翅。花期8月，果期12月。

产云南泸水、保山、腾冲、龙陵、永德、临沧、景东、绿春、元阳、金平、屏边、文山、西畴、富宁。生海拔900~1800（2800）m的阔叶林中。西藏有分布。印度、缅甸、越南也有分布。

供庭院观赏，种子繁殖。

红木荷　山茶科

Schima wallichii(DC.)Korth.

常绿乔木，高7~12m；小枝密生白色皮孔。叶互生，革质，椭圆形，长8~16cm，宽3~7cm，叶面无毛，背疏生平伏柔毛，侧脉8~12对，全缘，叶柄宽扁，被淡黄色柔毛。花白色，芳香，单生或2~3朵簇生于枝端叶腋；花梗疏被灰色柔毛，常具白色皮孔；小苞片2，早落；萼片5，基部多少合生，外面密生短丝毛，宿存；花瓣5，外面一瓣兜形；雄蕊多数，花丝基部与花瓣贴生；子房圆球形，5室。蒴果球形，果瓣木质，室背5裂，每室为种子2颗；种子肾形，连翅长0.8~1cm。花期4~5月，果期11~12月。

产云南文山、西畴、麻栗坡、河口、金平、屏边、景洪、思茅等。生海拔300~2700m常绿阔叶林或混交林。贵州、广西有分布。喜马拉雅地区、缅甸、泰国、老挝、越南等有分布。

木材红色，经久耐用。花大，多而繁茂，枝叶密集，树形美观，是很好的庭院观赏树种，亦可培育为城市的行道树。种子繁殖。

锥序水冬哥　水冬哥科

Saurauia napaulensis DC.

常绿乔木，高10m；小枝粗壮，有钻状鳞片状糙伏毛。单叶互生，纸质，矩圆形，长16~36cm，宽5~12cm，边缘有小锯齿，上面无毛，下面沿脉疏生鳞片状糙伏毛，侧脉30~40对；叶柄长，疏生伏毛。圆锥花序生枝顶部叶腋，分枝，有锈色短柔毛；花淡紫红色里面深紫红色，宽钟状；花萼5片，圆卵形覆瓦状排列，无毛；花瓣5；雄蕊多数；子房上位，球形，3~5室，花柱5，下部合生。浆果球形，种子细小。花期5~6月，果期8~9月。

产云南瑞丽、保山、腾冲、大理、河口、金平、屏边、文山、马关、西畴等。生海拔350~2250m的低谷林中。四川、贵州、广西也有。尼泊尔至老挝也有分布。

花序大而多花，花色美，供庭院观赏。

蒲桃　桃金娘科

Syzygium jambos(L.)Alston

常绿乔木，高达12m。叶对生，革质，矩圆状披针形，长10~20cm，宽2.5~5cm，

齿叶木荷 *Schima khasiana*

红木荷 *Schima wallichii*

蒲桃 *Syzygium jambos*

阔叶蒲桃 *Syzygium latilimbum*

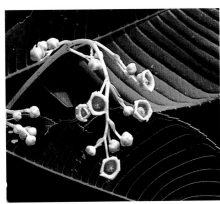

锥序水冬哥 *Saurauia napaulensis*

顶端渐尖，基部楔形，全缘，侧脉 10~18 对；叶柄长约 1cm。聚伞花序顶生，有花数朵；花绿白色，萼筒倒圆锥形，萼齿裂片 4，半圆形，宿存；花瓣 4，分裂；宽卵形，长 12~16mm；雄蕊多数，离生，花药长卵形；子房下位，2 室，胚珠多数，花柱线形。核果状浆果，球形，直径 2.5~4cm，果皮肉质，种子 1~2 颗。花期 3~4 月，果期 5~6 月。

产屏边、景洪、勐海、耿马、盈江。生海拔 200~1450m 的山坡或河边林地。台湾、福建、广东、广西、海南、贵州有分布。尼泊尔、中南半岛、印度尼西亚也有。

为良好防风固沙植物。果壳入药治呕吐有特效，果生食或作蜜饯。树姿美观，花形奇异，供庭院观赏。

阔叶蒲桃　　桃金娘科

Syzygium latilimbum(Merr.)Merr.et Perry

常绿乔木，高 12m；小枝粗，稍扁。叶对生，革质，狭矩圆状椭圆形，长 10~30cm，宽 8~13cm，顶端短渐尖，基部圆形至浅心形，侧脉 10~22 对，在距边缘 6~10mm 处汇合成一边脉；叶柄粗。聚伞花序生枝顶；花大，白色，芳香，萼筒倒圆锥形，萼齿裂片 4，半圆，近肾形，宿存；花瓣 4，分离；雄蕊多数，离生，长达 2cm；花柱长达 4cm。核果状浆果，近球形，红色。花期 5~6 月，果期 7~10 月。

产屏边、马关、景洪、勐海、双江、沧源。生海拔 600~1500m 的山地疏林中溪旁。广东、海南、广西有分布。泰国、越南有分布。

供庭园观赏。种子繁殖。

展毛野牡丹　　野牡丹科

Melastoma normale D.Don

常绿灌木，高 0.5~1m；茎钝四棱形或近圆柱形，密被平展的长粗毛及短柔毛。单叶对生，卵形至椭圆形或椭圆状披针形，长 4~10cm，宽 1.5~4.5cm，顶端渐尖，基部圆形或近心形，全缘，基出脉 5，叶两面被糙伏毛；叶柄长 5~10mm。伞房花序顶生，有花 3~7 朵，基部具叶状苞片 2 枚；花梗长 2~5mm，被毛；花萼管坛状，被糙毛，裂片 5，披针形，与萼筒近等长；花瓣 5，紫红色，倒卵形，长 2~3cm；雄蕊 10，5 长 5 短，长者紫红色，短者黄色；子房密被糙伏毛，顶端密被刚毛。蒴果坛状球形，顶端平截，密被鳞片状糙伏毛。花期春或夏季，果期秋季。

产云南东南部至西部。生海拔 150~2800m 的开阔山坡灌丛或疏林内。中国西南至台湾各地有分布。尼泊尔、印度、缅甸、马来西亚至菲律宾也有分布。

此种花多色美，是布展花坛的上好品种。种子繁殖。

展毛野牡丹 *Melastoma normale*

蚂蚁花 Osbeckia nepalensis

多花野牡丹 Melastoma polyanthum

多花野牡丹　野牡丹科

Melastoma polyanthum Blume

常绿灌木，高1~1.5m；茎多分枝，四棱形，全株密被鳞片状糙伏毛。单叶对生，坚纸质，卵状狭披针形，长5.4~13cm，宽1.6~6cm，全缘，基出脉3~5，有短柄。伞房花序生分枝顶端，有花10多朵，粉红色（白花者极为罕见），基部有叶状总苞2枚，苞片披针形；萼筒长坛状球形，裂片5；花瓣5，倒卵形，顶端圆形，上部具缘毛；雄蕊10，5长5短，长雄蕊花药隔末端2裂，短雄蕊药室基部有2个小瘤体；子房半下位，5室。柱头不裂。蒴果坛状球形，顶端平截，长6~8mm。种子多数镶于肉质胎座内。花期2~5月，果期8~12月。

产云南腾冲、梁河、景东至西双版纳。生海拔300~1800m的坡、山谷林下湿润地。贵州、台湾有分布，中南半岛至澳大利亚亦有分布。

果可食；全株消积滞、收敛止血。供庭园花坛、草地边、石山脚种植　观赏。花大而美丽，花期长，是一种很有发展前途的观赏植物。种子繁殖。

假朝天罐　野牡丹科

Osbeckia crinita Benth. ex Wall.

灌木，高0.2~1.5m；茎分枝，四棱形，全株有疏平展的粗刺毛或伏毛。叶对生，坚纸质，卵圆状披针形，顶端急尖，基部钝，长4~9cm，宽2~3.5cm，全缘，具缘毛。总状花序顶生，或每节有花1~2朵，或由聚伞花序组成圆锥花序；苞片2，卵形；花萼管坛状，裂片4，线状披针形，萼管上具多轮紫红色刺毛状的长柄星状毛；花瓣4，紫红色，倒卵形；雄蕊8，分离，花药具长喙，药隔基部微膨大；子房半下位，4室。蒴果卵形，4纵裂，宿存萼坛形。种子小，近马蹄形。花期6~10月，果期10~12月。

产云南中部以南地区。生海拔800~2300m的山坡草地、田梗、矮灌丛中阳处。四川、贵州有分布。印度、缅甸亦有分布。

全株入药，收敛止血。花大而美丽，多花，花期长，除供庭院丛植外，亦为很好的盆栽观赏花卉。

蚂蚁花　野牡丹科

Osbeckia nepalensis Hook

直立亚灌木，茎四棱形，高0.6~1.5m；密被糙伏毛。叶对生，坚纸质，长圆状披针形，长5~13cm，宽1.5~3.8cm，全缘，基出脉5~7；柄极短。聚伞花序组成圆锥花序，顶生；小苞片2，紧包萼基部，宽卵形；花梗短；萼管及裂片间具篦状刺毛突起，裂片5，长卵形；花瓣5，红色至粉红色，宽倒卵形；雄蕊10，花药具短喙，药隔基部微膨大呈盘状，有短距；子房半下位，卵状球形，5室，顶端具1圈短刚毛。蒴果卵状球形，5纵裂，宿存萼坛形，顶截平。种子小。花期6~10月，果期9~12月。

产云南文山、西畴、麻栗坡至西双版纳、龙陵、临沧、双柏等地。生海拔550~1900m的向阳山坡草地，灌丛边。喜马拉雅山脉东部至泰国均有。

用途与假朝天罐同。

假朝天罐 Osbeckia crinita

尖子木 *Oxyspora paniculata*

尖子木　　野牡丹科

Oxyspora paniculata(D.Don)DC.

灌木,高1~2m,具槽,茎四棱形;全株嫩枝、花梗、萼均被枇糠状褐色星状毛及刚毛。叶对生,坚纸质,卵形或狭椭圆状卵形,长12~24cm,宽4.6~11cm,边缘有不整齐的小齿,基出脉七条,叶柄有槽。伞房花序组成的圆锥花序顶生,基部具叶状总苞2,苞片和小苞片小;萼筒有纵脉8条,裂片三角形状卵形;花瓣4,倒卵形,粉红色,狭漏斗状;雄蕊8,4长4短,顶端通常具突起小尖头,药隔在基部向后伸长成短距;子房椭圆形,4室。蒴果纺锤形,室背开裂,宿存萼较果长,漏斗形。种子多数。花期7~9月,果期翌年1~3月。

产云南碧江、腾冲、景东、临沧、双江、双柏、思茅、勐海、景洪、文山、西畴、富宁。生海拔500~1900m的山谷林下灌丛中,荫湿处溪边。四川、贵州、广西、西藏有分布。尼泊尔经缅甸至越南北部也有分布。

观赏用途与前种相同。

卵叶锦香草　　野牡丹科

Phyllagathis ovalifolia H.L.Li

半灌木,茎四棱形,具分枝。高0.3~1m,幼时全株密被长粗毛。单叶对生,纸质,卵形,长椭圆状卵形,长9~18cm,宽3~8.5cm。伞形花序顶生,有花25~30朵,总梗长1~1.5cm,有时长达3cm,中部具1对钻形小苞片,披针形,苞片宽卵形,早落;花梗被疏毛;萼漏斗状,裂片4,三角状卵形;花瓣4,红色,宽卵形;雄蕊8,花丝丝状、花药钻形、紫色,药隔基部微膨大,呈极短的距;子房下位,坛形,4室,顶端具膜质冠。蒴果杯形,冠增厚,近木质;宿存萼明显8脉。花期6~8月,果期12月。

产云南文山、马关、西畴、麻栗坡、屏边。生海拔1200~1700m的山坡、山谷密林荫湿地。

花、叶美观,供观赏。

猫耳朵　　野牡丹科

Phyllagathis wenshanensis S.Y.Hu

草本,高10~20cm,匍匐茎,四棱形,逐节生根;全株近肉质。单叶对生,膜质,圆形或卵状圆形,顶端钝或微凹,基部心形,长6~8cm,全缘,基出脉9,脉,叶两面被糙伏毛;叶柄长3~8cm,密被长粗毛。伞形花序顶生,有花约8朵,总花梗2~11cm,中部具1对钻形苞片,被粗毛;萼漏斗形,具四棱,裂片4,宽三角形,顶端急尖;花瓣4,红色,宽卵形;雄蕊8,钻形花药,药隔基部微膨大,伸延呈短距;子房坛形,4室,顶端膜质冠缘部具8小齿。蒴果浅杯形,檐部有8波状齿。种子小。花期5月,果期8月。

产云南西畴、文山。生海拔1600~2400m的山谷、山坡密林荫湿地。

盆栽,可供室内栽培观赏。

卵叶锦香草 *Phyllagathis ovalifolia*

猫耳朵 *Phyllagathis wenshanensis*

小肉穗草　　野牡丹科

Sarcopyramis bodinieri Levl. et Van.

小草本，纤细，具匍匐茎，高5~12cm。叶纸质、卵形或椭圆形，长1.2~3cm，宽 0.8~2cm，边缘具疏浅圆波状齿，齿间具小尖头，基出脉3~5条，叶面被疏糙伏毛，背面无毛，叶柄长3~11mm，无毛，具狭翅。聚伞花序顶生，有花1~3朵，基部为2枚叶状苞片，苞片倒卵形，被毛；花梗长1~3mm，花萼杯形，棱上有狭翅，顶端增宽而成垂直的长方形4裂，裂片背部具刺状尖头；花瓣4，粉红色或紫红色，卵形略偏斜，顶端急尖；雄蕊8，内向，花药倒心形，顶孔开裂，药隔基部下延成短距；子房坛形，下位，4室，顶端冠缘呈波状齿。蒴果杯形，冠伸出宿存萼。花期5~7月，果期10~12月或翌年1月。

产云南文山、西畴、马关、麻栗坡。生海拔1 100~2 450m的山谷密林下荫湿处。

供庭院荫湿地栽培观赏，可培育为观叶植物。

使君子　　使君子科

Quisqualis indica Linn

落叶攀援灌木，高2~8m；枝叶被棕黄短柔毛。单叶对生，薄纸质，矩圆形，长5~11cm，宽2.5~5.5cm，叶柄在落叶后宿存，痕基部变硬刺。穗状花序顶生，下垂；苞片卵形，早落；花两性，萼筒纤细，顶端5齿，萼齿三角形；花瓣5，矩圆形，由白变淡红至深红色；雄蕊10，2轮排列插生于萼筒喉部；子房下位。1室，胚珠3。果橄榄核状，5棱，内具白色种子一颗，纺锤形。花期5~6月，果期8~9月。

产云南西双版纳至潞江坝一带。生海拔300~2 500m的林缘及次生疏林。四川、贵州、湖南、广东、广西、江西有分布。

栽培于热带作观赏，种子作驱虫药，根、叶助消化。

蒙自金丝桃(亚种)*Hypericum henryi* subsp. *hancockii*

小肉穗草 *Sarcopyramis bodinieri*

使君子 *Quisqualis indica*

千果榄仁　　使君子科

Terminalia myriocarpa Huerck et M.-A.

常绿乔木，高25~35m。叶对生，厚纸质，长椭圆形，长10~18cm，宽5~8cm，全缘或微波状，偶有粗齿，顶端有一短而偏斜的尖头，基部椭圆，侧脉15~25对，平行；叶柄较粗，顶端两侧常具柄腺体1个。总状花序组成大圆锥花序，花序轴被毛。花多而小，两性，红色，小苞片三角形，宿存；萼管杯状，5齿裂；花瓣缺；雄蕊10，突出；具花盘。瘦果细小，具3翅，翅膜质，2翅等大，对生，长方形，1翅特小居中，种子1。花期8~9月，果期10月至翌年1月。

产云南双柏、新平以南，西北部至泸水，东南部至屏边的南亚热带地区。生海拔600~2 500m的河谷及湿润土壤上的热带雨林和高海拔沟谷林内。广西、西藏有分布。锡金、印度、缅甸、马来西亚、泰国、老挝、越南北部有分布。

供南亚热带庭园栽培，宜孤立种植，树冠球形，冠幅大，果期红色果序盖满树冠，非常美观。

蒙自金丝桃(亚种)　　金丝桃科

Hypericum henryi Levl. et Van.

subsp. *hancockii* N. Robson

灌木丛生，高0.5~3m。茎淡红至淡黄色，具4纵线棱，节间长1~2cm。叶坚纸质，狭椭圆形或披针形，侧脉2~4对。花序近伞房状，花1~7朵，自茎顶端1~2节生出，花金黄色或暗黄色，有时有红晕，花直径2~3.5cm；苞片狭长圆形，早落；萼片离生，覆瓦状排列，宽椭圆形或宽长圆形，边缘全缘或具啮蚀状小齿，透明；花瓣宽卵形，长1~2cm，开放时常内弯，边缘

云南梧桐 *Firmiana major*

云南梧桐　　梧桐科

Firmiana major(W.W.Smith)Hand.-Mazz.

落叶乔木, 高 14m; 小枝被短柔毛。单叶掌状 3 浅裂, 长 17~30cm, 宽 19~40cm, 顶端急尖, 基部心形, 叶面无毛, 叶背密被短柔毛; 基出脉 5~7 条; 叶柄粗壮, 初被柔毛。圆锥花序腋生枝顶, 花紫红色, 无花瓣; 萼 5 深裂至基部, 萼片长条形; 雄花的花药 15 个, 聚集于雄 蕊柄的顶端。蓇葖 果膜质, 长约 7cm, 开裂成叶状, 种子着生于叶状果皮内缘, 圆球形、黄褐色, 表面有皱纹。花期 6~7 月, 果期 10 月。

产云南昆明、安宁、大理、邓川、凤庆。生海拔 1 600~3 000m 的山坡地。

木材为乐器的良材, 种子可榨油, 树皮可作绳索。可作城市行道树或庭院观赏。

全缘, 近边缘有一行腺点, 并有侧生小尖突; 雄蕊 5 束, 每束有雄蕊 30~60 枚, 花药深黄色; 子房宽卵球形。蒴果宽卵球形; 种子深褐色, 有浅线状蜂窝纹。花期 5~7 月, 果期 8~10 月。

产云南思茅、蒙自、金平、麻栗坡、西畴。生海拔 1 500~1 800m 的山坡、山谷疏林、灌丛中。越南、缅甸、泰国、印度尼西亚也有分布。

本种花大而美丽, 为很好的庭园观赏灌木, 可孤植, 亦可作绿篱。

昂天莲　　梧桐科

Ambroma augusta(Linn.)Linn.f.

灌木, 高 1~4m; 小枝密被星状茸毛。单叶互生, 宽心形, 掌状 3~5 浅裂, 长 10~22cm, 宽 9~18cm, 叶面无毛, 叶背被短茸毛; 基出脉 3~7 条, 具柄, 托叶条形。聚伞花序有花 1~5 朵, 花两性, 红紫 色, 下垂; 萼片 5, 披针形; 花瓣 5, 中部突然收窄, 下部凹陷, 延长为匙形, 近基部合生; 雄蕊花丝合生成筒状, 包围着雌蕊; 退化雄蕊 5, 花药 15, 3 个一群, 在花丝管外侧与退化雄蕊互生; 子房长圆形, 被毛, 花柱三角状舌形。蒴果膜质, 倒圆锥形, 具 5 纵翅, 边缘有长绒毛, 顶端截形, 果期果顶端昂首朝向天空。种子长圆形, 花在春夏开放。

产云南文山、马关、西畴、麻栗坡。生海拔 200~1 200m 的山谷沟边林缘。广东、广西、贵州有分布。印度、泰国、越南、马来西亚、印度尼西亚、菲律宾也有分布。

茎皮纤维可作丝的代用品。花、果生长奇特, 供庭院栽培观赏。

昂天莲 *Ambroma augusta*

千果榄仁 *Terminalia myriocarpa*

假苹婆 *Sterculia lanceolate*

家麻树 *Sterculia pexa*

基苹婆 *Sterculia principis*

假苹婆　梧桐科
Sterculia lanceolate Cav.

乔木，高8～12m。单叶互生，披针形或椭圆状披针形，长9～20cm，宽3.5～8cm；侧脉7～9对，近叶缘处不明显连结；柄长2.5～3.5cm。圆锥花序腋生，密集多分枝；花淡红色；萼5，基部连合，向外开展如星状，长圆状披针形，顶端钝或略有小短尖突，外被短柔毛，边缘有缘毛；雄花的雄蕊柄长2～3mm，弯曲，花药10个；两性花的子房圆球形，被毛，雌蕊由5个心皮粘合而成，花柱弯曲，柱头不明显5裂。蓇葖果鲜红色，顶端有喙，基部渐狭，密被短柔毛。种子黑褐色，椭圆状卵形。花期4～5月，果期5～6月。

产云南文山、西畴、马关、河口、金平、思茅、元江、潞西。生海拔650～1300m的山谷溪旁密林中。广东、广西、贵州、四川有分布。

茎皮是织麻造纸的原料。果非常美观，为很好的观果植物，供庭园造景用。

家麻树　梧桐科
Sterculia pexa Pierre

乔木，小枝粗壮。掌状复叶，小叶7～9，倒卵状披针形，顶端短渐尖，基部楔形，长9～23cm，宽4～6cm，叶面无毛，背密被短柔毛；侧脉22～40对，互相平行；柄20～23cm；托叶三角状披针形，长5mm，被毛。总状花序聚生小枝顶，长20cm；小苞片条状披针形。花萼钟形，5裂，裂片三角形，顶端渐尖互相粘合；雄花的雄蕊柄线状，无毛，花药10～20，聚生雄蕊柄顶端成头状；两性花的子房圆球形，5室，密被短茸毛，花柱短，柱头5裂。蓇葖果红褐色，略成镰刀形；果内种子3个，种子长圆形，黑色。花期10月。

产云南河口、蒙自、景东、西双版纳。生海拔300～1600m的阳光充足干旱坡地。广西有分布，中南半岛至泰国有分布。

家麻树，树干通直、灰白色，叶形态美观，果亦美观，是很好的行道树。

基苹婆　梧桐科
Sterculia principis Gagnep.

灌木；小枝幼时具星状短柔毛。单叶互生，椭圆形或条状椭圆形，顶端长渐尖并有细突起，基部近圆形，长16～28cm，宽2.5～8.5cm，两面均无毛；基生脉5条，侧脉7～10对；柄长4～6cm；柄及叶背常见黑褐色的乳头状小斑点；托叶三角形，长7～10mm。总状花序或少分枝的圆锥花序，腋生，花疏；萼5裂至基部，外略有毛，内略有稀疏斑点，萼片三角状披针形，先端长渐尖，并互相粘合，有缘毛；雄花的雄蕊柄有毛，弯曲；两性花的雌雄蕊柄短，有毛。蓇葖果革质，熟时开裂，种子1至多个。种子通常有胚乳。

产云南东南部。生海拔1600～1700m的山坡。缅甸、泰国、老挝也有分布。

基苹婆花形特殊，形似灯笼，供庭院栽培观赏。

黄蜀葵　锦葵科
Abelmoschus manihot (Linn) Medicus

一年或多年生草本，高1～2m，全株疏被长硬毛。叶5～9掌状深裂，裂片长圆状披针形，具粗钝锯齿，长8～18cm，宽1～6cm；柄长6～18cm；托叶披针形。花大，单生叶腋，或生小枝顶；小苞片4～5，卵状针形；萼佛焰苞状，5裂，全缘，较小苞片略长，被柔毛，果时脱落；花冠漏斗形，花冠直径达12cm；花瓣5，淡黄中央带紫色；雄蕊柱长1.5～2cm，花药无柄；子房5室，每室胚珠多颗，柱头紫黑色，匙状盘形。蒴果卵状椭圆形；种子多数，肾形，被柔毛组成的条纹多条。花期6～7月，果期8～10月。

产云南大理、保山、西畴、文山、屏边、金平、双柏等地。生海拔300～2200m的山谷草丛间。河北、山东、河南、陕西、湖北、湖南、四川、贵州、广西、广东、福建有分布。印度也有。

种子、根、花入药。花大而美，供观赏用。

箭叶秋葵　锦葵科

Abelmoschus sagittifolius(Kurz)Merr. 多年生草本，高40~100cm，根萝卜状肉质，小枝被糙硬长毛。叶形多样，下部卵形，中部以上卵状戟形、箭形至掌状3~5浅裂，裂片阔卵状披针形，长3~10cm，边缘锯齿，上面疏被刺毛，下面被长硬毛；叶柄4~8cm，托叶线形，花单生叶腋，均疏被长硬毛；密被糙硬毛；小苞片6~12，线形，疏被长硬毛；花萼佛焰苞状，先端具5齿，密被细绒毛；花冠漏斗状，直径4~5cm，花瓣5，倒卵状长圆形，红或黄色；雄蕊长2cm，平滑；花柱枝5，柱头扁平。蒴果椭圆形，被刺毛，具短喙；种子肾形，具腺状条纹。花期5~7月，果期6~10月。

产云南文山、西双版纳、临沧、怒江、保山。生海拔900~1600m的低丘、草坡、旷地、稀疏松林下。贵州、广西、广东、海南有分布。越南、泰国、老挝、柬埔寨、缅甸、印度、马来西亚、澳大利亚亦有。

根入药，内治胃痛、神经衰弱，外作跌打扭伤药。花大而美丽，供观赏。

黄蜀葵 *Abelmoschus manihot*

箭叶秋葵 *Abelmoschus sagittifolius*

美丽芙蓉　　锦葵科
Hibiscus indicus(Burm.f.)Hochr.

落叶灌木，高3m，全株密被短而密闭的星状柔毛。单叶互生，心形，长8~12cm，宽10~15cm，下部生的通常7裂，上部生的3~5裂，裂片阔三角形，具不整齐齿；柄圆柱形；托叶披针形，早落。花单生枝端叶腋，梗长6~11cm，端有节；小苞片4~5，卵形，基部合生；萼杯状，近基1/3处合生，裂片5，卵状渐尖；花冠粉红色至白色，直径达10cm，花瓣5，倒卵形，长6.5cm，基部具髯毛；雄蕊柱顶端截平，长3.5~4cm；花柱5裂，花柱枝疏被长毛。蒴果近圆球形，被硬毛，胞背开裂成5~6果片；种子肾形，密被锈色柔毛。花期6~10月，果期8~11月。

产云南昆明、楚雄、大理、保山、临沧、玉溪、思茅、红河、西双版纳、文山。生海拔700~2 000m的山谷、路旁灌丛中。四川、广东、广西有分布。印度、越南、老挝、柬埔寨、印度尼西亚亦有分布。

花大而美丽是供庭院观赏的很好树种。

地桃花　　锦葵科
Urena lobata Linn.

直立亚灌木状草本，高1m，小枝被星状绒毛。叶互生，枝下部叶近圆形，长4~5cm，宽5~6cm，先端浅三裂，基部近心形，边缘具锯齿；中部叶卵形；上部叶长圆形至披针形，长4~7cm；叶面被柔毛，叶背被灰白色星状绒毛；托叶线形，早落。花腋生，单生或稍丛生；花冠淡红色，花瓣5，倒卵形，花梗被绵毛；小苞片5，基部1/3处合生；萼杯状，5裂；雄蕊柱长15mm，无

毛；花柱枝10，微被硬毛。果扁球形，分果片被星状短柔毛和锚状刺。花期7~10月，果期8~11月。

产云南文山、红河、玉溪、楚雄、思茅、临沧、德宏、怒江、丽江等地。生海拔220~2 500m的干热地带空旷地、荒坡疏林下。四川、贵州、广东、广西、湖南、湖北、江西、安徽、江苏、浙江、福建、台湾有分布。越南、柬埔寨、老挝、泰国、缅甸、印度、日本亦有。

茎皮纤维坚韧，为麻类代用品；根入药治白痢。为庭院观赏植物。

雪山大戟　　大戟科
Euphorbia bulleyana Diels

多年生草本，高30~40cm。茎直立，中上部多分枝，茎、叶具白色乳汁。单叶互生，宽披针形至长椭圆形，长3~4.5cm，宽1.2~1.5cm，先端锐尖，基部圆形，全缘，无毛；叶柄短，长1~3cm。花鲜红色。杯状花序聚伞状，顶生，总花梗长0.5~1cm，上具5~7分枝，总梗基部有4~6叶轮生，叶身披针形，淡紫色。侧生花序通常只有1柄；苞片3，圆形至阔卵形，鲜红色，先端圆或具突头。总苞萼状，边缘4~5裂，裂片弯缺处有肾形腺体4~5个，紫褐色。花无花被；雄花8~15朵生于总苞内，各花仅具雄蕊1枚，花丝极短，雌花仅1花，单生于总苞的中央，子房3室，每室有胚珠1枚。蒴果，瓣状开裂。花期5~6月，果期8~9月。

产云南丽江、维西、中甸。生海拔2 700~3 000m的高山草地、溪边潮湿地。为云南特有种。

花极美丽，供温带城镇庭园栽培。种子繁殖。

美丽芙蓉 *Hibiscus indicus*

地桃花 *Urena lobata*

雪山大戟 *Euphorbia bulleyana*

滇叶轮木　　大戟科

Ostodes katharinae Pax ex Pax et Hoffm.

常绿乔木，高 5～15m，枝无毛。单叶互生，密集于枝端，披针形、卵形至椭圆状披针形，长 14～25cm，宽 4～8cm，先端长锐尖或尾状，基部近圆形，叶缘具腺锯齿；叶基主脉 3 条，侧脉 3～4 对；叶柄长 3～10cm，先端有腺体 2 个。花雌雄异株。总状花序腋生，多花，密生黄褐色短柔毛；苞片披针形，长 2～3mm，被毛。花白色，径 8～10mm。雄花：花序长约 16cm，萼裂片 3，卵形，长约 5mm，宽约 4mm；花瓣 9，长椭圆形，排为二轮，外轮 4 枚，内轮 5 枚；雄蕊约 40 枚，数层轮生，基部合生。雌花：花被片与雄花同，但较大，具花盘，子房 3 室，各室有胚珠 1 枚，柱头 3 裂。果不详。花期 4～5 月。

产云南金平、西双版纳及大理、景东一线西部地区。生海拔 620～2 000m 杂木林内。西藏有分布。

花色雪白，多花，供庭院孤立种植。

云南鼠刺　　鼠刺科

Itea yunnanensis Franch.

常绿灌木或小乔木，高 1～10m。单叶互生，薄革质，椭圆形，长 5～10cm，宽 2.5～5cm，两面无毛，边缘具刺状内弯的锯齿，侧脉 4～5 对；柄具托叶，细小，早落。总状花序顶生，通常向下弯曲，果期下垂，长 20cm，被微柔毛，多花，苞片通常线形早落；花小，白色；萼筒杯状，基部与子房合生，裂片 5，萼齿三角状披针形，宿存；花

瓣 5，淡绿色，线状披针形，镊合状排列；雄蕊 5，花丝钻形，花药长圆形；子房半下位，长椭圆形，2 心皮紧贴，花柱单生，胚珠多数。蒴果长椭圆形，先端 2 裂，基部合生，花萼与花瓣宿存。种子多数，狭纺锤形。花期 4～5 月，果期 9～10 月。

产云南西北部、禄劝、昆明、双柏、楚雄、宣威及文山州各县。生海拔 1 400～2 700m 的针阔叶林、杂木林及河边石山。广西、贵州、四川、西藏有分布。

树冠卵圆形，枝、叶密集，花序奇特，可供庭院石山造景，墙边或开阔地种植。

大萼溲疏　　绣球花科

Deutzia calycosa Rehd.

落叶灌木，高 1～2m，树皮通常褐色，薄片状脱落，幼枝被星状毛。单叶对生，宽披针形至卵形，长 2～3cm，宽 1～1.2cm，先端锐尖，基部圆或微凹，边缘具不规则的微锯齿，两面被星状毛，侧脉 4～5 对，脉在叶面凹陷。聚伞花序伞房状，顶生或侧生，有花 8～12 朵，花白色或带淡粉红色，花蕾通常淡紫红色，花径约 1.5cm；萼密生星状毛，萼筒长 2～3mm，萼裂片 5，披针形，长 6～8mm；花瓣 5，卵状椭圆形，长 9～11mm，宽 4～5mm；雄蕊 10，轮生为二层，外层 5 枚花丝有 2 长齿，内轮 5 枚花丝的 2 齿合生；子房下位，花柱 4～5，离生。蒴果圆形，长约 4mm，3～5 瓣裂。花期 5～6 月，果期 8～10 月。

产云南大理、丽江、宾川、洱源、鹤庆。生海拔 2 750～3 300m 山坡灌丛或林缘。

树冠枝叶密集，花多色美，是极好的观赏灌木。种子繁殖。

滇叶轮木 *Ostodes katharinae*

云南鼠刺 *Itea yunnanensis*

大萼溲疏 *Deutzia calycosa*

紫花溲疏　　绣球花科

Deutzia purpurascens(Franch.)Rehd. ex Henry

落叶灌木，高2m。小枝疏被星状毛。单叶对生，有短柄；披针形或狭卵形，通常长2~4cm，而新生枝的叶可达6cm，宽0.6~2.5cm，基部宽楔形，先端渐尖，边缘有不整齐小齿，两面有星状毛。聚伞花序伞房状，顶生，具花4~10朵，花径2cm；花萼密生星状毛，萼筒长2.5~3mm，裂片5，披针形，与萼筒等长；花瓣5，淡粉红色透明，外面带紫色，倒卵形至卵圆形；雄蕊10，外轮花丝上部有2长齿，内轮花丝的2齿合生；子房下位，花柱3~4枚。蒴果圆形，5瓣裂。花期5~6月，果期8~10月。

产云南大理、丽江、景东。生海拔2 800~3 200m的山地杂木林中。

花密而繁，花色美丽，是极好的园林观赏灌木。

冠盖绣球　　绣球花科

Hydrangea anomala D.Don

木质藤本，有时灌木状；小枝无毛。单叶对生，椭圆形至卵形，长8~12cm，宽4~9cm，基部楔形或圆形，边缘有锐齿，两面无毛或叶背脉疏生柔毛；叶柄长达4cm。伞房式聚伞花序生于侧枝顶端；不孕花少或无，若有不孕花，有萼片3~4枚，圆形或宽倒卵形，直径约1cm，全缘或有不整齐缺刻；孕性花小，排列稀疏；萼4~5裂；花瓣连合成一冠状花冠，整体脱落；雄蕊10；花柱2，离生。蒴果扁球形，径3~4mm，顶端孔裂。花期5~7月，果期9~10月。

产云南西北部和东南部。生海拔2 000~2 500m的山谷溪边疏林内或林缘。长江以南至台湾各省区有分布。

可供庭园荫棚、棚架、石山边缘、墙垣攀援等造景用。花、叶美观。

西南绣球　　绣球花科

Hydrangea davidii Franch.

落叶灌木，高1~2m。幼枝被柔毛。单叶对生，矩圆形、短圆状披针形至椭圆状披针形，长8~16cm，边缘具锐锯齿，叶背脉上生柔毛；柄长1~2cm，被毛。花序伞房式，有时呈圆锥式，通常无总花梗，着生于顶生叶间，有数对疏离的分枝，被柔毛；花二型；放射花(不孕花)具3~4枚萼瓣，卵圆形，长约1.5cm，全缘或先端具圆齿；孕性花蓝色，萼裂片4~5，披针形；花瓣5，稍扩展，长期不落，雄蕊7~10；花柱3，子房半上位。蒴果近球形，径约2.5mm，顶孔开裂，花柱宿存。花期5~7月，果期8~10月。

产云南东南部(屏边)和西北部。生湿润

西南绣球 *Hydrangea davidii*

冠盖绣球 Hydrangea anomala

山梅花 Philadelphus henryi

云南山梅花 Philadelphus delavayi

的常绿阔叶疏林内或灌丛中。四川、贵州、广西有分布。

花蓝色,不孕花的萼片大而花色美观,花多而繁茂是很好的庭院观赏灌木。

柔毛绣球　绣球花科
Hydrangea villosa Rehd.

落叶灌木至小乔木,高2~3(5)m。小枝密被白色或栗黄色长柔毛。单叶对生,椭圆状披针形或长椭圆形,长10~20cm,宽3.5~7cm,先端锐尖,基部宽楔形或圆形,边缘具小锯齿,齿尖具硬突尖头,叶面被平伏粗毛,下面密被长柔毛;侧脉8~10对;叶柄被灰白色长柔毛。伞房状聚伞花序顶生,径10~15cm;花二型,两性花小而密集,淡紫色或蓝色;放射花(不孕花)大,径

3~4cm,淡紫色或淡黄色,柄长2~2.5cm,萼片4~5,倒卵形,全缘或上半部具齿;萼裂片小,三角形;花瓣卵状三角形;雄蕊10;子房下位,花柱2。蒴果半球形,径约3mm。花期5~9月,果期9~11月。

产云南镇雄、彝良、大关、昭通、洱源、维西、中甸。生海拔1600~3000m的山坡林缘或溪边林内。西藏、四川、贵州、广西有分布。

花多而丰满,为较好的观赏植物,可植于池边、墙脚。

云南山梅花　绣球花科
Philadelphus delavayi L. Henry

灌木,高2~5m。枝条对生,一年生枝暗紫褐色,无毛,被白粉。叶对生,有短柄,卵形或卵状披针形,长2~6(9)cm,宽1~4cm,先端锐尖,基部圆形,边缘有小齿,上面被伏毛,下面密生短柔毛。总状花序顶生,有花5~19朵,花径2~3cm,花序轴和花梗都无毛;花芳香;花萼外面无毛,裂片4,三角状卵形,紫色具淡红褐色晕斑,内面边缘生有短柔毛;花瓣4,白色,椭圆状卵形;雄蕊多数;子房下位,4室,花柱无毛,上部4裂,柱头线形。蒴果倒卵形。花期6~7月,果期8~10月。

产云南剑川、丽江、兰坪、维西、中甸、福贡、贡山。生海拔2500~3800m的山地灌丛、杂木林中沿沟谷。四川、西藏有分布。缅甸也有分布。

花大,洁白芳香,枝叶繁茂,历来被园艺学家所喜爱,是很好的庭园观赏树种。

山梅花　绣球花科
Philadelphus henryi Koehne

灌木,高达3m。1年生小枝被卷曲毛,2年生枝栗褐色,枝皮不剥落。单叶对生,宽披针形至狭卵形,长3~8cm,宽1.5~4cm,先端渐尖,基部宽楔形,全缘或具粗齿,上面疏被糙毛,下面沿叶脉被平伏糙毛。总状花序,具花5~22,花序轴长3~9cm;花梗密被糙毛;萼筒被卷曲柔毛,萼裂片卵形,疏被短柔毛;花冠近盘形,花瓣倒卵形,长约1.3cm,背面无毛;花盘及花柱无毛。蒴果倒卵形,宿存萼裂片上位,果柄长1.1cm。花期5~7月,果期7~10月。

产云南中部昆明、禄劝、武定、楚雄、大理、保山、腾冲、泸水。生海拔1500~3500m的山地灌丛中。四川、贵州有分布。

花芳香,是很好的庭园观赏花卉。

柔毛绣球 Hydrangea villosa

紫花溲疏 Deutzia purpurascens

贴梗海棠 Chaenomeles speciosa

云南移依 Docynia delavayi

丽江山荆子 Malus rockii

贴梗海棠　蔷薇科

Chaenomeles speciosa(Sweet)Nakai

落叶灌木, 高2m。枝有刺, 无毛。叶片互生, 卵形至椭圆形, 长3~9cm, 宽1.5~5cm, 边缘有尖锐锯齿, 齿尖开展, 无毛或下面沿叶脉有短柔毛; 柄长1cm; 托叶大型, 肾形, 有重锯齿。花先叶开放, 3~5朵簇生2年生枝上; 花梗短粗, 长3mm或无梗; 花猩红色, 少数淡红或白色, 直径3~5cm; 萼筒钟状, 萼片5, 外面无毛, 花瓣5, 倒卵形或近圆形, 基部具短爪; 雄蕊45~50; 花柱5, 基部合生, 无毛。梨果球形, 直径3~5cm, 黄色或带黄绿色, 5室, 每室种子多数, 萼片脱落。花期3~5月, 果期8~9月。

产云南双柏、武定、楚雄、玉溪、保山、大理、腾冲等地。生海拔1800~2000m的山坡灌丛中。陕西、甘肃、河南、山东、安徽、江苏、四川、湖南、湖北、贵州、广东、广西有分布。缅甸也有。

早春开花, 花、果、叶均优美, 供观赏。果入药, 能舒筋活络, 驱风止痛。用分株、扦插、压条及种子繁殖。

小叶枸子　蔷薇科

Cotoneaster microphyllus Wall. ex Lindl.

常绿矮生灌木, 高1m, 幼时有黄色柔毛, 后脱落。叶互生, 厚革质, 倒卵形, 长4~10mm, 宽3.5~7mm, 上面有稀疏柔毛, 下面被带灰白色的短柔毛, 叶边反卷; 柄长1~2mm, 有短柔毛, 托叶小, 早落。花单生, 白色, 花梗甚短, 径1cm; 萼筒钟状外面有疏短柔毛, 裂片卵状三角形, 外具短柔毛, 内无毛; 花瓣平展, 近圆形; 梨果球形, 红色, 常有2小核。花期5~6月, 果期8~9月。

产云南大理、丽江、中甸、维西、贡山、楚雄、昆明等地。生海拔1600~4100m的多石山坡及灌丛中。四川、西藏有分布。印度、缅甸、不丹、尼泊尔也有。

春开白花, 秋结红果, 甚为美丽, 是点缀岩石园的良好材料。

圆叶枸子　蔷薇科

Cotoneaster rotundifolius Wall.ex Lindl.

常绿灌木, 高4m。幼枝具平贴长柔毛, 成长脱落。单叶互生, 叶片广卵形, 长8~20mm, 宽6~10mm, 具短凸尖头, 叶面微具柔毛, 背被柔毛; 叶柄短, 长1~3mm; 托叶披针形, 微具柔毛, 宿存或脱落。花1~3朵, 生短枝顶端, 花梗短, 被柔毛; 苞片线状披针形, 易脱落; 萼筒钟形, 外疏被柔毛, 内无毛, 萼片三角形; 花瓣平展, 宽卵形, 先端圆钝, 基部有甚短爪, 白色或带粉红色; 雄蕊20; 花柱2~3, 离生; 子房先端有柔毛。果实倒卵形, 红色, 2~3小核。花期5~6月, 果期9月。

产云南中甸、丽江。生海拔1500~4000m的草坡山顶岩石上。四川、西藏有分布。印度、不丹、尼泊尔也有。

用途与小叶枸子相同, 亦是极好的观果植物。

中甸山楂　蔷薇科

Crataegus chungtienensis W.W.Snith

灌木, 高6m。小枝疏生长圆形浅色皮孔; 冬芽肥厚, 卵形, 紫褐色, 全株无毛或近无毛。叶片宽卵形, 长4~7cm, 宽3.5~5cm, 边缘有细锐重锯齿, 齿尖有腺, 常具3~4对浅裂片; 叶柄长1.2~2cm; 托叶膜质, 卵状披针形, 边缘有腺齿。伞房花序,

小叶枸子 Cotoneaster microphyllus

小叶枸子 Cotoneaster microphyllus

径3～4cm，多花，密集；总花梗及花梗均无毛；苞片膜质，线状披针形，边缘有腺齿，早落；萼筒钟状，萼片三角形，先端钝，全缘；花瓣宽倒卵形，白色；雄蕊20；花柱2～3。果实椭圆形，红色，萼片宿存，反折；1～3小核，两侧有凹痕。花期5月，果期9月。

产云南中甸。生海拔2 500～3 500m的高山地区，山溪边杂木林或灌丛中。

供观赏及药用。

云南移㭴 蔷薇科
Docynia delavayi(Franch.)Schneid.
常绿乔木，高3～10m。幼枝有黄白色绒毛，渐脱落，红褐色。单叶互生、叶革质，披针形，长6～8cm，宽2～3cm，全缘或稍有浅钝锯齿，上面无毛，下面密生黄白色绒毛；柄长1cm，密生绒毛；托叶小，披针形，早落。花3～5朵，丛生于小枝顶端；花梗短粗或近无梗，果期伸长，密生绒毛；苞片膜质、披针形、早落；花白色，直径2.5～3cm；萼筒钟状，外面密被黄白色绒毛，萼片三角状披叶形，两面均密被绒毛；花瓣宽卵形，基部具短爪，白色；雄蕊40～50，基部合生，密被绒毛。梨果卵形，直径2～3cm，萼裂片宿存，直立合拢。花期3～4月，果期5～6月。

云南除西北部和东北部外，全省大部地区有分布。生海拔1 000～3 000m的山谷、溪旁灌丛中。四川、贵州有分布。

果治脚气、湿肿。栽培供观赏。

圆叶栒子 *Cotoneaster rotundifolius*

中甸山楂 *Crataegus chungtienensis*

中甸山楂 *Crataegus chungtienensis*

丽江山荆子 蔷薇科
Malus rockii Rehd.
落叶乔木，高8～10m。枝多下垂；嫩时被长柔毛并有稀疏皮孔。单叶互生，椭圆形或椭圆状倒卵形，长6～12cm，宽3.5～7cm，边缘有不等的紧贴细锯齿，叶柄长2～4cm，有长柔毛；伞形总状花序，具花4～8朵，花径2.5～3cm；花梗长2～4cm，被柔毛；苞片膜质，披针形，早落；萼筒钟形，萼片三角披针形，外有稀疏柔毛，内密被柔毛；花瓣5，倒卵形，白色，基部有短爪；雄蕊25，花丝长短不等；花柱4～5，基部有长柔毛，柱头扁圆。果实卵形，红色，萼片脱落很迟，果梗长2～4cm，有长柔毛。花期5～6月，果期9月。

产云南大理、丽江、剑川、中甸、维西、德钦。生海拔2 400～3 800m的山谷杂木林中。四川、西藏有分布。不丹也有。

本种花、叶同时开放，花色雪白，多而繁茂，是很好的庭院观赏树种。

委陵菜　蔷薇科

Potentilla chinensis Ser.

多年生草木，高30～60cm。根肥大，木质化，茎丛生，直立或斜上，有白色柔毛。基生叶为羽状复叶，有小叶5～15对，对生或互生，小叶矩圆状倒卵形，长3～5cm，宽1.5cm，羽状深裂，裂片三角状披针形，边缘反卷，下面密生白色绵毛；托叶和叶柄基部合生；叶轴有长柔毛；茎生叶与基生叶相似。聚伞花序顶生，总花梗和花梗有白色绒毛或柔毛，基部有披针形苞片，被短毛；萼片三角形，副萼带形；花瓣黄色，宽倒卵形；花柱近顶生。瘦果卵形，有皱纹。花期4～7月，果期6～10月。

产云南中部至西北部丽江等地。生海拔1600～3200m的山坡、草地、灌丛、疏林、溪边、沟谷。中国大部分省区有分布。俄罗斯远东地区、日本、朝鲜亦有。

根提栲胶；全草入药，清热解毒，收敛止血。花美观，供花坛和盆栽观赏。

伏毛金露梅(变种)　蔷薇科

Potentilla fruticosa Linn.var.*arbuscula* Maxim.

灌木，高0.5～2m，多分枝，树皮纵向剥落，幼枝红褐色，被长柔毛。羽状复叶，小叶2对，上面一对小叶基部下延与叶轴汇合；叶柄被绢毛；小叶片长圆形，长0.7～2cm，宽0.4～1cm，全缘，边缘常向下反卷，上面密被伏生白色柔毛，下面网脉较为明显突出，被疏柔毛或无毛；托叶薄膜质，宽大，外被长柔毛。单花或数朵生于枝顶；花梗密被绢毛，花径2.2～3cm；萼片卵圆形，顶端急尖，副萼披针形，与萼等长，外被绢毛；花瓣黄色，宽倒卵形，顶端圆钝，比萼片长；花柱近基生，棒形，基部稍细，顶部缢缩，柱头扩大。瘦果近卵形，褐棕色。花期5～7月，果期6～9月。

产云南丽江、中甸、德钦。生海拔2600～4600m的山坡草地、砾石坡、灌丛及林缘。四川、西藏有分布。

枝叶茂密，黄花鲜艳，适作庭园观赏灌木，或作矮篱绿化。花叶入药。

丽江委陵菜　蔷薇科

Potentilla lancinata Cardot

多年生草本，花茎直立，高15～56cm，被短柔毛。基生叶羽状复叶，有小叶2～4对，连柄长6～15cm；小叶对生，无柄，椭圆形，长1～4cm，宽0.5～2cm，边缘有缺刻状粗大锯齿；茎生叶羽状复叶，有5小叶，

伏毛金露梅(变种)*Potentilla fruticosa var. arbuscula*

丽江委陵菜 *Potentilla lancinata*

委陵菜 *Potentilla chinensis*

与基生叶相似；基生叶托叶膜质，茎生叶托叶大，边缘有2～3缺刻分裂，被疏柔毛。聚伞花序疏散，花梗长1～2cm，下有卵状苞叶，被短柔毛；萼片三角状卵形，副萼片椭圆形；花瓣黄色，倒卵形，顶微凹；花柱顶生，基部膨大，柱头小。瘦果卵球形，黄褐色，有脉纹。花果期6～9月。

产云南丽江、永胜、宁蒗、中甸。生海拔3200～4100m的山坡草地、岩石、溪边、林缘。四川有分布。

花黄色美丽，可供花坛、假山脚、草地边种植，亦可盆栽观赏。

云南樱花　蔷薇科

Prunus cerasoides D.Don

落叶小乔木，高5～10m。多分枝，小枝粗壮，幼枝被毛，后渐变无毛。叶互生，矩圆状卵形或长圆状披针形，长5～10cm，宽2.5～4.5cm，先端长渐尖，基部圆钝，边缘有锐而细密重锯齿，两面无毛；柄长1～1.5cm，近顶端有2～3腺体。花先叶开放，2～3朵簇生，直径2～2.5cm；梗长1～1.5cm，无毛；萼筒筒状，红色，裂片卵形，比萼筒短一半；花瓣淡粉红色，倒卵形；雄蕊多数，离生，比花瓣稍短；心皮1，无毛，花柱比雄蕊稍长，常伸出花瓣外。核果矩圆形，无沟，直径1.2cm，红色或紫色。花期2～3月，果期5～6月。

产云南腾冲、梁河。生海拔1200～2000m的山坡、溪旁灌丛中。

在早春时，常先花后叶或花叶同时开放，花开满枝头，花大而艳丽、色美，极富春意，是极好的庭院观赏花卉，可散植于庭院或作行道树。昆明常见栽培者，为本种的园艺品种，多系重瓣。

冬樱花　　蔷薇科

Prunus majastica Koehne

落叶乔木，高3～10m。单叶互生，卵状披针形或长椭圆形，长4～12cm，宽2.2～4.8cm，边缘具细锐重锯齿；侧脉10～15对，先端有2～4腺体；托叶线形，基部羽裂并有腺齿。总苞片大型，先端深裂，花后凋落；伞形总状花序，有花1～3，花与叶同时开放；苞片圆形，边有腺齿；萼筒钟状，红色，萼片三角形，先端急尖，红色；花瓣卵圆形，先端钝微凹，淡粉红色；雄蕊32～34，柱头盘状。核果圆卵形，顶端圆钝，朱红色至紫黑色。花期11～12月，果期4月。

产云南文山、红河、思茅、临沧、保山、大理、楚雄、玉溪等地。生海拔1 300～2 000m的山地疏林或杂木林中。广西有分布。

冬季开花，花后即发新叶，是极好的冬季观赏花卉。种子繁殖。

毛叶蔷薇　　蔷薇科

Rosa mairei Levl.

落叶灌木，高1～2m。茎圆柱形，幼枝被长柔毛，老时无毛，散生扁平翼状皮刺，有时密被针刺。复叶，有小叶5～11，连

毛叶蔷薇 *Rosa mairei*

柄长2～7cm、小叶片长圆状倒卵形，有时长圆形，长6～20mm，宽 4～10mm，两面被柔毛，背面更密；边 缘中上部具锯齿；托叶贴生叶柄，被毛。花单生叶腋，白色，径2～3cm；花梗长8～15mm；萼片卵形或披针形，两面均被柔毛；花瓣宽卵形，先端凹凸不平，基部楔形；花柱离生，稍伸出萼筒口外，比雄蕊短；果倒卵形，红色或褐色，

萼片宿存，直立或反折。花期5～7月，果期7～10月。

产云南中甸、丽江、东川等地。生海拔2 300～4 100m山坡阳处或沟边杂木林中。西藏、四川、贵州有分布。

花、果美观，供庭园路旁、岩石园种植。

云南樱花 *Prunus cerasoides*

云南樱花 *Prunus cerasoides*

冬樱花 *Prunus majastica*

冬樱花 *Prunus majastica*

野蔷薇　蔷薇科
Rosa multiflora Thunb.

落叶攀援灌木，高1~2m，有皮刺。羽状复叶；小叶5~9，倒卵状圆形或长圆形，长1.5~3cm，宽0.8~2cm，边缘具锐锯齿，有柔毛；叶柄和叶轴常有腺毛；托叶大部附着于叶柄上，边缘篦齿状分裂并有腺毛。伞房花序圆锥状，花多数；花梗有腺毛和柔毛，基部有篦齿状小苞片，花直径1.5~2cm，芳香；萼片披针形；花瓣倒卵形，先端微凹；花柱伸出花托口外，结合成束，无毛。蔷薇果球形，褐红色，萼片脱落。花期4~5月，果期9~10月。

产云南丽江、大理、洱源和滇中地区。生海拔1800~2500m的疏林中、谷地。江苏、山东、河南有分布。日本、朝鲜习见。

花大而芳香，枝叶繁茂，供路旁、墙垣、花坛丛植，更为棚架、花篱的好材料。花、果、根入药。种子繁殖。

香水月季　蔷薇科
Rosa odorata (Andr.)Sweet

常绿或半常绿灌木。有长匍匐枝或攀援枝，散生钩状皮刺。羽状复叶，革质；小叶5~9，椭圆形，长2~7cm，宽1.5~4.5cm，边缘有紧贴锐锯齿，无毛；叶柄和叶轴均具稀疏钩状皮刺和短腺毛；托叶大部附着于叶柄上，离生部分耳状，边缘有腺毛。花单生或2~3朵聚生；花梗有腺毛；萼片5，披针形，全缘；花瓣5，白色或淡黄色，芳香，直径5~8cm；花柱伸出花托口外而分离。蔷薇果球形或扁球形，黄色。花期6~9月，果期8~11月。

产云南昆明、武定、会泽、东川、昭通、大理、丽江。生海拔1900~2500m的山地林中。四川、江苏、浙江有分布。

根、叶调和气血，止咳定喘，消炎。花提芳香油。花大味香，是著名的观赏植物，欧洲用它和其他蔷薇杂交培育出很多好园艺品种。可用种子繁殖及扦插。为国家重点保护植物。

橘黄香水月季(变种)　蔷薇科
Rosa odorata (Andr.) Sweet var. *pseudindica* (Lindl.) Rehd.

本变种花为重瓣，黄色或橘黄色。花直径约8cm。

产云南西北部。

扁刺峨眉蔷薇(变型)　蔷薇科
Rosa omeiensis Rolfe f.*pteracantha* Rehd.et Wils.

灌木，高3~4m。幼枝密被针刺及宽扁大型紫色皮刺。羽状复叶；小叶9~17，椭圆状矩圆形，长8~30mm，宽4~10mm，边缘具齿，上面叶脉明显，下面被柔毛；叶柄和叶轴散生小皮刺和腺；托叶大部分附着于叶柄上，边缘具齿或腺。花单生，无苞片，花梗和花托均无毛，萼裂片4，披针形；花瓣4，倒三角状卵形，花柱离生，被长柔毛。蔷薇果梨形，鲜红色，萼片直立宿存。花期5~6月，果期7~9月。

产云南西北部。生海拔2000~4200m的混交林下灌丛中。四川、贵州、甘肃、青海、西藏有分布。

果可食及酿酒；花提芳香油。栽培供观赏。种子繁殖和扦插繁殖。

野蔷薇 *Rosa multiflora*

香水月季 *Rosa odorata*

扁刺峨眉蔷薇(变型)*Rosa omeiensis* f. *pteracantha*

橘黄香水月季(变种) *Rosa odorata* var. *pseudindica*

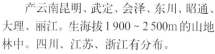
香水月季 *Rosa odorata*

茶藨花 *Rosa rubus*

绢毛蔷薇 *Rosa sericea*

茶藨花　蔷薇科
Rosa rubus Levl. et Vant.

匍匐状灌木，高5~6m。小枝具小的钩状皮刺。羽状复叶；小叶通常5~7，卵状椭圆形或倒卵形，长3~8cm，宽1.5~4cm，边缘有粗锐锯齿，下面密生柔毛，少数近无毛；小叶柄和叶轴散生小沟状皮刺；托叶大部附着于叶柄上，离生部分披针形，常带腺体。伞房花序圆锥状，有花10~25朵；花梗有绒毛和腺毛；花白色，芳香，直径2.5~3cm；萼裂片卵状披针形，先端尾尖，有毛和腺毛；花瓣倒三角状卵形；花柱合生成柱，外被柔毛。蔷薇果近球形，直径8mm，深红色，萼裂片反折，后脱落。花期4~6月，果期7~9月。

产云南昆明、楚雄、双柏、罗平、文山、西畴。生海拔1000~2000m的山坡路旁灌丛中。甘肃、陕西、湖北、四川、贵州、广西、广东、江西、福建、浙江有分布。

根皮制栲胶；花提芳香油。《花镜》一书，对此种观赏植物已有记载，是有名的观赏植物。扦插或种子繁殖。

绢毛蔷薇　蔷薇科
Rosa sericea Lindl.

灌木，高1~3m。皮刺散生或对生，基部膨大，小枝密生针刺。羽状复叶；小叶7~15，卵形、倒卵形，长1~2cm，宽0.5~0.8cm，边缘有锯齿，下面密被丝状柔毛；叶柄、叶轴散生小皮刺和腺毛；托叶大部附着于叶柄，顶端离生，呈耳状，边缘有腺。花单生叶腋，无苞片；花梗无毛；萼裂片4，卵状披针形，外有稀疏柔毛，内有长柔毛；花瓣4，白色，倒卵形，花柱离生。蔷薇果球形，果梗不膨大，红褐色，萼裂片宿存。花期5~6月，果期7~8月。

产云南西北部及禄劝、威信、大关。生海拔2000~3800m的山坡、山谷、路旁灌丛中。四川、贵州、西藏有分布。印度、缅甸、不丹也有。

根皮、茎皮提栲胶，果助消化；栽培观赏，供花架、围篱、路旁、坡地覆盖等造园使用。种子繁殖。

腺轴扁刺蔷薇(变种)*Rosa sweginzowii* var. *glandulosa*

腺轴扁刺蔷薇(变种)　蔷薇科

Rosa sweginzowii Koehue var. *glandulosa* Card.

灌木,高3～5m。小枝圆柱形,有直立或稍弯曲基部膨大而扁平皮刺,老枝混生针刺。小叶7～11,连柄长6～11cm;小叶片椭圆形,长2～5cm,宽8～20mm,边缘有重锯齿,下面密被有柄腺体,小叶柄和叶轴有柔毛、腺毛和散生皮刺;托叶贴生于叶柄。花单生,或2～3朵簇生,苞片1～2,卵状披针形,边缘有带腺锯齿,有时有羽状裂片;花梗长2～3cm,密被柔毛;萼片5,卵状披针形,先端浅裂扩展成叶状;花瓣5,粉红色,宽倒卵形或扁圆形;花柱离生;雄蕊多数。果实长圆形;先端有短颈,紫红色,外面常有腺毛,萼片直立宿存。花期6～7月,果期8～11月。

产云南丽江、中甸、宁蒗。生海拔2 300～3 850m的山坡路旁或灌丛中。四川、西藏有分布。

用途与绢毛蔷薇大体相同,果入药作强壮剂。

少齿花楸　蔷薇科

Sorbus oligodonta (Cardot) Hand. - Mazz.

乔木,高5～15m。小枝圆柱形,被稀疏皮孔,无毛;冬芽长卵形,外有数枚红褐色鳞片。奇数羽状复叶,连叶柄共长15～20cm,柄长2.5～3.5cm;小叶片4～8对,基部的小叶片较中部稍小,椭圆形,长3～6cm,宽1～2cm,两侧有锯齿2～10;侧脉7～14对,在叶缘弯曲成网状;叶轴无毛,上面有沟;托叶膜质,早落。复伞房花序顶生,具多数密集在花轴顶端的花朵,花梗极短;萼筒钟状,萼片宽卵形,外无毛,内具柔毛。花瓣卵形,先端钝,黄白色;雄蕊20,比花瓣短;花柱4～5,基部有柔毛,短于雄蕊。果实卵形,熟时白色有红晕或红色,先端有宿存闭合萼片。花期5月,果期9月。

产云南大姚、中甸、丽江、维西、洱源、宾川、剑川、宁蒗。生海拔2 000～3 600m的山坡沟边杂木林中。四川有分布。

树姿优美,挂果期长,果色艳丽,是很好的观果植物。种子繁殖。

西康花楸　蔷薇科

Sorbus prattii Koehne

灌木,高2～4m。小枝,具不明显皮孔;冬芽小卵形,具暗红褐色鳞片,外被棕色稀疏短柔毛。奇数羽状复叶,连柄长8～15cm,小叶柄长1～2cm;小叶片9～17对,长圆形,基部偏斜圆形,边缘有尖锯齿,侧脉5～10,叶背乳头状突起,叶轴有窄翅,具稀疏柔毛;托叶草质,披针形,有时分裂,脱落。复伞房花序多着生在侧生短枝上,排列疏松,花梗具稀疏白、黄色柔毛;萼筒钟状,萼片三角形;花瓣宽卵形,先端圆钝,白色,无毛;雄蕊20;花柱5。果实球形,带红晕乳白色或白色,先端有宿存闭合萼片。花期5～6月,果期9月。

产云南德钦、中甸、丽江。生海拔3 500～3 700m高山杂木丛林内。四川、西藏亦产。

果色美丽,果多,挂果期长,是很好的庭园观赏植物。

少齿花楸 *Sorbus oligodonta*

西康花楸 *Sorbus prattii*

红毛花楸 *Sorbus rufopilosa*

粉叶绣线菊 Spiraea compsophylla

红毛花楸　蔷薇科

Sorbus rufopilosa Schneid.

灌木或小乔木，高2.7~5m。小枝暗灰色，具不明显皮孔，幼时被锈红色柔毛；冬芽暗红色，鳞片微具带红色短柔毛。小叶片、中脉、叶轴、总花梗和花梗均有锈红色柔毛。单数羽状复叶，小叶片8~17对，长椭圆形，长1~2cm，宽0.5~0.7cm，两侧边缘有内曲的细锯齿6~10，幼时有疏生柔毛；托叶披针形，有粗锯齿。花序伞房状或复伞房状，有花3~8朵；萼筒钟状，萼片三角形，内微具锈红色柔毛；花瓣宽卵形，粉红色；雄蕊20；花柱3~4，基部微具疏柔毛。果卵形，粉红色，有直立宿存萼裂片。花期5~6月，果期8~9月。

产云南中甸、德钦、贡山。生海拔2700~4000m的山地杂木林中或沟谷旁。四川、贵州、西藏亦产。缅甸、尼泊尔、印度、锡金有分布。

花、果均美丽，是很好的观果植物。种子繁殖。

马蹄黄　蔷薇科

Spenceria ramalana Trimen

多年生草本，高18~32cm。茎直立，被长柔毛。基生叶为单数羽状复叶，连叶柄长4.5~13cm，小叶片13~21，对生，长椭圆形，长1~1.5cm，宽0.5~1cm，先端2裂，基部近圆形，两面有绢状柔毛；叶柄翅状，长3cm；托叶卵形；总状花序顶生，有花12~

20，径约2cm，总花梗和花梗均有长柔毛；苞片倒卵形，3浅裂；萼片披针形；副萼5，3大2小，总苞状；花瓣黄色，基部成短爪；雄蕊多数，花丝宿存；心皮2，顶端有长柔毛。瘦果近球形，黄褐色，包藏在宿存的萼筒内。花期7~8月，果期9~10月。

产云南洱源、丽江、中甸、德钦。生海拔2900~4200m的山坡。四川、西藏亦产。

根入药，消炎，收敛止血。耐干旱，供岩石园、假山、草地边造景用。种子繁殖。

粉叶绣线菊　蔷薇科

Spiraea compsophylla Hand.-Mazz.

灌木，高1.5m。小枝有棱角，幼枝紫褐色，老枝暗灰色；冬芽小，卵形，鳞片数枚。花枝的叶片长圆状倒卵形，全缘或先端3浅裂；不育枝的叶片为扇形，先端3~5深裂，两面无毛，下面蓝灰色，具蜡粉，基生3出脉；柄长1~4mm，无毛。伞形花序无总梗或具短总梗，具花3~13朵，基部簇生数枚小形叶片；花梗无毛；苞片线形；萼筒钟状，萼片三角形，外无毛，内面被柔毛；花瓣近圆形；雄蕊15~20，花盘波状圆环形；子房微具短柔毛。蓇葖果在腹缝有少数柔毛，具直立萼片。花期7~9月，果期9~10月。

产云南中甸至宁蒗。生海拔2000~4000m的沟边岩壁杂木林中。

花枝多，每花序呈球状，很美观，是很好的庭园观赏灌木。

马蹄黄 Spenceria ramalana

小叶羊蹄甲(变种)Bauhinia brachycarpa var.microphylla

丽江羊蹄甲　苏木科
Bauhinia bohniana L.Chen

直立灌木, 高1～2m。幼枝密被灰褐色短柔毛, 后渐无毛。叶近革质, 扁圆形, 长5～7cm, 宽6～8cm, 先端分裂达叶长的1/4, 罅口阔, 裂片圆钝, 基出脉9～11条, 叶柄密被灰褐色茸毛。伞房花序式的总状花序顶生或侧生, 苞片与小苞片披针形, 早落; 花梗长15～20mm, 被短柔毛; 花托漏斗形; 萼裂片披针形, 长1.2cm, 外面被短柔毛; 花冠 直径约3.5cm, 淡粉红色, 阔倒卵形, 长约1.5cm, 外面密被金黄色丝质柔毛, 瓣柄长1cm, 被长毛; 能育雄蕊3, 花丝无毛, 花药长圆形; 子房具柄, 缝线密被金黄色丝质柔毛, 花柱无毛, 柱头小。荚果带状, 扁平, 种皮黑色, 长12mm, 宽9mm, 有光泽。花果期5～8月。

产云南丽江、宁蒗、鹤庆。生海拔1 700～2 000m的山坡阳处灌丛中。

枝、叶茂密, 叶形奇特, 花大而美丽, 是很好的庭院观赏植物。种子繁殖。

小叶羊蹄甲(变种)　苏木科
Bauhinia brachycarpa Wall. var.microphylla Oliv.

灌木, 高达1～3m。小枝具棱, 疏被柔毛, 后脱落。叶近肾状圆形, 长5～23mm, 宽4～15mm, 基部圆或心形, 先端2深裂至中部以下, 基出脉7～9, 下面密被白色毛, 杂有红棕色丁字毛。伞房状总状花序短, 顶生或与叶对生, 花密集, 10余朵, 较小, 苞片线形, 早落。萼佛焰苞状2裂, 裂片再2裂, 具短齿; 花瓣白色; 雄蕊10, 5长5短, 花丝无毛; 子房密被长柔毛。荚果倒披针形, 长3～4cm, 宽约1cm, 先端具长喙, 果瓣黑色, 无毛。花期5～7月, 果期8～10月。

产云南昆明、峨山、易门、姚安、大姚、大理、漾濞、丽江、德钦、贡山、开远、文山。生海拔1 800～3 800m的高山林中、石灰岩山坡灌丛。四川、陕西、甘肃、西藏、

湖北有分布。

根、叶入药, 安神、止痛, 治心悸失眠、止咳。生性喜阳光, 且耐干旱, 枝、叶繁茂、多花, 是建造岩石园和改造多 砾坡地的极好观赏灌木。

毛叶牛蹄麻(变种)　苏木科
Bauhinia khasiana Baker var. tomentella T.Chen

藤本, 有卷须; 幼枝被伏贴短毛。叶阔卵形或心形, 长7～12cm, 宽4.5～9cm, 顶端短2裂, 裂片渐尖, 紧贴或复叠, 叶背基脉被短柔毛, 有脉7～9条脉, 网脉明显, 背面被红棕色或锈色短柔毛; 叶柄长2.5～5cm, 密被锈色短茸毛。花序呈伞房状, 顶生, 总花梗被棕色紧贴的短绢毛, 苞片早落, 小苞片锥形, 花托圆柱形; 萼片5裂, 开花时反折; 花瓣5片, 金黄色, 阔翅形, 有爪; 发育雄蕊3枚, 花丝无毛; 子房有长柄, 沿腹缝线被褐色绒毛。荚果长圆状披针形, 扁平, 无毛, 果瓣厚革质, 有种子4～5颗。种子长圆形。花期7～8月, 果期9～12月。

产云南河口。生海拔150～250m的林中。

可作热带地区棚架观赏植物或建岩石园的材料。

丽江羊蹄甲 *Bauhinia bohniana*

毛叶牛蹄麻(变种)*Bauhinia khasiana var. tomentella*

含羞云实 *Caesalpinia mimosoides*

云南羊蹄甲 *Bauhinia yunnanensis*

云南羊蹄甲　苏木科

Bauhinia yunnanensis Franch.

攀援状灌木；枝有棱，具成对卷须。叶宽椭圆形，全裂至基部，裂片卵形，长 3 ~ 5cm，宽 2 ~ 2.5cm，先端圆钝，具 3 ~ 4 脉；柄长 1.3 ~ 3.5cm。总状花序顶生或侧生，有花 10 ~ 20 朵，花梗长 2 ~ 3cm；花萼 2 唇形，具短的 5 齿，开花时反折；花瓣淡红色或白色，倒卵状匙形，长约 1.7cm，上面 3 片各有 3 条玫瑰色条纹，下面 2 片中心各有 1 条纵纹；能育雄蕊 3，稍长于花瓣，退化雄蕊 7，很短。荚果带形，长 11 ~ 15cm，宽 1.2 ~ 1.5cm，先端有喙。种子长圆形，扁平。花期 6 ~ 8 月，果期 9 ~ 10 月。

产云南丽江、鹤庆、邓川、中甸、宾川、大姚、禄劝、元江、元阳、文山等地。生海拔 500 ~ 2 100m 山坡灌丛、路边。四川、贵州有分布。缅甸、泰国也有。

花美观，供庭园棚架和岩石园造景用。

含羞云实　苏木科

Caesalpinia mimosoides Lam.

藤本；小枝密生锈色腺柔毛，有钩刺，托叶钻形，被毛。二回羽状复叶，长 30 ~ 45cm，羽片 10 ~ 20 对，羽轴被毛和皮钩刺，小叶 10 ~ 20 对，长圆形，长 6 ~ 10mm，先端圆，具小尖头，边缘和背面有硬毛。总状花序顶生，长 20 ~ 40cm，花序轴密生钩刺和短柔毛；花梗长 2 ~ 3cm，被柔毛及钩刺；萼筒短，萼片 5，不等大；花瓣 5，鲜黄色，不等大，上面 1 片较小，倒卵形，长约 12mm，其余 4 片近圆形，长 12 ~ 20mm，边缘有茸毛；雄蕊 10，花丝下半部被绵毛；子房有短柄，被茸毛。荚果半圆形，镰状弯曲，长 5cm，密被细硬毛和刚毛。花期 10 月至翌年 2 月，果期 3 ~ 4 月。

产云南西双版纳、德宏。生海拔 500 ~ 1 500(2 000)m 的山坡灌丛、路旁和林缘。印度、缅甸、泰国、老挝有分布。

本种花大而美丽，枝多刺，是热带庭院作围篱的好材料。嫩叶作蔬菜食用，傣族称"臭菜"。

毛叶见血飞 *Caesalpinia pubescens*

云南紫荆 *Cercis yunnanensis*

毛叶见血飞　苏木科
Caesalpinia pubescens Desf.

藤本；枝疏被黄色柔毛，散生黄褐色的钩刺。二回羽状复叶，互生；叶轴长20～30cm；羽片2～6对，对生；羽轴长5～10cm；小叶3～5对，长圆形，长2.5～3cm，宽1～1.5cm，先端钝形或微凹，具短突尖，全缘。总状花序圆锥状，长30～50cm，顶生；径约2.5cm，苞片披针形，黄褐色；花托盘状；萼片5，外面被黄色柔毛，下面一片盔状，其余长圆形；花瓣5，上面一片较大长椭圆形，其余4片近等大近圆形；雄蕊10枚，花丝下半部膨大，被黄色毛，花药椭圆形，花粉红色。荚果淡红色，镰刀状，长10～15cm，沿腹缝线具翅，翅宽1cm。种子3～5颗，长卵形，扁平。花期4～5月，果期7～10月。

产云南西双版纳、河口。生海拔300～1000m的疏林湿地。

可作围篱和棚架造园用。

云南紫荆　苏木科
Cercis yunnanensis Hu et Cheng

小乔木，高8～10m；树皮不规则裂开，无毛。单叶互生，叶近心形，长5.5～13.5cm，下面近基部及中脉两侧被微柔毛；叶柄长2～4cm，托叶小，早落。总状花序长达12cm，具花8～24；花梗长0.9～2.2cm；萼5齿裂；花冠假蝶形，上部1瓣较小，下部2瓣较大；雄蕊10，离生；子房具柄。荚果扁平，长12cm，宽1～1.5cm。花期2月，果期8月。

产云南昆明、丽江。生海拔1800～3200m的石灰岩山地。贵州、四川、陕西亦产。

可供栽培观赏或作石灰岩地区造林树种。

龙眼参　苏木科
Lysidice rhodostegia Hance

乔木或灌木，高3～20m。一回偶数羽状复叶，具小叶6～8枚，纸质，长椭圆形，微偏斜，无毛，长4～12cm，宽2.5～5cm，托叶小，钻形，早落。圆锥花序顶生或腋生，长15～30cm，花梗长10～12cm；苞片椭圆形，粉红色；萼管状，管部长7～12mm，裂片4，矩圆形，无毛，边缘具纤毛；花冠紫红色，花瓣5，匙形，上面3个发达，有长爪；下方2枚很小；发育雄蕊2，稀1或3；子房有疏毛，柱头顶尖。荚果条形，扁平，种子2～7粒，褐红色，种皮薄。花期6～8月，果期9～11月。

产云南富宁、广南、河口、师宗。生海拔130～1000m的河边杂木林中。广东、广西也有。越南也有。

根、茎、叶入药。作庭园观赏树种。花期满树皆花。

老虎刺　苏木科
Pterolobium punctatum Hemsl.

攀援灌木或藤本，枝长7～15m。枝条、叶轴、叶柄基部散生下弯的黑色钩刺。二回羽状复叶，羽片9～14对，每羽片有小叶10～15对；小叶狭长圆形，基部微偏斜，长1cm，宽3～4mm，两面疏被短柔毛后变无毛。总状花序腋生，或于枝顶排列成顶生的圆锥花序；萼筒极短，萼裂片5，最下方1片较长，舟形，余4片长椭圆形，基部合生；花瓣5，白色，倒卵形，先端齿蚀状；雄蕊10，伸出花冠，花药宽卵形，子房扁平，花柱光滑，柱头漏斗形。荚果长圆形，扁平，长4～6cm，顶端的一侧具发达的膜质翅，有一个种子。花果期6月至翌年3月。

产云南昆明、路南、维西、六库、腾冲、景东、元江、蒙自、文山、西畴、罗平。生海拔450～2000m的山坡林中路旁、石灰岩地。四川、贵州、广东、广西、湖南、湖北、江西、福建有分布。

花果期长，美观，可供岩石园造景和庭院围篱之用。

龙眼参 *Lysidice rhodostegia*

老虎刺 *Pterolobium punctatum*

金合欢 *Acacia farnesiana*

中国无忧花 *Saraca dives*

中国无忧花　苏木科

Saraca dives Pierre

乔木，高5~20m，胸径30cm。羽状复叶，长40~60cm，具小叶5~6对，革质，卵状矩圆形，长12~27cm，宽5~12cm，无毛，叶柄长1cm，侧脉8~10对。花橙黄色，圆锥花序腋生；苞片卵形，锐尖，早落，小苞片宿存；萼长管状，外面无毛，内先端被短柔毛，有4枚卵形花瓣状裂片；无花瓣；雄蕊8~10，分离，花药长圆形，基部箭形；子房无毛，花柱丝状，柱头头状。荚果微呈镰状弯曲，果瓣木质，扁平，黑褐色，开裂；种子5~9粒，长椭圆形，种脐偏斜、种皮厚。花期4~5月，果期7~10月。

产云南澄江、元阳、河口、金平、屏边、个旧、绿春、马关、麻栗坡、富宁。生海拔450~1 900m的山谷河旁疏林中。广东、广西有分布。

为优良紫胶虫寄主树。树皮入药，花大而美丽，可作庭园观赏树种。

金合欢　含羞草科

Acacia farnesiana (Linn.) Willd.

有刺灌木或小乔木，高2~4m；多分枝，曲折，有一对由托叶变成的锐刺，生皮孔。二回羽状复叶，羽片4~8对；小叶轴被灰白色柔毛，小叶10~40对，条状矩圆形，长2~6mm，宽1~1.5mm，无毛，革质。头状花序单生或2~3个簇生叶腋；花黄色，有香味。荚果圆筒形，膨胀，无毛，表面密生斜纹。

产云南金沙江、元江、澜沧江、怒江流域。生海拔200~1 650m的干热河谷。

花含芳香油；荚果、根、树皮含单宁，入药祛痰、消炎。花似黄色绒球，很美观，供观赏。

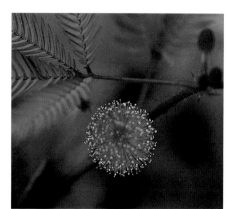

含羞草 Mimosa pudica

含羞草　含羞草科
Mimosa pudica Linn.

蔓生或攀援半灌木，高达1m，枝散生倒刺毛和锐刺。羽片2~4枚，掌状排列；小叶14~48枚，触之即闭合而下垂，叶条状矩圆形，长6~11mm，宽1.5~2mm，边缘及叶脉有刺毛，托叶披针形，被刚毛。头状花序矩圆形，2~3枚生于叶腋；花淡红色；萼钟状，有8个微小萼齿；花瓣4，基部合生，外面有短柔毛；雄蕊4，伸出于花瓣之外。荚果偏平，边缘有刺毛，有3~4荚节，每节有1粒种子。花期3~10月，果期5~11月。

产云南西双版纳、德宏州和河口等地。生海拔300~1 500m的热带地区的山坡丛林。台湾、广东、海南、广西、福建、江西等地栽培。

全草入药，安神镇静，止血收敛，根治肝炎。供盆栽观赏。

云南锦鸡儿　蝶形花科
Caragana franchetiana Komarov

灌木；高1~1.5m，树皮灰褐色。托叶三角形，有或无针尖，不硬化成针刺，长枝上的叶轴宿存并硬化成粗壮的针刺，长2~5cm，宿存；羽状复叶，小叶10~14对，椭圆状倒卵形，长7~9mm，宽3~3.5mm，疏生毛。花单生，蝶形；花梗长约1cm，中部有关节；花萼圆筒状，基部具囊状突起，密生短柔毛，萼齿披针状三角形；花冠黄色，有时带紫色，旗瓣近圆形，翼瓣具2耳，下耳条形，上耳齿状，龙骨瓣齿状；子房密被柔毛。荚果条状圆筒形，外面密生短柔毛，内面密生绵毛。花期5~6月，果期10月。

产云南洱源、丽江、中甸、会泽。生海拔2 800~3 400m的山坡灌丛、林下、林缘。四川、西藏也产。

可作绿篱、岩石园、假山等布景材料。

大猪屎青　蝶形花科
Crotalaria assamica Benth.

半灌木状草本，茎高1~2m；茎、枝有绢毛。单叶，倒披针状矩圆形，长7~16cm，宽1.7~4.5cm，先端有小尖，基部楔形，下面有绢质短柔毛。总状花序顶生，有20~30朵花，小苞片2枚，细小，着生于花梗上部；萼长12~16mm，有绢质柔毛，萼齿长为萼的1/2；花冠黄色，较萼长，旗瓣近圆形，先端微凹，翼瓣矩状椭圆形；雄蕊10，合生成一组，花药二型；子房无柄。荚果长4.5~7.5cm，上部宽，下部渐狭，无毛；种子黑色，有光泽。花期8~10月，果期10月至翌年2月。

云南除西北部高山地带不产外，大部分地区有分布。生海拔500~2 500m的山坡灌丛，潮湿河边。

花大而美丽，供观赏。

云南锦鸡儿 Caragana franchetiana

小叶干花豆 Fordia microphylla

鹦哥花 蝶形花科

Erythrina arborescens Roxb.

落叶乔木，高7~8m，枝被皮刺。三出复叶，小叶片互生，中间小叶较大，侧生小叶较小，卵状圆形或宽心形，长10~20cm，宽8~19cm，先端急尖，两面无毛。总状花序腋生，花密集于总花梗上部；萼二唇形，无毛；花冠红色，旗瓣长4cm，翼瓣短，长为旗瓣1/4，龙骨瓣菱形，较翼瓣长，均无爪；雄蕊10，5长5短；子房具柄，有黄色毛。荚果梭状，稍弯，两端尖，先端具喙，长约10cm，宽约2cm；种子1~3，黑色，肾形，光亮。花期8~9月，果期10~11月。

产云南禄劝、昆明、富民、弥渡、大理、贡山、洱源、丽江、维西、凤庆、景东、楚雄、罗平、蒙自、河口。生海拔400~2600m的山沟、草坡。湖北、四川、贵州、西藏有分布。

大猪屎青 *Crotalaria assamica*

鹦哥花 *Erythrina arborescens*

皮入药，治风湿；花美丽，可供观赏，种子繁殖。

小叶干花豆 蝶形花科

Fordia microphylla Dunn

常绿灌木，高0.5~1m，幼枝密被黄褐色柔毛。奇数羽状复叶互生，长15~20cm，叶轴被毛，小叶片约25枚，卵状披针形至椭圆形，长3~4cm，宽约1~1.5cm，全缘；小叶柄短，密生柔毛。总状花序腋生，多花，序长11~14cm，花蝶形，淡紫色；花序轴、花梗密被褐色柔毛；花萼钟状，先端5浅裂；花瓣5，长约7mm，旗瓣近圆形，翼瓣长椭圆形，龙骨瓣先端钝，向内弯曲；雄蕊10枚，其中1枚离生；子房被白色软毛。荚果棒形，长5~7cm。花期4~5月，果期9~10月。

产云南砚山、西畴、龙陵等地。生海拔700~2000m的山坡灌丛内或林缘。

云南甘草 *Glycyrhiza yunnanensis*

花多而艳丽，植株矮小，适于花坛、假山脚和岩石园种植。

云南甘草 蝶形花科

Glycyrhiza yunnanensis S.S.Cheng & L.K.Tai

多年生草本，高0.8~1.5m；茎直立、木质化，小枝具棱，全株被鳞片状的腺体和白色柔毛。奇数羽状复叶互生，长10~15cm；有小叶5~13枚，宽披针形至卵圆形，长2~4.5cm，宽0.9~1.4cm，叶全缘；叶柄短，基部具披针形托叶。花两性；总状花序腋生，密集成球状，小花柄非常短，长约1mm，基部有披针形小苞片1枚；萼钟形，先端5裂，裂片披针形；花冠蝶形，左右对称，花瓣5，淡青紫色，旗瓣较大，长约8mm，爪长约2mm，翼瓣线形，长约4mm；二体雄蕊，9枚基部合生，1枚离生；子房线状扁平，密生鳞片状腺体。荚果密集成球状，每个荚果长椭圆形，长约1.8cm，宽约0.6cm，密生腺体状刺。花期6月，果期8~9月。

产云南丽江、中甸、维西。生海拔2400~2800m的山坡灌木丛中和小溪边。

花、果奇特，供观赏。种子繁殖。

常春油麻藤 *Mucuna sempervirens*

紫花黄华 *Thermopsis barbata*

猪腰豆 *Whitfordiodendron filipes*

常春油麻藤　　蝶形花科

Mucuna sempervirens Hemsl.

常绿藤本。小叶 3，坚纸质、卵状椭圆形，长 7～12cm，宽 4～5.5cm，两面无毛，侧脉 6～7 对，侧生小叶基部偏斜形。总状花序生于老茎；萼宽钟形，萼齿 5，上面 2 齿连合，外面有稀疏锈色长硬毛，里面密生绢质茸毛；花冠深紫色，长 6.5cm；雄蕊二组，药二型；子房无柄，有锈色长硬毛，花柱无毛。荚果木质，条状，长 60cm，种子中间缢缩，被锈色柔毛；种子 10 余粒，扁矩圆形，棕色，种脐半包种子。花期 4～5 月，果期 9～10 月。

产云南会泽、宾川、勐腊、临沧、双江、泸水、贡山、鹤庆。生 1 800～2 300m 的林中、石灰岩山。浙江、福建、江西、湖北、四川、贵州亦产。日本也有分布。

全株药用，茎皮纤维制麻、造纸；块根制淀粉；种子榨油。是荫棚和其他棚架垂直绿化的极好材料。种子繁殖。

紫花黄华　　蝶形花科

Thermopsis barbata Royle

多年生草本。根状茎木质，粗壮。茎高 20～45cm，在开花后，显著延伸，密生白色或黄褐色柔毛，掌状复叶具 3 小叶，托叶 2，近披针形，基部联合；叶柄密被长柔毛；小叶长椭圆形，长 1.7～3.5cm，宽 3～7mm，叶背密生白色、黄褐色长柔毛，侧生小叶的外侧叶基下延与叶柄连合。总状花序顶生，各花序轮生 4～5 层，通常每层有花 3 朵；苞片每 3～5 个轮生；花蝶形，长 3cm；萼筒状，密生长柔毛；花冠紫黑色。荚果膨胀膀脱状, 近圆形, 长 2 ~ 3.5cm, 宽 1.5cm。种子 2 ~ 4 粒。花期 5 ~ 7 月, 果期 8 ~ 10 月。

产云南维西、德钦、中甸。生海拔 2 800 ~ 3 500m 的山坡草地。四川、西藏有分布。印度也有。

供温带城市作花坛绿化。种子繁殖。

猪腰豆 蝶形花科

Whitfordiodendron filipes Dunn.

落叶攀援状灌木, 高 3 ~ 4m, 嫩枝被红褐色刚毛。奇数羽状复叶互生, 长 11 ~ 20cm, 有小叶 3 ~ 7 枚, 叶轴被毛; 小叶长椭圆形或披针状长椭圆形, 长 8 ~ 10cm, 宽 2 ~ 2.5cm, 先端锐尖, 基部圆形, 全缘; 叶柄被毛。总状花序生枝顶, 长 20 ~ 25cm, 常数个集生, 花序轴及花梗密生红色刚毛; 花蝶形, 血青色, 径约 2cm; 花梗长约 1cm, 红褐色; 花萼钟状, 先端齿状 5 裂, 被毛; 花瓣 5, 旗瓣近圆形, 长约 2cm, 翼瓣长椭圆形, 长约 1.8cm; 雄蕊 10 枚, 二体, 其中 1 枚离生; 子房椭圆形, 密生丝状柔毛。荚果长 17 ~ 20cm, 密生黄色柔毛, 通常有种子 1 粒, 肾形, 长约 8cm, 宽约 5cm。

产云南西双版纳和思茅、临沧地区。生海拔 500 ~ 2 400m 的常绿阔叶林内。广西有分布。

花多而美丽, 是很好攀援绿化观赏植物。

紫藤 蝶形花科

Wisteria sinensis (Sims.) Sweet

攀援灌木。羽状复叶; 小叶 7 ~ 13, 卵形或卵状披针形, 长 4.5 ~ 11cm, 宽 2 ~ 5cm, 先端渐尖, 基部圆形, 幼时两面有白色疏柔毛; 叶轴疏生柔毛; 小叶柄密生短柔毛; 托叶小。总状花序侧生, 下垂, 长 15 ~ 30cm。花大, 长 2.5 ~ 4cm; 萼钟状, 疏生柔毛; 花冠紫色或深紫色, 长达 2cm, 旗瓣内面近基部有 2 个胼胝体状附属物。荚果扁, 长条形, 长 10 ~ 20cm, 密生黄色绒毛, 木质, 开裂; 种子扁圆形, 1 ~ 5 粒。花期 4 ~ 5 月, 果期 9 ~ 10 月。

云南各地栽培供观赏。辽宁、内蒙古、河北、河南、山西、山东、江苏、浙江、安徽、湖南、湖北、陕西、四川均产。

花含芳香油; 茎皮、花入药解毒驱虫, 止吐泻; 种子能防腐。可用种子、扦插、分根繁殖。

红花荷 金缕梅科

Rhodoleia parvipetala Tong

常绿乔木, 高 10 ~ 30m。幼枝密被锈色鳞片。单叶互生, 革质, 矩圆状椭圆形, 长 4 ~ 10cm, 宽 2 ~ 4cm, 全缘, 叶背粉白色, 无毛, 侧脉 7 ~ 9 对, 叶柄长 2 ~ 4.5cm。头

红花荷 *Rhodoleia parvipetala*

状花序长 2 ~ 2.5cm; 总苞由覆瓦状的苞片组成, 总苞状苞片 5 ~ 8 枚, 外面有暗褐色的短柔毛; 萼筒短, 裂片不明显; 花瓣 2 ~ 4, 匙形, 长 1.5 ~ 1.8cm, 宽 5 ~ 6mm, 有爪; 雄蕊 6 ~ 8, 与花瓣等长, 花药条形; 子房无毛, 2 室, 胚珠多数。头状果序, 有朔果 5 枚, 果皮薄, 种子多数。花期 12 月至翌年 4 月, 果期 8 ~ 12 月。

产云南蒙自、金平、屏边、麻栗坡、西畴、文山。生海拔 1 000 ~ 2 200m 的常绿阔叶林中。贵州、广西、广东有分布。越南亦有。

花玫瑰红色, 早春开放, 极美观, 树常绿, 枝、叶茂密, 树冠卵圆形, 干直, 供绿化观赏和作行道树。

紫藤 *Wisteria sinensis*

大果榕　桑科

Ficus auriculata Lour.

常绿乔木，高3～10m，胸径10～30cm；树冠扩展，幼枝被毛。单叶互生，宽卵形，长15～36cm，宽15～27cm，基出脉5条，侧脉4～5对，其间小脉并行，下面被短毛。花序托具梗，簇生老枝或无叶枝上，倒梨形或陀螺形，直径4～6cm，被柔毛，具8～10条纵棱，顶端截形，脐状突起大；基生苞片3；花单性；雄花和瘿花同生一花序托内；雄花无梗，花被片3，雄蕊2；瘿花具梗，花被片下部合生，上部2或3裂；花柱顶生；雌花生另一花序托内，花被片3，花柱侧生，弯曲。子房卵形，花柱倒生，较瘿花长，瘦果有粘液。花期3月，果期5～8月。

产云南亚热带至热带地区。生海拔80～2 000m的热带、亚热带沟谷林中。海南有分布。印度、泰国、马来西亚也产。

果成熟时味甘可口，可生食。树冠伞状，浓密荫蔽，可供庭院观赏。

大青树　桑科

Ficus hookeriana Corner

常绿大乔木，高达25m，胸径40～60cm；幼枝绿色微红、粗壮、平滑、无毛。单叶互生，常在枝顶聚生，长椭圆形至宽卵状椭圆形，长15～20cm，宽8～12cm，先端钝圆或具短尖头，基部宽楔形至圆形，两面无毛，边全缘，侧脉7～9(12)对，在边缘外网结；柄长3～5cm，无毛。榕果成对腋生，多在枝顶端集生成簇，无总梗，圆柱状至卵形，长2～2.7cm，径约1.5cm，顶生苞片脐状突起，成熟时橙黄色；雌花与雄花在榕果内壁混生，花被片4，披针形，雄蕊1枚。花果期4～10月。

产云南西部至西双版纳、德宏、金平、麻栗坡、富宁、大理等地。生海拔500～2 000m的平原坝区，常在村寨旁和寺庙中栽培。广西、贵州有分布。锡金、印度、缅甸也有。

树冠伞形、榕果美观，是云南亚热带地区常见的观赏树种。

毛梗小果冬青(变型)　冬青科

Ilex micrococca Maxim f.*pilosa* S.Y.Hu

落叶乔木，高10～20m；小枝红褐色，具纵条纹。单叶互生，厚纸质，卵状矩圆形，长7～18cm，宽3～6cm，先端渐尖，基部圆或钝，全缘或具芒状锯齿，叶面沿中脉被微柔毛，叶背被微柔毛。复伞形花序腋生，具2～3次分枝，花序轴长6～12cm，被毛；花小、单性；雄花绿白色，花被片5～6，花萼盘形，直径约2mm；花瓣长圆形，长约1.5mm，基部连合；雄蕊与花瓣同数，与花瓣等长；雌花被片6～8，不育雄蕊长为花瓣长的1/2；子房卵球形，具极短的花柱。核果球形，直径3～4mm，鲜红色，有分核6～8。花期5月，果期9～10月。

产云南砚山、富宁、西畴、麻栗坡、马关、金平、西双版纳等地。生海拔(800)1 300～1 900m的常绿阔叶林或混交林中。四川、贵州、广西、广东、湖北有分布。越南也有。

果红色多而密集成簇，果期红果布满枝头，非常美观，是很好的观果植物。种子繁殖。

多脉冬青　冬青科

Ilex polyneura (Hand.-Mazz.)S.Y.Hu

乔木，高20m，当年生枝无皮孔，叶痕半圆形、凸起；顶芽小卵形，芽鳞具缘毛。单叶互生，长圆状椭圆形，长8～15cm，宽3.5～6.5cm，中脉上凹下凸，侧脉11～20对，与中脉60°交角，近叶缘网结；叶柄纤细，长1.5～3cm，紫红色，上面具深且窄的槽，被微柔毛。假伞形花序腋生，花序轴被毛，基部具小苞片；雄花：花萼小、盘形，6～7深裂，裂片三角形，花瓣卵形，6～7，基部连合；雄蕊与花瓣近等长，雌花：花萼与雄花同，花瓣长圆形，基部合生；不育雄蕊为花瓣长的1/2，花药箭头形；子房卵状球形，宿存萼与柱头盘形，稍凸，不明显6～

大果榕 *Ficus auriculata*

毛梗小果冬青(变型)*Ilex micrococca f.pilosa*

多脉冬青 *Ilex polyneura*

大青树 *Ficus hookeriana*

7裂；分核6~7，分核背部具1细沟，内果皮革质。花期5~6月，果期10~11月。

产云南西畴、文山、西双版纳、绿春、元江、景东、思茅、昆明、嵩明、富民、禄劝、峨山、双柏、新平、镇康、耿马、沧源、潞西、龙陵、腾冲、维西、贡山、碧江、漾濞、寻甸、会泽。生海拔1 260~2 600m的林中或灌丛中。四川、贵州有分布。

秋天果红，极美观，是庭院很好的观果植物。

角翅卫矛　卫矛科
Euonymus cornutus Hemsl.

落叶矮灌木，高1~2m；芽绿色，长锥形。叶对生，条状披针形，长6~11cm，宽8~15mm，边缘具细密浅锯齿，侧脉先端稍折曲波状；叶柄长3~6mm。聚伞花序三出或二回三出，3~7花，腋生，总花梗长4cm，花梗均细长；花紫红色，或带绿色，4数或5数；雄蕊4~5，着生花盘上，子房3~5室，藏于花盘内，柱头3~5裂，无花丝，花药一室。蒴果紫红色，扁4~5角形，具4~5窄长翅，翅长5~10mm；种子卵形棕红色，有橙红色假种皮。花期4~6月，果期8~10月。

产云南丽江、云龙。生海拔2 100~2 500m的山地林下灌木丛中。四川、湖北、甘肃、陕西有分布。

红果下垂，极为美观，为很好的观赏灌木，可植于假山、溪边、草坪边。

昆明山海棠　卫矛科
Tripterygium hypoglaucum (Levl.) Hutch.

落叶灌木，高1~3m；小枝红褐色，具纵棱和小瘤状突起。叶互生，卵形或阔椭圆形，长6~13cm，宽2.7~6cm，边缘被细锯齿，背面微被白粉；叶柄长1~1.3cm，被短柔毛。聚伞式圆锥花序顶生或腋生，长10~20cm，序轴褐色，具纵棱，密被锈色毛，花梗被毛；花杂性，萼片5，宽卵形，被短柔毛；花瓣5，白色，卵形；雄蕊5；花盘5浅裂；子房上位，三角形，花柱不显，柱头截形。蒴果长圆形，具3枚纸质宽翅，由绿变红色；种子1，黄白色，干后黑色。花期5~6月，果期8~10月。

云南全省大部分地区有分布。生海拔1 500~2 500m的山坡灌丛、山谷、溪边次生林中。四川、贵州、湖南、广西有分布。

根、嫩枝叶含雷公藤碱，有毒，治风湿关节炎，止痛。果熟期红色翅果布满枝头，美观，可配植于墙角、假山、棚架或空旷地。

昆明山海棠 *Tripterygium hypoglaucum*

角翅卫矛 *Euonymus cornutus*

小果微花藤 *Iodes vitiginea*

云南七叶树 *Aesculus wangii*

钟萼木 *Bretschneidera sinensis*

小果微花藤　茶茱萸科

Iodes vitiginea(Hance) Gagnep.

木质藤本，枝有锈色绒毛，卷须腋生或生于叶柄一侧。叶纸质，长卵形，长6~12cm，宽4~8cm，基部圆形或浅心形，叶面无毛或有极稀疏的长粗毛或沿脉上有绒毛，叶背密生黄色绒毛；叶柄长1~2cm，侧脉4~6对。聚伞花序腋生，有黄色绒毛，花单性；雄花序长8~20cm；雄花黄绿色，萼5齿裂，与花冠外面均有短柔毛；花冠辐射状，裂片5；雄蕊5；退化雌蕊有糙伏毛；雌花较大，子房密生糙伏毛，柱头近圆盘状。核果宽倒卵形，长1.5~1.8cm，红色或朱红色，密生黄色糙伏毛。花期12月至翌年6月，果期5~8月。

产云南金平、河口、屏边、麻栗坡、西畴、富宁。生海拔120~1300m的沟谷季雨林及次生灌丛中。贵州、广西、广东也有。老挝、泰国亦有。

朱红色的果垂挂于枝叶间非常美观，是棚架垂直绿化的好材料。

云南七叶树　七叶树科

Aesculus wangii Hu ex Fang

落叶乔木，高15~20m。掌状复叶，对生；小叶5~7，纸质，椭圆状披针形，长14~18cm，宽5~7.5cm，边缘具突尖的细锯齿，叶背幼时有稀疏平贴的微柔毛，老叶仅脉上有柔毛；侧脉20~22对；小叶柄长5~7mm，有黑色腺体。圆锥花序顶生，花序长35~40cm，有黄色微柔毛；花杂性，两性花和雄花同株，花梗长3~5mm；两性花：花萼筒状，长约6mm密生灰色柔毛，萼裂片5，三角状卵形；花瓣4枚，倒匙形，长12~14cm，白色，有时有2瓣，中下部为黄色，先端亦为白色；雄蕊较长，远伸出花冠之外。子房密生褐色茸毛，花柱微弯，有褐色茸毛，柱头小。蒴果扁球形，直径6~7.5cm，果壳薄，具疣状突起，常3裂；种子1枚发育，种脐大。花期4~6月，果期8~10月。

特产云南双柏、金平、西畴、富宁。生海拔900~1900m的林中。国家重点保护种。

花序大，花多而美丽，加之伞状的大树冠，通直的树干，是非常好的庭院观赏树和行道树。种子繁殖。

钟萼木　钟萼木科

Bretschneidera sinensis Hemsl.

落叶乔木，高20m。奇数羽状复叶，长80cm；小叶3~6对，对生，狭倒卵形，不对称，长9~20cm，宽3.5~8cm，叶背被短柔毛；叶柄长10~18cm。总状花序顶生，长20~30cm；轴密被锈色微柔毛；花梗长2~3cm；花萼钟形，长1.2~1.7cm，具不明显5齿，外面密被微柔毛；花瓣5，粉红色，着生于花萼筒上部；雄蕊5~9；子房3室，每室2胚珠。蒴果椭圆球形，木质，种子近球形。花期4~5月，果期8~9月。

产云南富宁、砚山、屏边、西畴、景东、元江。生海拔1000~1600m的山地林中。四川、贵州、湖南、广西、广东、福建、江西、浙江也有分布。国家重点保护植物。

花大而美丽，是很好的庭院观赏植物。

小叶青皮槭(变种)　槭树科

Acer cappadocicum Gleditsch var. *sinicum* Rehd.

落叶乔木，高9~20m，树皮灰色；冬芽椭圆形，鳞片覆叠；全株几无毛。单叶对生，纸质，卵形，长5~8cm，宽6~10cm，基部心形，常5裂，裂片短而宽，先端尾状锐尖，全缘，脉腋被丛毛，主脉5条，叶表面显著，背面突起，侧脉在背面微现；叶柄长10~20cm。花序伞房状；花杂性，雄花与两性花同株，黄绿色；小坚果压扁，小坚果与翅长2.5~3.5cm，张开成锐角。花期5~8月，果期9~10月。

产云南大姚、巧家、宾川、洱源、丽江、大理、维西、贡山、德钦。生海拔2000~3000m的干燥山坡、荒地旁。四川、湖北有分布。

翅果红色，叶秋天变黄，是很好看的庭园观赏树。种子繁殖。

丽江槭　　槭树科
Acer forrestii Diels

落叶乔木，高8～15m；树皮粗糙，全株无毛，幼枝紫红色，老枝深褐色。单叶对生，3浅裂，裂片三角状卵形，长7～12cm，宽5～9cm，边缘重锯齿，叶背面被白粉；柄长2.5～5cm。雌雄异株，总状花序，生小枝顶端，花黄绿色，雄花15～20朵，花梗3mm；雌花5～12朵，花梗6mm；萼片5，长圆状卵形；花瓣5，倒卵形；雄蕊8，在雌花中不育；花盘微裂，位于雄蕊内侧；子房紫红色，在雄花中不育，花柱无毛，柱头反卷。翅果幼时紫红色，成熟黄褐色；小坚果稍扁平。花期5月，果期9月。

产云南丽江、中甸。生海拔2 500～3 400m的疏林中。西藏、四川亦有。

成串的红色翅果垂挂枝头，十分美丽，果期可达3个月，入秋叶渐变紫红色，因而观果、观叶可达4个月久，是很难得的庭园观赏树种。种子繁殖。

密果槭　　槭树科
Acer kuomeii Fang et Fang.f.

落叶乔木，高6～10m，稀达30m；小枝圆柱形，紫褐色。单叶对生，无毛，近圆形，长9～11cm，宽12～13cm，5～7裂，裂片达叶中部，中央裂片与侧裂片长圆状披针形，基部裂片较小，裂片间凹缺成锐角，基部裂片心形或截形；叶柄长3～5(7)cm，紫红色。花杂性，雄花与两性花同株，多花组成圆锥花序，从有叶的枝顶生出，序轴无毛；萼片5，长约2mm；花瓣5，较萼片短；雄蕊8；两性花中子房发育，被长柔毛，柱头2裂，反卷。翅果多而密集，幼果紫红色或淡紫色，小坚果卵形，连翅长2.2～3cm，宽8～10mm，无毛，张开成钝角。花期5月，果熟期9～10月。

产云南西畴、麻栗坡、屏边。生海拔1 200～2 000m常绿阔叶林中。广西有分布。

树形美观，红色果序远观似簇团，红花亦很美观，供庭园种植或作行道树。

丽江槭 *Acer forrestii*

密果槭 *Acer kuomeii*

小叶青皮槭(变种)*Acer cappadocicum* var. *sinicum*

金沙槭　槭树科

Acer paxii Franch.

常绿乔木，高5~10m，树皮粗糙。单叶对生，叶革质，长圆状卵形，长7~11cm，宽4~6cm，顶部全缘或3裂，中裂片三角形，侧裂片短尖，叶背淡绿并被白粉，基生三出脉，叶柄3~5cm。花杂性，黄绿色，雄花与两性花同株；多花组成伞房花序；萼片5，黄绿色，披针形；花瓣5，白色，倒卵状披针形；雄蕊8，在雄花中较长，在两性花的较短，花丝无毛，花药黄色；花盘微裂；子房有白色绒毛，花柱长2mm，柱头2裂。翅果幼时黄绿色，后渐变淡紫色，小坚果卵圆形，翅长圆形，张开成钝角。

产云南西北部金沙江流域和禄劝、嵩明、巧家。生海拔1500~2500m的疏林中。四川亦有。

本种常绿，叶形特殊，有较高的观赏价值，可作行道树。

凹脉桃叶珊瑚　山茱萸科

Aucuba cavinervis C.Y.Wu ex Soong

常绿灌木或小乔木，高1~4m；小枝无毛，具显著叶痕。叶革质，对生，干时棕黄色，披针形至长圆状披针形，长8~14cm，宽2.5~5cm，边缘具齿，两面无毛，侧脉3~6对，弯拱上升，在边缘网结，网脉显著；叶柄长1~1.5cm，无毛；浆果椭圆形，鲜红色，果柄粗壮，长约1cm，果期2月。

产云南麻栗坡。生海拔1200m的杂木林中。

鲜红色的果非常美观，叶面亮绿色，株形亦美观，是很好的庭园观赏树种，宜植于荫湿地。种子繁殖。

鸡素子果　山茱萸科

Dendrobenthamia capitata (Wall.) Hutch.

常绿小乔木，高10~15m；幼枝密被柔毛。叶对生，革质，长圆状倒卵形，长7~12cm，宽2~3.5cm，中脉在叶面微凹，侧脉4对，内弯，柄长6~12mm。花小，无柄，多花组成头状花序；苞片4，白色或淡黄色，倒卵形，长3~4cm，宽2~3cm，顶端突；花萼管状，4裂，裂片近圆形，反卷；花瓣4，倒卵形，外凸，内凹；雄蕊4，花丝无毛；花药椭圆形，花盘垫状，4浅裂；子房下位；花柱圆柱形，柱头截形。果序扁球形，肉质，熟时紫红色。花期5~7月，果期7~10月。

云南各地有分布。生海拔1000~3200m的山坡疏林或灌丛中。浙江、湖北、湖南、广西、贵州、四川、西藏有分布。印度、尼泊尔、巴基斯坦均有。

夏日开白色或淡黄色的大花，秋时红果十分美观，供庭院栽培观赏。种子繁殖。

毛八角枫　八角枫科

Alangium kurzii Craib

落叶灌木或小乔木，高3~10m；小枝褐黄色，密生黄色绒毛。叶互生，纸质，卵形，长8~14cm，宽4~7cm，不对称，全缘或稀具齿，下面密生黄色丝状绒毛；基出脉3~5条；侧脉6~7；叶柄密生黄色柔毛。花5~9朵组成腋生的聚伞花序；总花梗和花梗均有黄色柔毛；花萼5~8裂，外面有黄色短柔毛；花瓣5~8，条形，白色，反卷，长1.5~2cm，外面密生黄色短柔毛；雄蕊6~8；柱头球形。核果矩圆形，熟后黑色，花萼宿存。花期5~6月，果期9月。

产云南富宁、屏边、金平、河口、元阳、景洪、景东。生海拔130~1400m的山坡、灌丛或疏林中。江苏、浙江、安徽、江西、湖南、贵州、广东、广西亦有。缅甸、越南、泰国、马来西亚、菲律宾有分布。

花形奇特美观，供观赏。种子繁殖。

珙桐　珙桐科

Davidia involucrata Baill.

落叶乔木，高15~20m，胸径达1m；树皮深灰褐色，具木栓质皮孔，呈不规则薄片脱落，冬芽大，锥形，芽鳞卵形。叶互生，宽卵形，长9~15cm，宽7~12cm，先端尾状尖，基部深心形，边缘有锯齿，幼时上面生长柔毛，下面密生淡黄色丝状粗毛，脉上尤密；柄长4~5cm。花杂性，由多数雄花和一朵两性花组成顶生的头状花序，花序下有两片白色大苞片，苞片纸质，矩圆形，长10~17cm，宽8~10cm，花紫红色；花序梗4~6cm；雄花有雄蕊1~7；两性花的子房下位，6~10室，顶端有退化花被和雄蕊，花柱6~10分枝。核果长卵形，紫绿色，

金沙槭 *Acer paxii*

毛八角枫 *Alangium kurzii*

鸡素子果 *Dendrobenthamia capitata*

凹脉桃叶珊瑚 Aucuba cavinervis

有黄色斑点，种子3~5。花期3~5月，果期10月。

　　产云南镇雄、彝良、绥江、大关、永善、昭通、威信。生海拔1 800~2 200m的山地林中。四川、湖北亦有。

　　花序奇特美丽、形如飞鸽，为著名的观赏树种。种子繁殖。

光叶珙桐(变种)　　珙桐科
Davidia involucrata Baill.var. *vilmoriniana* (Dode) Wanger.

　　光叶珙桐与珙桐的区别在于：叶背面无毛，或于幼时沿脉被极稀疏的短柔毛或丝状长毛，老时仅脉腋具簇毛。

　　产云南维西、贡山。生海拔1 800~3 000m的山谷沟边杂木林中。四川、贵州、湖北亦有。

珙桐*Davidia involucrata*

光叶珙桐(变种)*Davidia involucrata var. vilmoriniana*

白雪杜鹃 *Rhododendron aganniphum*

腺房杜鹃　　杜鹃花科
Rhododendron adenogynum Diels
　　常绿灌木，高约2.5m；幼枝被灰色绵毛，常混生腺体。叶革质，矩圆状披针形，长2~12cm，宽2~4cm，边缘多少反卷。叶面无毛，有细皱纹，下面密被绵毛，有一层细腺体，柄长1.2~2cm，有绒毛和腺体。顶生总状伞形花序，有花10~20朵，总轴约长1cm，花梗约长2cm，有绒毛和腺体；花萼大，长1.5cm，5深裂，几达基部，外被疏腺体，边缘具腺状睫毛；花冠宽漏斗形，长约4cm，有香气，淡蔷薇色至白色，有深红色点；雄蕊10，花丝基部被柔毛；子房密生短柄腺体，花柱近基疏生腺体，蒴果长约2cm，粗约7mm，有残余腺体。花期5~7月，果期10~11月。
　　产云南德钦、中甸、维西、丽江、宁蒗。生海拔3 400~4 650m的高山冷杉林下或杜鹃丛中。四川、西藏有分布。
　　杜鹃是世界名花，此种性喜冷凉气候和荫湿环境，故不宜植于强光下。种子繁殖。

白雪杜鹃　　杜鹃花科
Rhododendron aganniphum Balf.f.et Ward
　　灌木，高0.6~3.5m。叶革质，长圆状椭圆形或卵状披针形，长5~9cm，宽2~4cm，叶面无毛，微皱，中脉凹，侧脉10~12对，微凹，叶背灰白至淡黄肉色，毛被海绵状，具表膜，有时混生少数腺体；叶柄7~12mm。短总状伞形花序，有花10~20朵，总轴短，长约5mm，花梗长1~2cm，纤细；萼小，长1~1.5mm，5裂；花冠漏斗状钟形，长3~3.5cm，白色或淡粉红色，筒上方具多数紫红色斑点，裂片5，长1~1.4cm，宽1.5~1.8cm，先端微凹；雄蕊10，长1.5~2.5cm，花丝下部被白色微柔毛；雌蕊长2.5~2.8cm，子房圆锥形，花柱无毛。蒴果无毛。花期6~7月，果期10~11月。
　　产云南维西、中甸、德钦。生海拔(2 700) 3 300~4 200(4 500)m的冷杉林下、高山杜鹃灌丛中、砾石坡上。四川、西藏有分布。
　　白雪杜鹃是极优美的观赏品种，但需冷凉微阴的环境种植。种子繁殖。

滇西桃叶杜鹃(亚种)　　杜鹃花科
Rhododendro annae Franch. subsp.*laxiflorum*(Balf.f.et Forr.)T.L.Ming
　　灌木，高1.2~4m；幼枝疏生丛卷毛和多少具腺体。叶革质，倒披针形，长7~11cm，宽1.5~3cm，先端钝，叶面无毛，侧脉14对，背具细小红点；柄长1~2.5cm，无毛。总状花序伞形，有花7~10朵；总轴长1.5~2.5cm，粗壮，密生腺体和稀疏丛卷毛；花萼小，长1~2mm，5裂，外面和边缘具短柄腺体；花冠较大，杯状或宽钟形，长3.5~4cm，白色带淡蔷薇色，筒部无红色斑点，裂片5，长1~1.2cm，宽1~1.5cm，先端微凹；雄蕊10，长1~2cm，花丝无毛；雌蕊长2~2.5cm，子房密生腺体，有时混生柔毛，花柱通顶有腺体。蒴果圆柱形，长1.5~2.5cm。花期4~6月，果期8~10月。
　　产云南景东、凤庆、龙陵、腾冲。生海拔2 100~3 100m的常绿阔叶林或杂木林中。缅甸东北部有分布。
　　本种花大而多，花色艳丽，是极好的观赏花卉。

腺萼杜鹃 Rhododendron balfourianum

腺萼杜鹃 Rhododendron balfourianum

团花杜鹃　杜鹃花科

Rhododendron anthosphaerum Diels

常绿灌木或小乔木，高 1.5～9m。叶簇生枝顶，薄革质，矩圆状披针形，长 8～15cm，宽 2～4.5cm，边缘略呈波状，侧脉18～20对，叶背具细小乳突体，散生红色小点；叶柄长 1～2cm。总状花序伞形，有花8～15 朵，密集成团，总轴长约 1cm，被红棕色丛卷毛；花梗长近 1.5cm，疏生微柔毛；花萼长 1～1.5mm，波状 6～7 裂；花冠筒状钟形，蔷薇色至深红色，长 3.5～5cm，宽4～5cm，里面基部具紫黑色斑，筒部上方具深红色斑点，裂片 6～7；雄蕊 10～14，长2～3cm，花丝基部有时被微柔毛。果狭圆柱形。花期 4～5 月，果期 8～11 月。

产云南腾冲、泸水、漾濞、大理、鹤庆、丽江、维西、中甸、德钦、贡山。生海拔2 000～3 500m 的山坡灌丛、阔叶林或针阔叶混交林中。四川、西藏有分布。缅甸也有。

花大而多，色艳丽，是布置庭院的上品。

毛肋杜鹃　杜鹃花科

Rhododendron augustinii Hemsl.

常绿灌木，高 1～2m；幼枝被柔毛和鳞片。叶散生，近革质，披针形或宽倒卵形，长 4～6cm，宽 1.3～2.2cm，先端尖至渐尖，有短尖头，基部楔形，叶面初被鳞片和短柔毛，背面被鳞片，中脉密被长柔毛；柄长0.3～0.7cm，被长柔毛。伞形花序顶生，通常有花 3 朵，花紫蓝色或丁香紫色，上方有黄绿色点；花梗长 1～2cm，被鳞片；花冠漏斗状，长 2.6～4cm，淡紫色或白色，裂

片 5，开展，先端钝尖；雄蕊 10，不等长，花丝基部被微柔毛；子房圆锥形，长 0.5cm，被鳞片和柔毛，花柱无毛。蒴果圆柱形，长1.2～2cm，直径 0.3～0.4cm，密被鳞片，熟时 5 瓣裂；种子细小，多数。花期 4～5 月，果期 8～10 月。

产云南禄劝、丽江、贡山、维西、德钦。生海拔 1 800～2 800m 的山坡灌丛或林缘。四川有分布。

在野外常见于在有光照的地方生长，适于庭园开阔地种植。

腺萼杜鹃　杜鹃花科

Rhododendron balfourianum Diels

灌木，高 1～2.5m，幼枝疏生红色腺体。叶革质，卵状披针形或长圆状椭圆形，长5～8.5cm，宽 2～4cm，边缘软骨质，侧脉12对，叶面微凹，无毛，背淡棕色，毛被薄，具表膜，多少粘结；柄长 1.5～2cm，疏生腺体。总状伞形花序，有花 4～6 朵；轴长6mm，具腺体；花梗长 1.5～2.5cm，密生短柄腺体；萼大，长 5～10mm，不等 5 裂，裂片卵形，外疏生短柄腺体，边缘密生腺状缘毛；花冠钟形，长 3.5～4cm，粉红色，筒上方具多数深红色斑点，裂片 5，长约 1.5cm，先端凹；雄蕊 10，不等长，2～3cm，花丝基部被白色微柔毛；雌蕊长 3.3～3.8cm，子房圆锥形，长 6mm，密生腺体，花柱下部具腺体。蒴果圆柱形，长 1～2cm。花期 5～6 月。

产云南大理（苍山）。生海拔 3 300～3 900m 的冷杉林或高山杜鹃灌丛中。

供庭院观赏。种子繁殖。

腺房杜鹃 Rhododendron adenogynum

毛肋杜鹃 Rhododendron augustinii

团花杜鹃 Rhododendron anthosphaerum

滇西桃叶杜鹃(亚种)Rhododendron annae subsp.laxiflorum

马缨花 *Rhododendron delavayi*

马缨花 *Rhododendron delavayi*

生腺体；花萼较发达，杯状，外面和波状边缘疏生腺体；花冠漏斗状钟形，白色或带蔷薇色，有时有淡绿色或粉红色斑点，花冠筒长 3 ~ 5cm，里面基部有毛，裂片 7 ~ 8，近圆形，有微缺；雄蕊 2 ~ 16；子房密生腺体，花柱绿色，全部有白色或淡黄色腺体。蒴果矩圆形，具腺体。花期 4 ~ 7 月，果期 10 ~ 11 月。

产云南中部、西部至西北部和东南部。生海拔(1 000)1 800 ~ 3 300m 的林下灌丛中。西藏、四川、贵州有分布。

花可作蔬菜吃。花大而多，素雅而美丽。适应性广，是亚热带地区很好的观赏花卉。种子繁殖。

马缨花   杜鹃花科
Rhododendron delavayi Franch.

常绿灌木至小乔木，高达12m，幼枝被灰白色绵毛。叶革质，簇生枝顶，矩圆状披针形，长 8 ~ 15cm，宽 2.5 ~ 3cm，叶面无毛，无皱，背面被灰白色或淡棕色海绵状薄毡毛；侧脉 14 ~ 18 对；柄长 1 ~ 2cm。顶生伞形花序紧密，有花 10 ~ 20 朵，有毛；苞片厚，椭圆形，有短尖头；花梗长约 1cm，有红棕色密毛；花萼小，长约 2mm，5 齿裂，有绒毛和腺体；花冠钟状，深红色，长 4 ~ 5cm，肉质，基部有 5 个暗红色蜜腺囊；雄蕊 10，花丝无毛；子房密生红棕色绒毛，花柱红色无毛。蒴果圆柱形，被棕色绒毛。花期 3 ~ 5 月，果期 9 ~ 11 月。

云南全省广布。生海拔 200 ~ 3 100m 的灌丛中或云南松林下。贵州有分布。越南、泰国、缅甸、印度也有。

马缨花是杜鹃中的名花，可供庭园布景，也可盆栽。种子繁殖。

昆明杜鹃   杜鹃花科
Rhododendron duclouxii Levl.

常绿小灌木，高 0.3 ~ 1m；幼枝密被灰白色短柔毛和长刚毛。单叶，多散生于枝端，叶狭长圆形，长 3 ~ 4cm，宽 1 ~ 1.7cm，

宽钟杜鹃   杜鹃花科
Rhododendron beesianum Diels

常绿灌木或小乔木，高 1.5 ~ 9m，小枝被白色微柔毛，有时有丛卷毛。叶革质，矩圆状披针形或倒披针形，长 9 ~ 30cm，宽 2.6 ~ 8.3cm，叶面无毛，微皱，背面被薄淡肉桂色细毛，侧脉 16 ~ 25 对；柄长 1.3 ~ 3cm，无毛。顶生总状伞形花序，有花 10 ~ 25 朵，总轴长 0.5 ~ 3cm，有微毛；花梗长 1.4 ~ 2.9cm，多少有毛；花萼极短，5 裂，无毛；花冠宽钟状，长 3.5 ~ 5cm，白色或蔷薇色，内有少数深红色斑点；雄蕊 10，花丝基部有微毛；子房密生棕色毛，花柱无毛。蒴果圆柱形，被绒毛。花期 5 ~ 6 月，果期 10 ~ 11 月。

产云南丽江、鹤庆、维西、福贡、碧江、中甸、德钦。生海拔 3 200 ~ 4 500m 的针阔叶混交林或针叶林下或杜鹃林中。四川、西藏有分布。缅甸亦有。

花大而美观，是极好的庭园观赏花卉。但适种植于有适当荫蔽的环境中。种子繁殖。

大白花杜鹃   杜鹃花科
Rhododendron decorum Franch.

常绿灌木，高约 5m；幼枝绿色，初被白粉。叶簇生枝顶，厚革质，矩卵状椭圆形，长 5 ~ 15cm，宽 3 ~ 5cm，两端钝圆，顶端有短凸尖，无毛，上面有密网纹，侧脉 12 ~ 14 对，叶柄长 0.5 ~ 3cm，无毛。顶生总状伞形花序，直径 20cm，有花 8 ~ 10 朵，总轴长约 3cm，有腺体；花梗长 3 ~ 3.5cm，疏

叶面疏生柔毛有时并具短刚毛，背面被灰白色柔毛和鳞片，边缘反卷。花4~6朵聚生于枝条顶端叶腋，花梗长6~10mm，密被短柔毛；萼浅杯状，外面密被鳞片和密被短柔毛；花冠筒状钟形，筒长1.4~1.8cm，玫瑰红色，在花冠筒基部近白色，向花冠上部色渐变深而呈桃红色或粉红色，裂片5，长圆形；雄蕊10，花药黑色，花丝基部被白色短柔毛；花柱比雄蕊长。蒴果长方状椭圆形，被毛。花期2~4月，果期10~11月。

产云南昆明郊区、禄丰、大理。生海拔1780~2200m的松林林缘或山谷疏林下。

本种体形、花形和花色介于碎米杜鹃和爆仗杜鹃之间，是一个自然杂交种，花色很美，植株大小宜于盆栽或花坛种植，是一种很有发展前途的观赏花卉。

大喇叭杜鹃　杜鹃花科

Rhododendron excellens Hemsl. et Wils

常绿灌木，高1.5~3.3m，幼枝密生暗锈黄色鳞片。叶大、革质，矩圆状椭圆形，长9~11cm，宽3~8cm，顶端钝尖，基部有时凹入微耳状，背面呈灰白色，有颇密的

大喇叭杜鹃 *Rhododendron excellens*

宽钟杜鹃 *Rhododendron beesianum*

大白花杜鹃 *Rhododendron decorum*

鳞片、表面有密乳头状突起；叶柄圆柱形，长2.5~4cm，密被鳞片。顶生伞形花序，有花3~4朵，花梗长约2cm，密被鳞片；花萼圆卵形，无鳞片；花冠白色，漏斗状，外面被鳞片，筒部长约8cm，5裂，裂片长约2.5cm；雄蕊10~15，短于花冠筒，花丝下部被密毛；子房5室，密生淡红色鳞片，花柱下部有鳞片，柱头偏球形。蒴果圆柱形，果爿龙骨状突起，花萼宿存。花期5月。

产云南绿春、元江、屏边、蒙自、金平、文山、马关、广南、西畴、麻栗坡。生海拔1100~2450m的林中。贵州也有。

可供亚热带地区庭院栽培观赏，需微荫湿的环境。种子繁殖。

绵毛房杜鹃　杜鹃花科

Rhododendron facetum Balf.f. et Ward

灌木或小乔木，高2~9m；幼枝被星状毛。叶革质，长圆状椭圆形或倒披针形，长10~20cm，宽4~7.5cm，先端具凸尖头，基部圆形；侧脉15~17对；叶背具细小红点，柄长2~3cm，疏生星状毛。总状伞形花序，有花10~15朵，总轴长1.5~3.5cm，被灰色柔毛；花梗长1~1.5cm，被星状毛或混生少数腺体；花萼杯状，肉质，红色，5裂，外被星状毛或混生腺体，边缘具腺体；花冠筒状钟形，长4~4.5cm，肉质，鲜红色，里面基部具5个暗紫色蜜腺囊，裂片5，先端凹；雄蕊长2.5~3.7cm，花丝下半部被微柔毛；雌蕊长3.5~4.5cm，子房密被星状绒毛，花柱被星状毛。果被星状毛。花期5~6月，

绵毛房杜鹃 *Rhododendron facetum*

果期10~11月。

产云南宾川、大理、漾濞、云龙、永平、腾冲、泸水、兰坪、碧江、福贡、景东。生海拔2100~3300m的常绿针阔叶混交林内。缅甸也有。

花大，鲜红色，极为美丽，是布置园林的上品，但需微荫湿的环境。种子繁殖。

昆明杜鹃 *Rhododendron duclouxii*

灰背杜鹃 *Rhododendron hippophaeoides*

乳黄杜鹃 *Rhododendron lacteum*

灰背杜鹃　杜鹃花科

Rhododendron hippophaeoides Balf.f. et W.W.Smith

常绿矮灌木，高约1.5m，幼枝密生棕黄色鳞片。叶沿幼枝散生，无毛，矩圆形至椭圆形，长1.5~3cm，宽0.7~1cm，上面灰绿，具淡色鳞片；柄长3~5mm，被淡色鳞片。顶生伞形花序紧密，有花4~8朵；花梗长3~4mm，被鳞片；花萼裂片大小不等，密生鳞片，顶端边缘有流苏状疏长毛；花冠颜色多变，从紫丁香色、紫色到蔷薇粉红色，花冠筒短钟状长4~6.5mm，无鳞片，喉部有柔毛，裂片5，圆形；雄蕊10，长4~10mm；子房有鳞片。蒴果卵状矩圆形，有鳞片。花萼宿存。花期5~6月。

产云南丽江、大理、永胜、德钦、中甸。生海拔2650~4200m的林内湿草地。四川有分布。

供花坛种植或盆栽，亦可作绿篱。种子繁殖。

露珠杜鹃　杜鹃花科

Rhododendron irroratum Franch.

常绿灌木或小乔木，高1~9m；幼枝有薄绒毛和短柄的腺体。叶革质，散生，披针形或狭椭圆形，长5~12cm，宽1.5~3cm，顶端锐尖，基部楔形，边缘多少呈浅波状；侧脉12~16对，叶背具腺体脱落后的红色小点；柄长1.5~2cm，具丛卷毛的腺体。顶生总状伞形花序，有花10~15朵，总轴长

1.5~3cm，疏生红色腺体，花梗长1.5~2.5cm，密生腺体；花萼小，5裂，密生腺体，花冠筒状钟形，长3~5cm，乳黄色或白色、带粉红色或淡蔷薇色，筒部上方具红色或淡绿色小点，5裂；雄蕊10，花丝基部有细柔毛；子房5~10室，有密腺体。蒴果长圆柱形。花期3~5月，果期9~11月。

产云南昆明、嵩明、武定、寻甸、富民、禄劝、禄丰、罗茨、漾濞、丽江、永平、巍山、鹤庆、凤庆、宾川、镇康、大姚、临沧、景东、元江。生海拔1800~3600m的常绿阔叶林、杂木林或松林中。四川亦有。

露珠杜鹃花大而多，色多变，株形美观。适应性广，是一种很有发展前途的观赏树种。

乳黄杜鹃　杜鹃花科

Rhododendron lacteum Franch.

常绿小乔木或灌木，高近10m，枝条被灰白色丛卷毛，具叶痕。叶厚革质，簇生枝顶，椭圆状矩圆形，长8~15cm，宽4~7cm，叶背密生淡黄褐色细绒毛，毛簇生于短柄上，侧脉14~18对，长1.5cm，疏被灰白色丛卷毛，上面有浅纵沟。总状伞形花序顶生，多花，密集，有花20~30朵，总轴短；花梗长1.2~1.5cm，有绒毛；花萼小，5裂，边缘呈波状；花冠宽钟状，硫磺色，5裂，冠筒里面有微红色点；雄蕊长1.5~3.5cm；雌蕊长约3cm；子房有白绒毛，花柱绿色，无毛。蒴果圆柱形，10室，有绒毛。花期4~5月，果期10月。

产云南大理、漾濞、碧江、巧家、禄劝。生海拔3000~4050m的杜鹃冷杉林中。

花大而美观，供庭园观赏。

线萼杜鹃　杜鹃花科

Rhododendron linearilobum Balf.f. et Forrest

常绿灌木，高约1m；幼枝密被锈黄色绵毛，毛被下疏生小而不明显的鳞片。叶狭长圆状倒卵形，长4~7.5cm，宽1.5~2.5cm，沿中脉被绵毛，背面密被褐色鳞片；柄长0.6~1.8cm，密被锈黄色绵毛，毛被覆盖有小鳞片。顶生伞形花序，有花2~4朵，花梗长0.6~1.5cm，被鳞片和微柔毛或疏被锈黄色绵毛；萼5裂至基部，裂片带粉红色，线形，长6~12mm，宽2~3mm，边缘密生锈黄色长纤毛，后脱落，外面疏生鳞片，至基部较密；花白色或乳白色，漏斗状，长4cm，花冠管长2cm，花冠基部被微柔毛；雄蕊10，花丝基部被微柔毛；子房5室，外密被鳞片，花柱伸出花冠外，基部有少数鳞

片和短柔毛。蒴果圆柱体形，具宿存萼。花期3月，果期10~11月。

产云南屏边、西畴。生海拔1800~2200m石灰岩山坡。

可供庭院岩石园、假山四周布景用。

亮毛杜鹃　杜鹃花科

Rhododendron microphyton Franch.
常绿直立灌木，高0.5~2m；分枝稠密，幼枝密生扁平红棕色糙伏毛。叶革质，椭圆状披针形，长1~4.5cm，宽0.6~2cm，顶端急尖，基部楔形，两面疏生平伏长刚毛，有散生的红棕色扁平伏毛；叶柄长2~4mm，密生棕色糙伏毛。花序顶生，有花3~6朵，有时顶生花序的侧面常有1~2花序生出；花梗长3~6mm，有光亮的棕栗色毛；花萼5裂，裂片披针形，长1~4mm；花冠漏斗状，直径1.2~2cm，蔷薇色至近白色而带粉红色，上方3裂片有深红色点，花冠筒长8~10mm，裂片开展；雄蕊5，花丝下半部被微柔毛；子房与幼枝被同样的毛。蒴果卵形密生红褐色糙伏毛，有宿存长花柱。花期3~5月，有时10~11月二次开花。

产云南昆明、富民、禄丰、禄劝、腾冲、下关、大理、祥云、大姚、景东、砚山、西畴。生海拔1000~3000m的疏灌丛岩石上。贵州、四川有分布。

亮毛杜鹃分枝稠密，花期花多而繁茂，盖满整个枝头，花色也很美观，耐干旱，是很好的庭园观赏花卉。

线萼杜鹃 *Rhododendron linearilobum*

丝线吊芙蓉 *Rhododendron moulmainense*

丝线吊芙蓉　杜鹃花科

Rhododendron moulmainense Hook.f.
常绿灌木或小乔木，高2~3m或8~25m；全株无鳞、无毛。叶散生或上部较密，近轮生、薄革质、长圆状披针形，长7~21cm，宽2.5~7.5cm，侧脉11对，柄长1~2cm。花序1~3个生枝顶或叶腋，每花序有花2~4朵，花芽鳞早落；花梗长1~2.7cm；萼小，长1mm，裂片5，三角形；花冠白色或带粉红色，内基部有一黄斑，芳香，漏斗状，长3~6cm；雄蕊10；子房6室，长7mm。蒴果，果爿肋状凸出，顶端呈喙状。花期2~4月。

产云南泸水、腾冲、龙陵、大理、凤庆、景东、临沧、沧源、思茅、勐海、新平、金平、屏边、文山、马关、麻栗坡、富宁、广南、西畴。生海拔500~2700m的常绿阔叶林或山坡灌丛。贵州、湖南、广西、广东、海南、福建有分布。越南、缅甸、泰国、马来半岛也有。

花大，洁白素雅，树姿优美，叶绿而发亮，是极好的庭院观赏树种，加之适应性广，可供亚热带地区不同海拔城市园林引种栽培。种子繁殖。

露珠杜鹃 *Rhododendron irroratum*

亮毛杜鹃 *Rhododendron microphyton*

山生杜鹃　　杜鹃花科

Rhododendron oreotrephes W.W. Smith

常绿灌木，高1~3m；小枝疏被鳞片。叶革质，宽椭圆形至长圆状椭圆形，长3~6cm，宽2~3cm，先端圆至钝，有小凸头，基部圆形或浅心形，叶面被鳞或无鳞，下面密被等大的鳞片；柄长8~12mm，被鳞片。顶生总状伞形花序，有花5~8朵，总轴长2~5mm，花梗长0.5~2cm，疏被鳞片；花萼小，波状5裂或近于杯状，被鳞片；花冠淡紫色、淡红色或深紫色，宽漏斗状，长1.8~3cm，裂片5，近圆卵形；雄蕊10，不等长，花丝基部被柔毛；子房5室，被鳞片。蒴果长卵形，被鳞片。花期5~7月。

产云南丽江、中甸、德钦、维西、泸水、镇雄。生海拔2 500~3 700m的高山针叶林林缘、杜鹃灌丛或针阔叶混交林内。西藏、四川有分布。缅甸也有。

花大而色泽艳丽，株形美观，是很好的庭园观赏树种。

粗柄杜鹃　　杜鹃花科

Rhododendron pachypodum Balf.f. et W.W.Smith

常绿灌木，高1~2m，幼枝密被褐色鳞片。叶硬革质，椭圆状至椭圆状披针形，长3.9~9cm，宽1.3~3.3cm，幼时上面有颇密的鳞片和睫毛，下面灰白色，有颇密的金黄色鳞片；叶柄长5~10mm，密被鳞片。顶生花序，有花2~4朵伞形着生，通常3朵，花梗长约1cm，密被鳞片；花萼不明显，5浅裂；花冠白色，花瓣外面带红色晕，内有一瓣带黄色斑块，宽漏斗状，筒部长约2.5cm，外面密被鳞片，向基部有柔毛，裂片5，也有鳞；雄蕊10，花丝下半部有密毛；子房下半部有密鳞片。蒴果矩圆形。花期4~5月，滇东南3月开花。

产云南大理、漾濞、楚雄、富民、腾冲、临沧、元江、思茅、蒙自、屏边、金平、砚山、文山、西畴、广南、麻栗坡。生海拔1 200~3 500m的山坡灌丛或杂木林下、石山阳坡。

观赏性能与丝线吊芙蓉基本相同。

腋花杜鹃　　杜鹃花科

Rhododendron racemosum Franch.

常绿灌木，高0.9~2m，幼枝被黑褐色腺鳞。叶革质，散生，揉之有香味，矩圆状椭圆形，长1.5~4cm，宽8~18mm，边缘反卷，下面灰白色，密生鳞片；柄长2~4mm，被鳞片。花序腋生枝顶，花芽鳞多数覆瓦状排列，宿存；每花序有花2~3朵，花梗长0.5~1.5cm，有鳞片；花萼小，5浅裂，有鳞片；花冠小，漏斗状，粉红色或粉红带淡紫色，裂片5，开展，外面疏生鳞片；雄蕊10，伸出花冠外，花丝基部有柔毛；子房5室，密生鳞片，花柱长过雄蕊，无毛。蒴果椭圆形，疏生腺状鳞片。花期3~5月。

腋花杜鹃 *Rhododendron racemosum*

红棕杜鹃 *Rhododendron rubiginosum*

金黄杜鹃(变种)*Rhododendron rupicola* var.chryseum

腋花杜鹃 *Rhododendron racemosum*

红棕杜鹃 *Rhododendron rubiginosum*

金黄杜鹃(变种)*Rhododendron rupicola* var.chryseum

山生杜鹃 *Rhododendron oreotrephes*

粗柄杜鹃 *Rhododendron pachypodum*

多色杜鹃 *Rhododendron rupicola*

产云南中甸、维西、丽江、鹤庆、剑川、洱源、大理、漾濞、永平、云龙、大姚、禄劝、富民、沾益、宣威、巧家、镇雄、彝良等地。生海拔 1 900 ~ 3 500m 的云南松林下、松栎林下或灌丛中。四川、贵州亦有。

花期繁花似锦，在庭院中成片种植甚为美观，亦可盆栽，加之本种适应性强，是很好的观赏花卉。种子繁殖。

红棕杜鹃　杜鹃花科

Rhododendron rubiginosum Franch.

常绿灌木或小乔木，高达 10m，幼枝有鳞片。叶革质、集生枝顶，椭圆形或椭圆状披针形，长 4 ~ 8cm，宽 1.3 ~ 3.5cm，上面密被鳞片，后渐疏，下面密生锈棕色覆瓦状鳞片，通常腺体状；柄长 0.5 ~ 1.2cm，有鳞片。顶生总状花序，花序轴缩短成伞形花序，有花 4 ~ 8 朵；花梗长 1 ~ 2.5cm，密生鳞片；花萼极短，边缘波状浅 5 裂，密覆鳞片；花冠漏斗状，长 2.5 ~ 3.5cm，花色多变，淡紫色、紫红色、玫瑰红色、蔷薇色带丁香紫色、粉红色，内有紫红色斑点，外面被疏散鳞片；雄蕊 10，略伸出，花丝下部有柔毛；子房 5 室，密生鳞片，花柱无毛。蒴果长圆形，有鳞片。花期 3 ~ 6 月，果期 7 ~ 8 月。

产云南大姚、宾川、丽江、大理、漾濞、碧江、永胜、维西、凤庆。生海拔 2 500 ~ 4 200m 的冷杉林、杂木林或灌丛中。四川有分布。

用途和其他杜鹃同。

多色杜鹃　杜鹃花科

Rhododendron rupicola W.W.Smith

常绿矮生灌木，高 0.3 ~ 1.2m；幼枝密被褐色鳞片。叶革质，密生枝顶，倒卵状椭圆形，长 6.5 ~ 21mm，宽 3 ~ 12.5mm，先端圆，基部楔形，边缘稍外弯，无毛，两面均有鳞片，暗褐色或金黄色鳞片重叠混生；柄长 1 ~ 4.5mm，密生鳞片。伞形花序顶生，有花 6 朵；花梗长 3 ~ 5mm，有密鳞片；花萼长 2.5 ~ 6mm，裂片圆形，淡红色，背面有鳞片，边缘有软睫毛；花冠深紫色或深血红色或洋红色，稀白色，宽漏斗状，长 1.0 ~ 1.4cm，外面无毛，喉部有白柔毛；雄蕊 5 ~ 10 枚；子房长 2 ~ 3mm，柱头盘状。蒴果宽卵形，有鳞片及宿存萼。花期 5 ~ 7 月。

产云南丽江、维西、贡山、中甸、德钦、宁蒗、剑川、碧江。生海拔 2 800 ~ 4 200m 的冷杉林边，山坡杜鹃灌丛或高山草坡湿地灌丛中。四川、西藏有分布。缅甸也有。

可供冷凉的城市成片种植，花极为美观，亦可作盆景栽培。种子繁殖。

金黄杜鹃(变种)　杜鹃花科

Rhododendron rupicola W.W.Smith var.*chryseum*(Balf.f. et Ward)Philipson et Philipson

与原变种的区别仅在于花冠金黄色并微具香味。

产云南贡山、德钦、中甸、维西、丽江。生海拔 3 200 ~ 4 200m 的冷杉林缘、杜鹃灌丛中或石坡上。西藏、四川有分布。缅甸也有。

本变种具金黄色的花冠，较矮的植株和优美的株形，是杜鹃中的名品。供花坛布景和盆栽，亦可连片种植。

锈叶杜鹃 *Rhododendron siderophyllum*

毛枝多变杜鹃(变种)*Rhododendron selense var. dasycladum*

乌蒙杜鹃 *Rhododendron sphaeroblastum var.wumengese*

毛枝多变杜鹃(变种) 杜鹃花科

Rhododendron selense Franch. var. *dasycladum*(Balf.f. et W.W.Smith) T.L.Ming

常绿灌木,高0.6~3m,小枝和叶柄密被腺头刚毛,老时渐脱落。单叶互生,薄革质,幼叶背面被纱状薄毛,后渐脱落;叶长圆状椭圆形,长4~7cm,宽1.5~3.5cm,先端圆钝,具凸尖头,基部圆钝或近心形;叶柄长1~2cm。伞形花序或短总状花序,有花4~8朵;总轴短;花梗长1~2cm,具腺体;花萼小,先端5裂,裂片外面和边缘具腺体;花冠漏斗状钟形,长2.5~4cm,粉红色至蔷薇色,有时具紫色小点,裂片5,先端圆或微凹入;雄蕊10,不等长;子房密生腺体。蒴果狭圆柱形,具腺体。花期5~6月,果期9~10月。

产云南中甸、德钦、贡山、维西。生海拔2500~4300m的冷杉林下或灌丛中。西藏也有。

本变种花色美观,植株枝叶繁茂,是很好的庭园观赏树种。

锈叶杜鹃 杜鹃花科

Rhododendron siderophyllum Franch.

常绿灌木,高1.2~3m,分枝稀疏,小枝被褐色鳞片。叶散生,椭圆状披针形,长3~6cm,宽1~2cm,上面密被下陷的小鳞片,下面密生锈黄色鳞片;柄长0.5~1.5cm,密被鳞片。花序顶生或顶生和腋生于枝顶叶腋,短总状,每花序有花3~5朵;花梗长1.5~2cm,疏生鳞片;花萼退化,边缘呈波状,有密鳞片;花冠钟状,白色至蔷薇色,5裂,花冠筒内上方有黄绿色、暗红色、杏黄色斑点,长1.6~3cm,外面无鳞片,或花冠裂片上疏生鳞片;雄蕊10,伸出花冠;子房5室,密生鳞片,花柱无毛。蒴果长矩圆形,有鳞片。花期3~6月。

产云南大理、马龙、昆明、寻甸、禄劝、武定、易门、富民、元江、新平、绿春、砚山、广南、镇雄。生海拔2100~2600m的疏林中。四川、贵州有分布。适于亚热带地区庭园种植。

乌蒙杜鹃 杜鹃花科

Rhododendron sphaeroblastum Balf.f. et Forrest var.*wumengese* K.M.Feng

灌木,高1~3m;幼枝紫红色,无毛。

叶革质,阔椭圆形或卵状椭圆形,长7.5~15cm,宽4~6.5cm,先端圆钝,具凸尖头,基部圆至心形,叶面微皱,中脉被毛,侧脉12~14对,叶背毛被较薄,被肉桂色至锈红色绒毛;柄长1.5~2cm。总状伞形花序,有花10~12朵;总轴长约1.5cm;花梗长1.5~2cm;花萼小,长1~1.5mm,裂片5,三角形;花冠漏斗状钟形,长3.5~4cm,白色至淡蔷薇色,筒上方具多数深红色斑点,裂片5,长1.5~1.8cm,宽1.8~2cm;雄蕊10,长1~2.3cm,花丝基部被白色微柔毛;子房圆柱形,长约5mm,花柱无毛。蒴果长圆形,长2cm,粗7mm。花期4~6月。

产云南禄劝。生海拔3650~4500m的混交林或杜鹃灌丛中。四川也有。

树冠圆球形,枝叶茂密,花大而美观,供庭园观赏。

碎米杜鹃 杜鹃花科

Rhododendron spiciferum Franch.

常绿小灌木,高0.6~2m;枝条细瘦,有开展的灰白色短柔毛和长刚毛,芽鳞早落。叶散生,厚纸质,狭长圆形或长圆状披针形,长2.5~3.5cm,宽约1cm,边缘反卷,被疏刚毛和柔毛,叶背密生灰白色软柔毛和疏的金黄色腺鳞;柄长2~3cm,有柔毛。花腋生于枝条顶部,花序多个生枝条顶端叶腋，花芽鳞在花期宿存，有金黄色小腺鳞和柔毛；每花序有花3~4朵，花粉红色，花梗长4~7mm；花萼5裂，裂片外面有密被灰白色短柔毛、疏生鳞片、边缘密生睫毛；花冠漏斗状，5裂，外面有淡黄色腺鳞；雄蕊10，花丝基部被短柔毛；子房密生柔毛和腺鳞，花柱向基部有毛。蒴果有腺鳞和短毛。花期2~5月。

产云南双柏、昆明、寻甸、玉溪、禄劝、师宗、广南、砚山、江川、大理、祥云。生海拔800~1880m的山坡灌丛中。贵州也有。

本种较耐干旱、耐光照，适于庭院开阔地种植。种子繁殖。

爆仗花　杜鹃花科
Rhododendron spinuliferum Franch.
常绿灌木，高0.5~3.5m；幼枝被灰色柔毛和刚毛，渐脱落。叶散生，坚纸质，倒卵形或椭圆状披针形，长3~10.5cm，宽1.8~3.8cm，顶端具短尖头，叶面有皱纹，背密被灰白色柔毛和鳞片，边缘有短刚毛；柄长3~6mm，着生柔毛、刚毛和鳞片。花序伞形生于枝顶叶腋，成假顶生，有花2~4朵，花梗长0.2~1.2cm；花萼浅杯状；花冠筒状，朱红色、鲜红色或橙红色，长1.4~2.5cm，裂片5，卵形，直立；雄蕊10，伸出，花丝无毛，花药黑色；子房5室，密被茸毛并覆有鳞片，花柱比雄蕊长，基部有柔毛。蒴果长圆形，有密绵毛和鳞片，花柱宿存。花期2~6月。

产云南大理、双柏、易门、禄丰、武定、富民、嵩明、昆明、路南、禄劝、寻甸、玉溪、建水、通海、盐津、景东、巧家、腾冲。生海拔700~2500m的油杉林、栎林下或山谷灌丛中。四川有分布。

花冠奇特、花色美丽，供观赏。为半喜阴类型。

草原杜鹃　杜鹃花科
Rhododendron telmateium Balf.f. & W.W.Smith
矮小灌木，高1m；多分枝，密集成垫状，当年生枝密被褐色鳞片。叶沿小枝散生或聚生枝顶；叶片小，狭椭圆形或披针形，长3~14mm，宽1.5~6.5mm，先端具硬小短尖头，边缘浅波状，上面暗灰绿色被淡金黄色鳞片，下面密被淡金黄褐色至淡橙色或红褐色重叠的二色鳞片；柄长0.3~3mm，密被鳞片。花序1~3花，花梗长0.5~2mm，有鳞片；花萼长0.5~3mm，裂片三角形，有淡色鳞片，边缘具鳞片和长睫毛；花冠淡紫色或玫瑰粉红色，宽漏斗状，喉部有短柔毛，冠筒2~4mm，裂片长4~10mm，外面被疏至密淡色鳞片；雄蕊8~11枚，下部有短柔毛；子房有淡色鳞片或基部有一狭的短柔毛带。蒴果卵形，具鳞片及宿萼。花期5~7月。

产云南德钦、中甸、丽江、宁蒗、剑川、大理。生海拔(2700)3200~3800(5000)m的林缘、杜鹃灌丛、岩石坡上。四川也有。

供高原城市庭园开阔地连片种植观赏或盆栽。

爆仗花 *Rhododendron spinuliferum*

碎米杜鹃 *Rhododendron spiciferum*

草原杜鹃 *Rhododendron telmateium*

川滇杜鹃 Rhododendron traillianum

毛叶滇南杜鹃 Rhododendron tutcherae

亮叶杜鹃 Rhododendron vernicosum

黄杯杜鹃 Rhododendron wardii

川滇杜鹃　杜鹃花科

Rhododendron traillianum Forrest et W.W.Smith

常绿灌木或小乔木，高1～10m；幼枝有灰色或淡黄色丛卷毛。叶6～10片簇生枝顶，革质，矩圆状披针形，长6.5～10cm，宽3.5～4.5cm，上面有细皱纹，下面密生灰色至黄色微绒毛；侧脉12～14对；柄长1.5～2cm，疏生灰白色至灰褐色丛卷毛。顶生总状伞形花序，有花10～15朵，总轴长5～10mm，被绒毛；花梗长1～1.6cm，有疏生丛卷毛；花萼浅杯状，5裂，有细睫毛；花冠漏斗状钟形，长约3.5cm，白色或带蔷薇色，有红色斑点，5裂；雄蕊10，花丝基部有毛；子房下部生棕色丛卷毛。蒴果圆柱形。花期5～6月。

产云南丽江、维西、中甸、德钦。生海拔2 600～4 100m的冷杉杜鹃林中。四川也有。

球形而素雅的大花序，花枝繁茂，加之亮绿色的叶片，实为上好的园林观赏树种。

毛叶滇南杜鹃　杜鹃花科

Rhododendron tutcherae Hemsl.& Wils.

常绿乔木，高5～18m，全株不被鳞片；幼枝被刚毛。叶革质或薄革质，聚生幼枝顶似轮生，披针形至长圆状披针形，长9～15cm，宽2～4cm，叶背被短刚毛，在中脉较密，侧脉纤细；柄长0.5～1.2cm，被开展的刚毛。花序2～3个生枝顶叶腋，每序2～4花，花芽鳞早落；花梗长1.5～2.5cm，密被褐色开展的粗毛或全无毛；萼小，有5个小的圆裂片；花冠淡紫色，漏斗状，长3～4.5cm，花冠筒比花冠裂片短，裂片倒卵形，开展；雄蕊10，不等长，比花冠短，花丝上部密被短柔毛，基部无毛；子房6室，圆柱形，被贴生疏柔毛，花柱长于雄蕊，不长于花冠，洁净。蒴果密被粗毛，果爿肋状突起，顶端渐狭，截平，花柱宿存而呈喙状。花期4月。

产云南屏边、蒙自、文山、西畴、广南。生海拔1 550～1 900m的常绿阔叶林内湿润荫蔽处。

适宜亚热带地区庭园观赏，但需适当荫蔽环境。

亮叶杜鹃　杜鹃花科

Rhododendron vernicosum Franch.

常绿灌木，高1～8m，幼枝疏生腺体。叶散生，薄革质，长圆状椭圆形，长6～11cm，宽2.5～6cm，顶端具凸尖头，基部不对称圆形，上面无毛，具蜡质，下面有细密网脉；侧脉12～16对；柄长2～2.5cm，疏生腺体具狭纵沟。顶生短总状花序，有花8～10朵；花梗弯向下，长2～2.5cm，疏生淡红白色有短柄的腺体；花萼极短，浅7裂，有密腺体；花冠宽漏斗状钟形，长4cm，白色至鲜蔷薇色，7裂，顶端有宽缺刻，筒上方具深红色斑点；雄蕊14，无毛；子房6～7室，密生无柄腺体，花柱通体有腺体。蒴果长3～4cm，具腺体。花期5～6月，果期10～11月。

产云南中甸、德钦、维西、丽江。生海拔2 200～3 900m的冷杉杜鹃林中。四川、西藏也有。

栽培需微荫蔽的环境。

红马银花　杜鹃花科

Rhododendron vialii Delavay et Franch.

常绿灌木，高2～3m；幼枝有微柔毛。叶革质，倒卵状披针形或倒卵形，长3.2～10cm，宽1.6～3.7cm，顶端有短凸尖头或常微凹，中脉密生微柔毛，柄长约1.8cm，密被微柔毛。花单生枝顶或

云南杜鹃 *Rhododendron yunnanense*

红马银花 *Rhododendron vialii*

产云南丽江、维西、中甸、德钦。生海拔3 000~4 500m灌丛中。

花大而多，花色美丽，树姿优美，是杜鹃中的名品，地植或盆栽均可。

云南杜鹃　　杜鹃花科
Rhododendron yunnanense Franch.
半常绿或常绿灌木，高1~4m；幼枝有近黑色的疏腺体。叶散生，下倾或外折，革质，倒披针形或倒卵状披针形，长5~6.5cm，宽1.2~2.5cm，顶端有短尖头，叶面和边缘有刚毛，幼时尤多，两面有鳞片，柄长约8mm，疏生鳞片。花序顶生或顶生和腋生枝并存，每花芽抽出3~5花，成极短的总状；花梗有疏鳞片；花浅粉红色或白色，有红色斑点；花萼短，波状浅裂，外面有鳞片；花冠5裂，长约3.7cm，略不对称，花冠筒外面无鳞片或疏生鳞片；雄蕊10，伸出花冠，花丝下部有短柔毛；子房5室，密生鳞片，基部被毛。蒴果长约1.8cm，有疏鳞片。花期4~6月。

产云南昆明、马龙、昭通、巧家、大姚、宾川、宁蒗、丽江、鹤庆、洱源、大理、漾濞、维西、中甸、德钦、镇雄。生海拔2 800~4 000m的松林、灌丛、岩石上。四川、贵州亦有。缅甸也有。

本种花大而美观，对气温适应幅度大，可供亚热带地区庭园引种栽培。

叶腋，每一花枝条有花2~4朵，芽鳞有微毛，花深红色；花梗长4~8mm，有粘性腺头的毛；花萼大、深红色，5深裂，裂片矩圆形，长5mm，边缘密生无柄腺体，外面基部有刚毛；花冠深红色，肉质，5裂，花冠筒状钟形，长约1.8cm，裂片圆形，长约1.2cm；雄蕊5，花丝有微毛；子房5室，有粘性刚毛，花柱无毛，浅红色。蒴果未见，花期2~3月。

产云南建水、广南。生海拔1 500~2 000m的灌丛中。老挝和越南北部交界处有分布。

花冠鲜红色，蜡质状，很美观，适于亚热带地区庭园栽培。

黄杯杜鹃　　杜鹃花科
Rhododendron wardii W.W.Smith
常绿灌木或小乔木，高1~6m，幼枝有腺体。叶革质，矩圆状椭圆形，长4~10cm，宽2.5~6cm，顶端圆钝，有细凸尖头，基部心形或圆形，叶背被白粉；柄长1.5~3cm，有腺体。顶生总状伞形花序，有花7~14朵，总轴长1~1.5cm，有绒毛和腺体或有丛卷毛；花梗长2.5~4cm，疏生腺体；花萼大，5裂，淡黄色，边缘有腺体；花冠杯状，肉质，长3.5~4cm，鲜黄色或微带绿色，裂片5，有缺刻；雄蕊10，花丝无毛，基部被微柔毛；子房有腺体；花柱有腺体。蒴果长2.5cm，有腺头毛，下部包于宿存花萼内。花期5~6月，果期10~11月。

深红树萝卜 Agapetes lacei

黄花岩梅 Diapensia bulleyana

深红树萝卜　　越桔科
Agapetes lacei Craib

附生灌木，常绿，高约1m；枝条被平展刚毛。单叶互生，革质，椭圆形，长7～15mm，宽6～8mm，先端锐尖或钝，基部近圆形，边缘上半部有细锯齿，叶脉不显，柄长约1mm。单花腋生，花梗长1.5～1.8cm，被毛；花托绿色，长约4mm，被柔毛；萼裂片5，三角形；花冠筒状，深红色，长约2cm，冠檐稍扩大，裂片三角形，长约8mm，带绿色或黄色；雄蕊10，花丝短，长约1.5mm，花药长6.5mm，基部具长喙状小尖头。浆果球形，径约4mm。花期1～6月，果期7～8月。

产云南腾冲。附生于海拔1 500～1 700m的常绿阔叶林中树干上。缅甸也有。

花十分秀丽雅致，株型小，是极好的盆景花卉。加之根茎部常有形似萝卜状的数个大块茎，露于盆上更显奇观。

老鸦泡　　越桔科
Vaccinium fragile Franch.

常绿丛生灌木，高20～50cm，枝条具腺长刚毛和短柔毛。叶革质，长圆状卵形，长1.2～3.5cm，宽0.7～2.5cm，边缘有细锯齿，齿尖针芒状；柄短，长1～1.5mm。总状花序生枝条下部叶腋或生枝顶叶腋呈假总状顶生，长1.5～6cm，总序轴被毛；苞片叶状，长4～6mm，被毛，边缘有齿；小苞片卵形，着生花梗中下部；花梗长1～2mm；花萼紫色，三角形，密被短柔毛；花冠筒状坛形，白色至粉红色，有5条粉红色脉纹，口部缢缩，裂齿短小，反折；雄蕊内藏。浆果球形，紫黑色。花期春、夏至秋。果期7～10月。

老鸦泡 Vaccinium fragile

散花紫金牛 *Ardisia conspersa*

产云南昆明、宾川、蒙自、澜沧江与怒江分水岭、丽江、大理、保山、腾冲、维西、永胜、兰坪、鹤庆、中甸、昭通、东川、禄丰。生海拔1 100~3 400m的松林下。西藏、四川、贵州有分布。

本种耐干旱，可在庭院开阔地成片种植，亦可盆栽。果可食，酸甜可口。全株入药，舒经活络、祛风除湿。

黄花岩梅　岩梅科
Diapensia bulleyana Franch.

常绿平卧矮小半灌木，高4~8cm；分枝繁密，交结成垫状。叶密集，覆瓦状排列，狭匙形至矩圆状披针形，长6~9mm，宽3~3.5mm，全缘，干后有明显皱纹和乳头状突起；叶柄鞘状，长5~6mm，基部宽3~3.5mm。花单一，顶生；花萼5裂，裂片长倒卵形，长5~7mm，顶端有短尖头；花冠黄色，冠管长7~8mm，肉质，5裂，裂片半圆形，长3~4mm；雄蕊5，着生花冠筒上部，花丝扁宽，边缘膜质，内折，退化雄蕊5，舌形，着生花冠筒中部；花柱长8~12mm。柱头膨大呈圆形。蒴果包藏于宿存花萼内。花期4~5月，果期9~10月。

产云南大理、禄劝、宾川、漾濞、贡山、德钦。生海拔3 100~4 200m的高山灌丛或岩石壁上。

花黄色，十分雅致，一般需多株丛状盆栽，方能显观赏价值。

散花紫金牛　紫金牛科
Ardisia conspersa Walker

常绿灌木，高约2m，除特殊侧生枝条外，不分枝；花枝多，常生于植株上部。倒卵状披针形或长圆状，长7~11cm，宽2~3cm，全缘或具不明显的圆齿，边缘有腺点，背面被疏柔毛或卷曲毛；侧脉15对；柄长5~8mm，被疏微柔毛。圆锥状复伞形花序，被微柔毛，生于特殊侧生花枝顶端，花枝中部以上具叶；总梗长2.5~5cm，花梗长1~1.5cm，均密被微柔毛；花长6mm，花萼基部连合，萼片长圆状卵形，长约3mm，顶端急尖，无明显腺点；花瓣粉红色，长圆状卵形，长6mm；雄蕊长为花瓣2/3；花药披针形，背具明显腺点；雌蕊与花瓣等长，无毛。果球形、红色、无毛，具腺点。花期6月，果期11月。

产云南蒙自、屏边、绿春。生海拔850~1 400m的山谷疏、密林下荫湿处。越南也有。

花、果非常美观，供庭院荫湿地种植。种子繁殖。

朱砂根 Ardisia crenata

朱砂根　　紫金牛科
Ardisia crenata Sims

常绿灌木，高1~2m，除特殊侧生花枝外不分枝。叶坚纸质，狭椭圆状倒披针形，长7~15cm，宽2~4cm，边缘具皱波状齿，两面有突起腺点；侧脉10~20对。花序聚伞状伞形，着生于特殊侧生或腋生花枝顶端，花枝近顶有2~3叶，长4~16cm，花梗长0.7~1cm；花长4~6mm，白色，稀微带粉红色；萼片卵形，基部合生，有黑腺点；花冠裂片披针状卵形，有黑褐色腺点，近基部具乳头状突起；雄蕊短于花冠裂片，花药披针形，背面有黑腺点；雌蕊比花冠裂片短，果球形，鲜红色，有稀疏黑腺点。花期5~6月，果期10~12月。

产云南西北(贡山以南)、西南及东南的文山、景东、红河、保山、思茅等地。生海拔1 000~2 400m的密林中及湿灌丛中。台湾、西藏、湖北、广东、福建、江苏、浙江有分布。日本、印度、印度尼西亚、缅甸、中南半岛、马来半岛亦有。

花、果期长，果尤为美丽，是很好的庭园观赏植物，需种植于微荫蔽的地方。药用通经活络，治跌打损伤。

拟赤杨　　安息香科
Alniphyllum fortunei(Hemsl.)Perkins

落叶乔木，高8~15m；树皮暗灰色，多具灰白色的斑块。叶革质，椭圆形或矩圆状椭圆形，长7~15cm，宽4.5~8cm，边缘具疏锯齿，幼叶被星状毛，叶背密生星状短毛。花白色有时带粉红色，多花排成总状或圆锥花序，腋生，长10~20cm；花梗长4~

5mm；花萼钟状，被星状毛，萼齿卵形；花冠裂片5，椭圆形，长12~15mm；雄蕊10，5长5短，花丝下部合生成筒；子房卵形，被绒毛，柱头5裂。蒴果圆柱形；种子两端具膜质翅。花期4~5月，果期9~10月。

产云南西畴、文山、屏边、富宁、景东等地。生海拔1 600~2 100m的林中。贵州、广西、广东、福建、台湾、江西、浙江、湖北有分布。

花洁白，多而繁茂，是很好的庭园观赏树。种子繁殖。

贵州木瓜红　　安息香科
Rehderodendron kweichowense Hu

落叶乔木，高5~25m。除子房、花柱无毛，全株几密被星状毛。单叶互生，阔椭圆状长圆形，长10~20cm，宽5~10cm，边缘反卷具胼胝质细锯齿；柄长10~14mm。总状花序腋生，长7cm，花黄白色，径1.5cm，花梗长3.5~5mm；苞片小，钻形；花萼筒长2.5mm，萼齿三角状披针形，边缘具睫毛；花冠管长1.5mm，裂片覆瓦状排列，倒卵状披针形，边缘具细睫毛；雄蕊10，5长5短，基部合成一短管，与花冠管合生，花丝5长5短，花药2室，内向纵裂；花柱先端不明显2裂。核果椭圆形，长5~6.5cm，径约3cm，外果皮质脆，中果皮纤维海绵质，内果皮木质；种子1~2，线形，肉质。花期4~5月，果期9~10月。

产云南西畴、马关、文山、屏边、蒙自。生海拔1 250~2 000m的密林中。广西、贵州有分布。

花叶同时开放，花多而素雅，供庭院观赏。

贵州木瓜红 *Rehderodendron kweichowense*

拟赤杨 *Alniphyllum fortunei*

大蕊野茉莉　　安息香科
Styrax macranthus Perkins

落叶小乔木，高 5~8m；幼枝疏被星状毛或无毛。叶膜质至薄纸质，卵状圆形至卵状披针形，长 6~13cm，宽 2.5~6cm，边缘具胼胝质内弯小齿，两面沿中脉被稀疏星状毛，叶背脉腋具明显腺窝，被淡黄色簇毛；柄长 5~10mm，被星状毛。花单生叶腋、2~4 朵排裂于小枝顶，花白色，长 2cm，花梗长 8~12mm，被淡黄色绒毛和金黄色大星状毛；萼钟状，被毛，边缘平截，具不规则小萼齿；花冠 5 深裂，花冠管长 3~4mm，裂片覆瓦状排列；雄蕊 10，花丝分离，被白色星状毛，花药长 4~5mm；子房球形，被星状绒毛。果倒卵形，长约 1.2cm，被灰色微绒毛；种子褐色，无毛，略具条纹。花期 4~5 月，果期 9~10 月。

产云南文山、元阳、玉溪、双柏、景东、双江、耿马。生海拔 1 400~2 400m 的常绿阔叶林中。

洁白下垂的花十分美丽，是亚热带地区的庭院观赏树种。种子繁殖。

滇安息香　　安息香科
Styrax tonkinensis (Pierre) Craib ex Hartwick

乔木，高 5~12m；被灰黄色星状毛。叶纸质，卵形，长 6~18cm，宽 2.5~9cm，先端急尖，基部圆或楔形，全缘或上部具疏离锯齿，叶背灰白色，被星状绒毛，侧脉 5~7 对；柄长 1~1.2cm，被星状绒毛。花序聚伞总状或圆锥状，不分或多分枝，顶生或侧生，长 6~18cm，被淡黄色星状毛；花白色，具紫罗兰香味；花梗长 2~4mm；花萼钟状，萼筒长约 6mm，萼齿三角形；花冠 5 裂，花冠管长约 5mm，外被星状毛，覆瓦状排列；雄蕊 10，花丝分离，被星状毛，花药线形；子房卵形，被黄色星状毛，花柱长 10~12mm。果卵形，长 10~12mm，外被灰黄色星状绒毛；种子褐色，表面密生微硬毛和小疣状突起。花期 4~5 月，果期 9~10 月。

产云南景东、西双版纳、屏边、金平、河口、绿春。生海拔 220~2 400m 的林中。广东、广西、湖南、贵州有分布。越南也有。

花多、洁白芳香，是很好的庭园观赏树种。种子繁殖。

滇安息香 *Styrax tonkinensis*

大蕊野茉莉 *Styrax macranthus*

柱穗醉鱼草　　马钱科

Buddleja chlindrostachya Kranzl.

直立灌木，高1~2m，小枝密被星状柔毛。单叶对生，长披针形，长8~15cm，宽2~3.5cm，边缘有细锯齿，基部阔楔形，下延至叶柄，基部有2枚耳状托叶，叶两面密被星状毛和金黄色腺点。总状聚伞花序，密集成圆柱状，顶生，密被星状长柔毛。花4数，花萼合生，花冠粉红色，近无柄；萼钟状，长5~6mm，密被绒毛状星状毛和金黄色腺点，裂片长2~3mm；花冠长达1.2cm，花冠管外面与叶被同样毛，花冠裂片长椭圆形，全缘，里面无毛；雄蕊着生于花冠管喉部，花药外露。蒴果长圆形，长约8mm，

被毛。花期9~11月，果期翌年2~3月。

产云南中部、西南部至南部。生海拔1 300~2 700m的干旱山坡灌丛中。

花序美观，可作庭园向阳坡地和岩石园附近种植观赏。

流苏木　　木樨科

Chionanthus retusus Lindl.et Paxt.

落叶灌木或小乔木，高达20m。单叶对生，革质，椭圆形或倒卵形，长3~9cm，宽2~4.5cm，有时在同一枝上全缘或有小锯齿。沿中脉被短柔毛，侧脉4~6对；柄长1~1.5cm，密被黄色柔毛。聚伞状圆锥花序顶生，疏散，长5~12cm，无毛；花单性，雌雄异株，花梗长8~10mm；萼杯状，4深裂，裂片披针形，长1~1.5mm，无毛；花冠白色，4~6深裂，裂片条状匙形，基部合生；雄蕊2，藏于花冠管内或稍伸出；花药狭三角形；子房2室，每室有胚珠2粒，花柱极短，柱头2裂。核果椭圆形，种子1粒。花期4~5月，果期6~7月。

产云南昆明、禄劝、大姚、丽江、中甸、维西、德钦、砚山、麻栗坡、蒙自。生海拔1 000~2 800m的山坡河边。甘肃、陕西、山西、河北、广东、福建有分布。朝鲜、日本也有。

本种花洁白清雅，花序大而多花，是极好的观赏花木。种子繁殖。木材供制器具；嫩叶代茶；种子油供制皂。

流苏木 *Chionanthus retusus*

柱穗醉鱼草 *Buddleja chlindrostachya*

多花素馨 *Jasminum polyanthum*

红花素馨　　木樨科

Jasminum beesianum Forrest et Diels

缠绕木质藤本，藤长 0.6～3m，幼枝四棱形，具条纹，无毛。单叶对生，卵形或矩圆状椭圆形，长 1.2～4cm，宽 0.4～1.3cm，无毛，中脉有柔毛，柄长 0.5～1.5mm，有柔毛。聚伞花序，数花顶生或单花顶生，极香，总花梗极短；花梗长 5～10mm；花萼钟状，无毛，筒长 2～3mm，裂片 6，线形锥尖，长 5～8mm；花冠紫色、紫红色或红色，裂片宽卵形，长度为花冠筒之半。浆果球形，直径 5mm，成熟时黑紫色，有光泽。花期 5～8 月，果期 9～11 月。

产云南腾冲、大理、丽江、维西、中甸、昭通、沾益、曲靖、洱源、鹤庆、东川、师宗、昆明、大姚。生海拔 1900～2900m 的杂木林中开阔处。贵州、四川、西藏有分布。

红花素馨家栽时，如养分充足则发枝很多，枝叶繁茂，配以红花，是很好的垂直绿化观赏植物。种子或扦插繁殖。

清北素馨　　木樨科

Jasminum lanceolarium Roxb.

攀援状灌木，藤长 1～7m，无毛。叶对生，三出复叶，近革质，叶形变化较大，披针形、卵圆形或椭圆形，长 5～13cm，宽 3～6.5cm，叶背有褐色小斑点。三歧复聚伞花序；花萼裂片小，浅齿状；花冠白色，芳香，

清北素馨 *Jasminum lanceolarium*

红花素馨 *Jasminum beesianum*

筒长约 2cm，裂片 4～5 枚，矩圆形或倒卵状矩圆形，长 7～10mm。浆果球形或球状椭圆形。花期 4～6 月，果期 8～12 月。

产云南文山、富宁、西畴、屏边、金平、绿春、元阳、勐腊、思茅、景东、双江、临沧、潞西、贡山。生海拔 1000～2100m 的山坡灌丛中。安徽、台湾、福建、江西、湖南、湖北、广东、广西、贵州、四川有分布。越南、印度、缅甸也有。

供庭园垂直绿化观赏，是很好的棚架绿化材料。种子或扦插繁殖。茎入药，活血止痛，治风湿。

多花素馨　　木樨科

Jasminum polyanthum Franch.

攀援状木质藤本。羽状复叶对生，长 5～10cm，叶轴腹凹背凸，腹面被短柔毛；柄长 1～1.5cm，有极窄的翅，无毛；小叶通常 5～7，坚纸质，卵状披针形，长 2～5cm，宽 1～2.5cm，3 基出脉，顶生小叶柄长 1～1.5cm，侧生小叶柄长 2～4mm。聚伞圆锥花序顶生及腋生，花极香；苞片披针形，长 2～5mm，无毛；花梗长 1～2cm；花萼杯状，萼管长 1.5～2.5mm，5 裂，线形，长 1～1.5mm；花冠白色或粉红色，管长 1.5～2cm，裂片 5，长 1～1.2cm，宽 4～6mm，长圆形，脉纹明显。果球形。花期 3～4 月，果期 8～10 月。

产云南昆明、富民、宜良、楚雄、双柏、易门、石屏、蒙自、屏边、文山、西畴、河口、思茅、勐海、耿马、丽江、鹤庆、玉溪。生海拔 1000～2800m 的山谷、溪旁、灌丛中。贵州有分布。

供栽培观赏，是垂直绿化的上等材料，是素馨花中的名品。全株入药，治睾丸炎、淋巴结核。花可提芳香油。

管花木樨　　木樨科

Osmanthus delavayi Franch.

常绿灌木，高 1～3m；幼枝密被短柔毛。单叶对生，革质，宽椭圆形或卵形，长 1～3.5cm，宽 0.7～2cm，边缘有锯齿，除叶面中脉有微柔毛外，两面均无毛，侧脉 4 对；柄长 3～5mm，被微柔毛。花序簇生于叶腋或枝顶，花梗长 3～8mm；苞片宽卵形，边缘膜质，具缘毛；花萼钟形，长 2～5mm，4 裂，有微齿和睫毛，裂片倒卵状椭圆形；花冠白色，冠管长 8～15mm，宽 1～2mm，裂片 4，长约 5mm；雄蕊 2，着生于花冠管上方，花丝无毛，花药椭圆形，顶端有一个小尖突；柱头 2 浅裂。核果椭圆状卵形。花期 4～5 月，果期 6～10 月。

管花木樨 *Osmanthus delavayi*

产云南巧家、昆明、广通、鹤庆、洱源、丽江、宁蒗、华坪、中甸。生海拔 1500～3680m 的山坡灌丛中。四川、贵州有分布。

花洁白而芳香，花繁叶茂，是很珍贵的盆景植物，亦可在庭园中单植或丛植或作绿篱。

云南丁香　木樨科
Syringa yunnanensis Franch.

直立灌木，高2~5m；幼枝红褐色，有明显白色皮孔。叶纸质，椭圆形至披针形，长3~9cm，宽1.7~3.5cm，边缘有微小短睫毛，沿中脉被短柔毛，侧脉6~8对；柄长1~2cm。圆锥花序长8~15cm，自顶芽发出，疏被白色短柔毛；花白色，偶有粉红色，芳香；花萼钟状，无毛，有短齿；花冠筒长5~6mm，裂片4，边缘微向内卷，顶端向内卷曲呈钩状；雄蕊2，着生冠管喉部稍下，花丝与花冠管贴生；柱头浅2裂。蒴果椭圆形，具白色小疣点。花期5~7月，果期8~10月。

产云南巧家、漾濞、大理、丽江、鹤庆、维西、中甸、德钦、贡山。生海拔2300~3850m的山地密林中。四川、西藏有分布。欧美各国引种栽培。

芳香的花和大的花序为人们所喜爱，是很好的庭园观赏花卉。

鸡骨常山　夹竹桃科
Alstonia yunnanensis Diels

常绿灌木，高1~3m；有乳汁，枝条灰绿色，具白色突起的皮孔，嫩枝被柔毛。叶无柄，3~5枚轮生，薄纸质，倒卵状披针形或矩圆状披针形，长6~18.5cm，宽1.3~4.8cm，两面被短柔毛；侧脉15~32对，叶腋内外密生腺体。由多朵花组成顶生聚伞

花序；花萼披针形；花紫红色，花冠高脚碟状，筒中部扩大，内面被柔毛；雄蕊5；花盘为2枚舌状鳞片组成，与心皮互生，比子房长或等长。蓇葖果2枚，离生，披针形，种子镶嵌或排列两端，被短柔毛。花期3~6月，果期7~11月。

产云南大理、镇康、昆明、澄江、嵩明、禄劝、贡山、泸水、思茅。生海拔1100~2400m的山坡或沟谷地带灌丛中。

枝茂叶密，配以紫红色的花，实为很好的庭园观赏植物；可植于花坛配景，亦可作绿篱。根、叶入药消炎止痛、止血接骨。种子繁殖。

假虎刺　夹竹桃科
Carissa spinarum Linn.

常绿灌木，高3~5m，具长而锐利的刺，刺单一或上端分叉；枝条被柔毛。单叶对生，革质，卵形或椭圆形，长2~5.5cm，宽1.2~3cm，无毛；柄长2~3mm。聚伞花序，有花3~7朵，花小，白色；花萼5裂，裂片披针形，外被毛；花冠高脚碟状，裂片5，冠片向右覆盖；雄蕊5，着生在花筒上部；子房2室，每室有胚珠1颗，柱头被毛，顶端2裂。浆果球形或椭圆形，黑色，内有2个具皱纹的种子。花期3~5月，果期10~12月。

产云南建水、蒙自、思茅、峨山、开远、元江。生海拔540~1650m的沙地灌丛中。贵州、四川有分布。印度、斯里兰卡、缅甸

云南丁香 *Syringa yunnanensis*

也有。

植株冠幅近圆球形，枝叶繁茂，亮绿色的叶，配以白色小花亦有一定的观赏情趣。本种耐干旱，可在强光开阔地种植，加之枝条具硬刺，亦为很好的绿篱材料。种子繁殖。

雷打果　夹竹桃科
Melodinus yunnanensis Tsiang et P.T.Li

攀援灌木，高达10m。叶纸质，长圆形至椭圆状长圆形，长7~18cm，宽2.5~5.5cm，叶背和叶柄在幼时被鳞片，老时渐脱落；侧脉7~20对；柄长5~10mm。聚伞花序伞形状，顶生或腋生，总花梗长15~20mm；花梗长5~7mm；萼片宽卵状圆形，长约7mm，宽约5mm，稍肥厚，边缘有缘毛；花冠白色，花冠管内基部被短柔毛，冠管长约12mm，冠片长圆形，长约1.1cm，宽0.5cm；副花冠成线状圆筒状鳞片，内藏；雄蕊5，着生于冠筒近基部；子房2室，柱头顶端2裂。浆果圆球形，长和直径约11cm，木质果柄长11cm；种子卵状三角形。花期5月，果期8月。

产云南建水、屏边、绿春、蒙自、元江。生海拔1500~2000m的山地潮湿密林中。

本种花大，洁白素雅，叶亮绿色，藤条细长，是极好的垂直绿化植物。种子或扦插繁殖。

紫花络石 *Trachelospermum axillare*

鸡骨常山 *Alstonia yunnanensis*

假虎刺 *Carissa spinarum*

雷打果 *Melodinus yunnanensis*

紫花络石　　夹竹桃科

Trachelospermum axillare Hook.f.

木质藤本，具乳汁；茎具皮孔。单叶对生，厚纸质，倒披针形或倒卵状矩圆形，长8～15cm，宽3～4.5cm，侧脉10～15对；柄长3～5mm。聚伞花序腋生；花萼5裂，紧贴冠筒上，内有腺体约10枚；花冠紫色，高脚碟状，花冠筒基部膨大，花冠裂片5枚，倒卵状长圆形，向右覆盖；雄蕊5，着生于花冠筒基部，花药内藏；花盘环状5裂，与子房等长；子房无毛。蓇葖果2个平行贴生，无毛，果皮厚；种子不规则卵形，扁平，顶端具种毛。花期5～7月，果期8～10月。

产云南嵩明、江川、宾川、巍山、贡山、怒江、临沧、维西、中甸、文山、屏边、麻栗坡、蒙自、景洪、勐养、勐海、澜沧。生海拔1 300～2 800m的山谷疏林沟边。长江以南各地有分布。斯里兰卡、越南、锡金也有。

花美观，形态奇特，供庭园作棚架和其他垂直绿化用。茎皮纤维可代麻。种子繁殖。

大纽子花　　夹竹桃科

Vallaris indecora(Baill.)Tsiang et P.T.Li

藤状灌木，具乳汁；茎具皮孔。叶对生，纸质，宽卵形或倒卵形，长9～12cm，宽4～8cm，具透明腺点；侧脉4～5对；柄长约0.5cm，被短毛。聚伞花序伞房状，腋生，有花3～6朵；总花梗长1～1.5cm；小苞片长圆状披针形；花萼5裂，裂片矩圆状卵形；花冠灰黄色，高脚碟状，檐部展开，直径达4cm，花冠裂片5，圆形，向右覆盖；雄蕊5，着生花冠筒中部，花药伸出花冠喉部之外，药隔基部背面具圆形腺体；花盘杯状，顶端有缘毛；子房与花柱被疏柔毛，心皮离生，胚珠每室多颗。蓇葖果双生，平行，披针状圆柱形，长7～9cm，直径约1cm，种子条状具绢质种毛。花期3～6月，果期8～12月。

产云南漾濞、大理、丽江、鹤庆、宜良、通海、屏边。生海拔1 500～2 200m的密林沟谷中。四川、贵州、广西有分布。

供庭园棚架绿化。

大纽子花 *Vallaris indecora*

胭木 Wrightia tomentosa

胭木　夹竹桃科

Wrightia tomentosa Roem. et Schult.

常绿乔木，高约15m，具乳汁；小枝具皮孔。叶对生，纸质，椭圆形或宽卵形，长6~18cm，宽3.5~8.5cm，叶面疏被柔毛，叶背密被绒毛；侧脉10~15对，柄长3~10mm，密被短柔毛。聚伞花序顶生，被短柔毛；花萼5裂，裂片宽卵形，两面被柔毛，内面基部具腺体；花冠淡黄色至红色，高脚碟状，花冠裂片5，具颗粒状凸起，副花冠由10枚鳞片组成，鳞片顶端具细锯齿；雄蕊5，着生花冠筒顶部，被柔毛，花药伸出花冠喉部；心皮粘生。蓇葖果2个粘生，矩圆形，长14~21cm，宽3~4cm；种子线状纺锤形。花期5~10月，果期8月至翌年3月。

产云南勐腊、景洪、勐海、澄江。生海拔200~1500m的山地杂木林、山脚湿地疏林。广西、贵州有分布。印度、泰国、缅甸、马来西亚也有。

花供观赏，形态奇特，树形亦美观，供热带地区庭园栽培观赏。韧皮纤维可造纸；根及叶可制蓝色染料；茎、根药用，治蛇咬伤。

黄栀子　茜草科

Gerdenia sootepensis Hutch.

小乔木，高5~6m，节间约1cm。单叶对生，纸质，倒卵形至倒卵状椭圆形，长9~11cm，宽3~8cm，全缘，两面具粘性灰白色短柔毛；侧脉15~20对；柄长约1cm；托叶合生成筒状，后脱落。花单生枝顶，花梗长1~1.5cm，具粘性短柔毛；花萼筒状，长1.3~1.5cm，先端5裂，外被粘性短柔毛，内被倒伏短柔毛；花冠白色，淡黄至橙色，高脚碟状，冠筒长3.5~5cm，外被微短柔毛；花冠裂片5，宽倒卵形，长3~4cm，宽2~3cm；雄蕊5，着生冠筒上部，花药伸出花冠外；柱头2瓣裂；果长圆形；种子多数。花期4~5月，果期8~10月。

产云南景洪、勐海、勐腊、孟连、澜沧。生海拔480~1500m的山地斜坡湿润疏林中。

花大美观，供庭院栽培观赏。

灰丁香　茜草科

Leptodermis potanini Batalin

灌木，高1~1.2m，揉之有臭味；幼枝暗红色，有2列柔毛。单叶对生，膜质，具短柄，椭圆形或卵形，长1~2cm，宽0.8~1.5cm，上面被白色短毛，下面脉上被毛；托叶基部合生，顶端长尖，近花的有时顶端具油腺，被毛。花1~3朵生于小枝顶端，在中央的无梗，两侧的有红色短梗；苞片合生；萼筒狭倒圆锥形，外面被粗毛，裂片5~6，狭三角形；花冠白色，漏斗形，长约1.5cm，裂片5~6，长约0.3cm；雄蕊5~6，半伸出花冠筒。蒴果矩圆形，成熟果由顶部开裂直达基部。花期4~5月，果期8~9月。

产云南中部、西部至大理、丽江一带。生海拔1800~2400m的灌丛或林缘。四川、贵州有分布。

本种花美观，但枝条细瘦，在庭院中宜丛植。

黄栀子 Gerdenia sootepensis

灰丁香 Leptodermis potanini

滇丁香 Luculia yunnanensis

中型滇丁香　茜草科

Luculia intermedia Hutch.

常绿灌木，高2~3m，多分枝，小枝圆柱形，中空，具白色皮孔，无毛。单叶对生，纸质，长椭圆形或长椭圆状披针形，长10~15cm，宽2~5cm，全缘，叶背被淡黄色短柔毛，沿脉较密；侧脉9~11对；柄长1~1.5cm；托叶三角形，早落。聚伞花序伞房状，顶生；苞片叶状，早落；花梗长3~5mm；萼筒长5~6mm，裂片5，披针形，长8~12mm，宽2~3mm；花冠径4~4.5cm，美丽芳香，白色、红色；花冠筒长5~6cm，裂片5，长椭圆形，裂片间基部着生附属物一个；雄蕊5，着生冠筒上方；花盘环状；雄蕊2；心皮合生，柱头2裂。蒴果矩圆形，长2~2.5cm；种子具翅。花期7~8月，果期10~11月。

产云南富宁、西畴、文山、麻栗坡、马关、屏边、河口、蒙自、元阳、景东、双江、沧源、镇康、永德、凤庆、大理、漾濞、陇川、梁河、泸水。生海拔1200~2600m的灌木丛中。广西有分布。

花木美丽、芳香。是优良的观赏花卉。

滇丁香　茜草科

Luculia yunnanensis S.Y.Hu

常绿灌木，高3~4m；小枝具皮孔，幼枝被柔毛。单叶对生，倒披针形，长9~18cm，宽4~6cm，顶端长渐尖，基部稍下延，下面沿中脉和侧脉被短曲毛；柄长1~1.5cm；托叶卵状披针形，早落。聚伞花序伞房状排列，顶生，被毛，早落，苞片条形；花5数，芳香，花梗被毛；萼筒陀螺状，长5~6mm，密被茸毛，裂片倒披针形，长12~15mm，沿脉上和边缘被柔毛；花冠高脚碟状，长5~6cm，直径约4cm，裂片倒卵形，长1.3~1.5cm，在裂罅基部相连的每一边有鸡冠状的附属物；雄蕊着生于冠管内，稍伸出。蒴果被毛，矩圆状倒卵形，具12条纵棱。花期5~7月，果期8~10月。

产云南贡山、福贡。生海拔 2 300～2 500m 的山地常绿阔叶林或灌丛中。

花色艳丽，芳香，是珍贵的观赏花木。

叉序玉叶金花　　茜草科

Mussaenda divaricata Hutch.

常绿攀援灌木，高 2～4m；枝圆柱形，具灰白色皮孔。单叶对生，纸质；椭圆形或椭圆状卵形，长 5～12cm，宽 2～7cm，沿脉有褐色短柔毛，侧脉 6～9 对；柄长 5～15mm；托叶三角形，长 3～4mm，先端深 2 裂，具褐色倒伏毛。伞房状聚伞花序顶生，花序轴和花梗被黄褐色柔毛；小苞片带状披针形，长 2～3mm，花梗长 1～4mm；萼筒 5 裂，裂片三角形，一些花的一枚裂片扩大成叶状，白色，卵形或宽卵形，长 3～6cm，宽 2～4.5cm；花冠金黄色，5 裂，裂片卵形，长 3.5～4mm，宽近 3mm；花冠喉部密生带状附属物；雄蕊 5，着生花冠管喉部；柱头 2 浅裂。浆果球形。花期 4～6 月，果期 9～12 月。

产云南砚山、文山、广南、西畴、屏边、蒙自、金平、元江、景东、西盟、碧江。生海拔 1 020～1 800m 的疏林、林缘、山谷溪流林下。四川、贵州、江西有分布。

一片叶状白色的大苞片，配以金黄色的花冠使整个花序显得极为美丽，是很好的庭园观赏植物。

滇丁香 *Luculia yunnanensis*

中型滇丁香 *Luculia intermedia*

叉序玉叶金花 *Mussaenda divaricata*

裂果金花　茜草科

Schizomussaenda dehiscens (Craib) Li

常绿小乔木，高1.5～3m，稀高达5m；小枝被柔毛，散生淡黄色皮孔。单叶对生，纸质，椭圆状矩圆形至披针状矩圆形，长12～20cm，宽4～6cm，顶端尾状渐尖，两面有柔毛，上面稀疏，下面甚密；侧脉10对；柄长1～2cm；托叶深2裂达中部至近基部，裂片尾状渐尖，被长柔毛。聚伞花序顶生圆锥花序状，常宽大而多花，幅宽达25cm；苞片小；花金黄色，近无梗；萼小，长3mm，一些花的一枚裂片扩大成叶状，白色；花冠筒状，喉部稍扩大，长1.5～2cm，被绢毛。蒴果倒卵形或陀螺状，黄褐色，室背开裂，有多数种子。花期5～6月，果期9～10月。

产云南景洪、勐腊、河口、蒙自、金平、屏边、马关、麻栗坡、西畴、思茅。生海拔500～1300m的疏林、灌丛中。广西有分布。

花美观，是南亚热带地区很好的观赏植物。根、茎药用，消炎利尿、清热解毒。

小叶六道木　忍冬科

Abelia parvifolia Hemsl.

落叶灌木，高0.5～2.5m；茎多分枝，灰褐色，干皮纵裂，幼枝红褐色，被短柔毛夹杂糙硬毛。叶对生或三小叶轮生，纸质或革质；卵形或狭卵形，长1.2～3cm，宽0.4～1.4cm，边缘反卷具缘毛，全缘或有疏浅锯齿，两面疏生短柔毛，叶背沿中脉基部密生白色长毛；侧脉3～4对；柄长1.5～2.5mm。聚伞花序有花1～2朵生小枝上部或叶腋；花粉红色至淡紫红色；花萼生短柔毛，裂片

裂果金花 *Schizomussaenda dehiscens*

2，椭圆形；花冠狭钟状，外有微毛和腺毛，花冠筒基部具浅囊，花檐5裂，裂片圆齿形；雄蕊4，2长2短，一对着生花冠基部，一对着生冠筒中部，内藏。瘦果状核果，革质，具宿存萼裂片。花期4～8月，果期10～12月。

产云南大姚、东川、邓川、宾川、洱源、昆明、嵩明、禄劝。生海拔1300～2600m的岩坡灌丛及林下。甘肃、湖北、四川、贵州、福建有分布。

枝叶茂密，花多而微芳香，供庭园花坛丛植或作绿篱。种子繁殖。

云南双盾木　忍冬科

Dipelta yunnanensis Franch.

落叶灌木，高3～4m；幼枝被短柔毛，树皮片状剥落。叶对生，椭圆形至披针形，长5～12cm，宽2～3cm，叶被毛，全缘；侧脉5～6对；柄长3～5mm。伞房状聚伞花序，有花1～4朵，生短枝顶部叶腋；苞片4，2大2小；萼筒密生柔毛，萼檐裂片5，披针形，长4～5mm；花冠钟形，白色至粉红色，长2～4cm，基部浅囊状，喉部橘红色，具柔毛，上部裂片5，开展；雄蕊4，2长2短；柱头头状。蒴果卵形，具宿存小苞片4枚；种子外面具脊。花期5～6月，果期6～11月。

产云南大理、鹤庆、兰坪、丽江、中甸、维西、德钦、贡山、洱源、易门、屏边、巧家、彝良。生海拔1700～3400m的杂木林中。四川、贵州、湖北、陕西、甘肃有分布。中国特有属。云南1种。

花多而密集，较美观。供庭园单植或丛植，但最好种植于微荫蔽处；富含单宁；根

裂果金花 *Schizomussaenda dehiscens*

小叶六道木 *Abelia parvifolia*

入药，散寒发汗。种子繁殖。

狭萼鬼吹箫(变种)　忍冬科

Leycesteria formosa Wall. var. *stenosepala* Rehd.

半木质落叶灌木，高1～3m，茎中空，全株被紫色短腺毛。叶对生，纸质，卵形至卵状矩圆形，长4～13cm，宽2～6cm；侧脉4对；柄长7～15mm。穗状花顶生，稀腋生，每节具6花，由2个对生无总梗的聚伞花序组成，长3～10cm；苞片叶状，小苞片披针形，密被毛；萼裂片5，长4～9mm，常4长1短或3长2短；花冠白色或粉红色，漏斗状，长13mm，外疏生短柔毛和腺毛，基部具5个浅囊，囊内生蜜腺，花冠5裂，整齐；雄蕊5，着生花冠喉部；柱头圆盾形；子房5室。浆果卵形，具腺毛和宿存萼裂片；种子小而多。花期5～10月，果期9～10月。

云南除南部外全省均产。生海拔1400～3500m的林下、溪沟边灌丛中。贵州、西藏有分布。印度、尼泊尔、锡金、缅甸也有。

云南双盾木 *Dipelta yunnanensis*

狭萼鬼吹箫(变种)*Leycesteria formosa* var. *stenosepala*

里面有柔毛,裂片5,长2~4mm;雄蕊5,内藏;花柱长3~4mm。浆果橘红色;种子淡褐色。花期4~6月,果期9~10月。

产云南贡山、德钦、中甸、维西、丽江、鹤庆、大理。生海拔2700~4150m 桦木林、灌丛、河谷石滩地。四川、西藏有分布。阿富汗至锡金一带有分布。

果鲜艳美观,为庭园中的观果植物,盆栽或花坛种植。种子繁殖。

花果均美观,供庭园栽培观赏。全株入药,治膀胱炎、支气管哮喘、食积、痔疮、外伤骨折出血。种子或分株繁殖。

大果忍冬　忍冬科

Lonicera hildebrandiana Coll. et Hemsl.

常绿木质藤本;老枝具疣状突起,干树皮纵裂,全株均无毛。单叶对生,革质,宽卵状长圆形或长椭圆形,长7~15cm,宽4~7.5cm,边缘软骨质;侧脉3~5对;柄长1~2cm。双花在小枝上腋生,总花梗长3~5mm,苞片极小,卵状三角形,长1~2mm;相邻2萼筒分离,萼筒长5~6mm,萼檐长约2mm,先端具5微齿;花冠白色至金黄色,芳香,长9~12cm,冠筒粗大,冠檐2唇形,上唇具4裂片,与下唇均反转,唇瓣长3~6cm;雄蕊5,与花柱均伸出花冠外。浆果球形,直径达2.5cm;种子3~8粒。花

期3~4月,果期7~8月。

产云南瑞丽、镇康、西盟、临沧、景东、屏边、金平、河口、西畴。生海拔1070~2300m 的山坡谷地林内。印度、孟加拉国、缅甸、泰国也有。

花大而芳香,花色素雅,常绿而枝叶繁茂,植株攀援较高,是大型花架垂直绿化的极好材料。种子繁殖。

越桔忍冬　忍冬科

Lonicera myrtillus Hook.f. et Thoms.

落叶灌木,高0.3~1m,树皮常条状剥落,枝条伏地。单叶对生,纸质,椭圆形至长圆状椭圆形,长7~15mm,宽3~5mm,两面无毛;侧脉3~4对;柄长约1mm。花双生,总花梗长2~5mm;苞片倒卵形,小苞片联合成杯状;相邻两花的萼筒合生近顶部,萼齿微小,三角形;花冠白色或粉红色,筒状钟形,长6~8mm,宽2.5~3mm,

越桔忍冬 *Lonicera myrtillus*

大果忍冬 *Lonicera hildebrandiana*

陇塞忍冬 Lonicera tangutica

陇塞忍冬　　忍冬科
Lonicera tangutica Maxim.

落叶小灌木，高2~4m，树干皮纤维状剥落；2年生枝淡褐色，幼枝光滑或具2列小糙毛，冬芽具2~4对外鳞片，鳞片背面有脊，被糙毛或无毛。单叶对生，薄纸质，倒卵形至椭圆形，长1~6cm，宽0.6~2cm，边缘略反卷且常具缘毛，侧脉3~5对，柄长2~3mm。总花梗长1.5~3.8cm，下垂，多少压扁，被毛，生于幼枝下方叶腋；苞片钻形；花双生于总花梗顶端，相邻2萼筒2/3以上合生，长约4mm，萼檐长约1mm，齿浅波状至截平，具缘毛；花冠筒状漏斗形，长8~13mm，白色或黄白色，染红晕；雄蕊5，着生于花冠筒中部，内藏或达花冠裂片基部。浆果红色；种子卵形。花期5~6月，果期7~8月。

产云南贡山、德钦、中甸、维西、大理。生海拔3 200~3 900m 的林下或灌丛中。甘肃、青海、宁夏、陕西、湖北、四川、西藏有分布。

花叶同时开放，花很雅致，果很美观，亦是很好的观果植物。

血满草　　忍冬科
Sambucus adnata Wall.

直立草本，高0.5~2m；根状茎横走，折断后流出红色汁液。奇数羽状复叶，对生；小叶3~9，有短柄，小叶片披针形，长5~15cm，宽2~5cm；叶轴上常有杯形腺体；托叶小，线形。圆锥花序顶生，伞房状，直径7~12cm，两性花小，萼筒杯状，长约2mm，萼齿三角形，具缘毛；花冠白色或淡黄色，辐射状，冠筒长约1mm，裂片卵形，长约2mm，先端锐尖，反曲，花蕾时作镊合状排列；雄蕊5，等长于花冠裂片而互生，开展；花柱短。果近球形，红色，具宿存萼片；核2~3颗，卵形或椭圆形，表面略有皱纹。花期5~8月，果期8~10月。

产云南西部、西北部、中部至东北部。生海拔1 600~4 000m 的林下、沟边、山坡草丛中。贵州、四川、陕西、甘肃、青海、西藏有分布。印度、尼泊尔、锡金也有。

鲜红的果，多而密集，为很好的观果植物。全草为跌打损伤药、活血散瘀、利尿。

穿心莛子藨　　忍冬科
Triosteum himalayanum Wall.

多年生草本，茎高40~60cm，茎基部具褐色鳞片，下部无叶，中部以上具叶。叶纸质，5~7对，对生，相对之叶基部合生，茎贯穿其中，叶倒卵状椭圆形，长6~30cm，宽3.5~15cm，叶被刺刚毛并杂有腺毛。穗状花序顶生，长5~10cm，由5轮具6花轮伞花序组成；苞片卵形，长5mm，小苞片钻形，长约1mm；萼筒长1.5~5mm，有腺毛和短刺刚毛，萼齿5；花冠淡绿或黄绿，长约1.4mm，喉部带紫色，外有腺毛，筒基部具囊，裂片2唇形，上4下1；雄蕊5，短于花冠；柱头头状。核果近球形，红色或白色，有腺毛和刚毛；核3粒。花期6~7月，果期8~9月。

产云南镇康、大理、鹤庆、维西、兰坪、

血满草 *Sambucus adnata*

德钦、中甸、丽江。生海拔 2 800 ~ 3 930m
的高山草地林下。四川、西藏、湖北、陕西
有分布。印度、尼泊尔、锡金也有。

叶形状奇特，果红色美观，供观赏。

桦叶荚蒾　忍冬科
Viburnum betulifolium Batalin

落叶灌木至小乔木，高2~5m；小枝紫
褐色，冬芽具芽鳞。叶纸质，卵形至菱状卵
形，长4~13cm，宽3~9cm，边缘具浅波
状齿；侧脉4~6对；叶背脉被伏毛；柄长
0.8~2.5cm，有钻形点突出的托叶。花序聚
伞状复伞形，直径长5~11cm，近无毛或密
生星状毛，总梗长0.6~2.5cm，第一级辐射
枝7条，花多生于第四级辐射枝上；萼筒长
约1.5mm，具腺体，密生星状伏毛，萼檐具
5微齿；花冠白色，长3 mm，辐射状，外
面无毛，花冠裂片圆形；雄蕊5，稍长于花
冠。核果近球形，直径6~7mm，红色；核
扁，背具2，腹具1浅槽。花期6~7月，果
期9~10月。

产云南丽江、维西、福贡、德钦、镇雄、
彝良、大关。生海拔1 750~3 500m 的山坡
沟边或谷地的杂木林中。陕西、甘肃、山西、
湖北、四川、贵州有分布。

茎皮纤维制绳、造纸；果可食及酿酒。
果鲜红光亮，是很好的观果植物，可植于庭
园草地边、林缘、花坛、墙垣，秋色美丽。

大花刺萼参　川续断科
Acanthocalyx delavayi(Franch.)
M.Cannon

多年生草本，茎基部残留有黑褐色枯
死的叶鞘。基生叶丛生，叶线状披针形，长
10~20cm，宽0.6~1.2cm，基部渐窄成鞘
状抱茎，边缘有刺状硬纤毛；茎生叶对生，
叶卵状长圆形至长圆状披针形，边缘有刺
毛。花序从基生叶鞘中抽出；花序为疏松的
假头状花序，径3~5cm；总苞片4~6对，
坚硬，卵形至长卵形，边缘具黄色硬刺毛；
副萼筒状，长6mm，顶端有16条长3~6mm
的小芒刺；花萼筒状，长10~15mm，口部
斜切，边缘具纤毛及数条小芒刺；花冠长漏
斗形，粉红或紫红色，长达4cm，花冠直径
12~15mm，被毛或近无毛，5裂，裂片长
椭圆形，顶端凹；雄蕊4，2强；子房被毛，
藏于副萼内，柱头头状。瘦果呈四棱形，具
皱纹。花果期5~8月。

产云南东川、大理、洱源、丽江、中甸、
维西。生海拔2 600~4 200m 的高山草丛
中。四川、西藏有分布。

花美观，供花坛和草地边种植。

桦叶荚蒾*Viburnum betulifolium*

穿心莲子藨 *Triosteum himalayanum*

刺萼参　川续断科
Acanthocalyx nepalensis(D.Don)
C.Cannon

多年生草本，主根粗，肉质；基部残留
有枯残的叶鞘。叶基生，叶片狭披针形，长
5~20cm，宽0.5~1.5cm，两叶基部合生成
鞘，边缘有硬刺；侧脉1~2对与主脉平行。
花葶从基部叶鞘中抽出，长10~50cm，疏
被白色硬毛。聚伞花序密集成头状，顶生及
少数腋生；总苞长卵形，小苞片棱状披针
形，均有刺；副萼筒状，顶端具柔毛；花萼
筒状，斜裂，中央3裂，两侧靠下2长齿；
花冠漏斗形，长约3cm，径约8mm，粉红
或紫红色，弯筒状，被长柔毛，5裂，裂片
倒心形，顶端凹陷；雄蕊4，2强；子房光
滑，柱头头状。瘦果微呈圆柱四棱形。花期
6~7月，果期7~9月。

产云南禄劝、大理、丽江、维西、中甸、
德钦、贡山、昭通。生海拔3 200~4 000m
的山坡草地。陕西、甘肃、四川、青海、西
藏有分布。尼泊尔、不丹、印度、缅甸也有。

花美观，供观赏。

刺萼参 *Acanthocalyx nepalensis*

大花刺萼参 *Acanthocalyx delavayi*

红头垂头菊　菊科

Cremanthodium rhodocephalum Diels

草本，高7~25cm；茎被紫色短柔毛或下部近无毛。叶厚纸质，心状肾形或圆形，长1~2cm，宽2~3.5cm，边缘有粗齿或圆齿，有扇状脉，叶背、叶缘和叶柄被紫色短柔毛；叶柄长3~8cm，基部有窄叶鞘；茎上部叶匙形或倒卵形，具短柄或无柄，先端渐尖，近全缘或有疏锯齿，最上部叶条形或窄披针形。头状花序单生于茎顶端，半下垂；总苞钟状或半球形，直径1.5~2cm，总苞披针形或窄披针形，有紫色短柔毛；花异型，舌状花淡粉紫色，舌片宽倒披针形，先端有2~3个小齿；筒状花，花冠淡黄色，长8~12mm。瘦果矩圆形，长约4mm；冠毛白色，短于花冠。花期6~7月。

产云南丽江、中甸、德钦、贡山。生海拔3300~4600m的高山草坡、灌丛乱石中。四川、西藏有分布。

花美观，供庭园花坛种植或盆栽。

灯盏细辛　菊科

Erigeron breviscapus (Van.) Hand.-Mazz.

多年生草本。根状茎粗厚，木质，密生多数须根。茎直立，高20~30cm，中部有少数伞房状分枝，全株被有多细胞的硬短毛或杂有腺毛。单叶，全缘，两面有粗毛，基部叶密集成莲座状，匙形或倒卵状披针形，长1.5~11cm，宽0.5~2.5cm，基部下延成柄；茎生叶通常2~4枚，矩圆形，长1~4cm，宽0.5~1cm，上部叶常缩小成条形的小苞片，无柄。头状花序顶生，通常单个；总苞半球形；总苞片3层，条状披针形；舌状花2~3层，舌片紫色；两性花筒状，黄色。瘦果狭矩圆形，扁；冠毛白色，2层，外层极短。花期4~5月。

云南除南部地区较少外，大部地区均有分布。生海拔1100~3500m的山坡草地、高原草甸和松林草坡上。西藏、四川、贵州、湖南、广西有分布。

全草入药治风湿、跌打损伤。可供花坛种植观赏。

菊状千里光　菊科

Senecio chrysanthemoides DC.

多年生草本。茎直立，高40~80cm，上部被蛛丝状毛，下部常无毛。叶形多变异；下部叶有长柄，叶片椭圆形，有浅齿或羽状深裂，有时羽状裂片(具齿)下延至柄上，稀两次羽状深裂，两面无毛或下面稍有毛，有

灯盏细辛 *Erigeron breviscapus*

红头垂头菊 *Cremanthodium rhodocephalum*

羽状脉，叶柄基部常扩大而抱茎，连柄长可达20cm；上部叶渐小，有锯齿或羽状浅裂，基部扩大而抱茎无柄。头状花序复伞房排列，多数，梗细长；有细条形苞片；总苞片钟状，直径6~7mm，10~20枚，舌片黄色，矩圆形，长6~7mm；筒状花多数。瘦果圆柱形，无毛；冠毛污白色，有时舌状花无冠毛。花期4~6月，果期8~9月。

云南除南部较少地区外，全省大部地区有分布。生海拔1400~3700m的林缘、草地、河岸。四川、贵州、广西有分布。

全草入药，疏风解表、止咳、清热、生肌。花美观，供庭园栽培观赏。

高杯喉花草　龙胆科

Comastoma traillianum (Forr.)Holub

多年生草本，高10~20cm，茎直立，四棱形，少分枝。单叶对生，茎基部叶椭圆形，长约2cm，宽3~7mm，茎上部的叶较大，卵形或卵状披针形，长约2cm，宽3~9mm，叶柄抱茎。单花顶生或侧生，顶生花梗较长，侧生的较短，通常2~5cm；花长约3cm，筒部径约7mm，淡青紫色；萼5裂，裂片三角形，卵状披针形，长可达10mm；花冠筒状钟形，裂片5，长椭圆形至长圆形，长约10mm，宽3~5mm，冠筒长约15mm，在喉部有一环流苏状的副冠；雄蕊5，比副花冠

菊状千里光 *Senecio chrysanthemoides*

云南蔓龙胆 *Crawfurdia campanulacea*

短；子房长圆柱形，花柱与花筒近等长。花期 8 ～ 10 月。

产云南中甸、德钦、丽江、景东。生海拔 2700 ～ 4300m 的山坡草地、灌丛中。四川也有。

花形特殊。花美观，供庭园花坛种植或盆栽观赏。

云南蔓龙胆 龙胆科

Crawfurdia campanulacea Wall. et Griff. ex C.B.Clarke

多年生缠绕草本。茎圆形，具细条棱，上部螺旋状扭曲，节间长 10 ～ 20cm。单叶对生于节上，叶片宽卵形至椭圆形，长 5 ～ 10cm，宽 2 ～ 5cm，尖端渐尖成细短尾，基部圆形或阔楔形，边缘细波状，侧脉 5 ～ 7 条；柄长 1 ～ 3cm。花成对着生叶腋或 3 ～ 5 朵呈聚伞花序，腋生或顶生，稀单生；花梗长 2 ～ 5cm；通常无苞片；花萼筒形，不开裂，稀一侧浅裂，具脉 10 条，筒长 1.2 ～ 1.7cm，裂片卵形，在近基部合生呈杯状的檐部；花冠紫色或蓝色，钟形，长 4 ～ 5cm，基部狭筒状，从花萼以上扩展加粗，裂片卵形，褶截形或半圆形，先端啮蚀状；雄蕊 5，着生于花筒中下部。蒴果椭圆形或倒卵形，长 2 ～ 3cm。花果期 9 ～ 11 月。

产云南怒江、保山、临沧地区和东南部。生海拔 1800 ～ 3400m 的山坡草地或林下。印度、缅甸有分布。

花美观，是棚架垂直绿化的极好观赏种类。

宽龙胆 龙胆科

Gentiana ampla H. Smith

多年生草本，高 12 ～ 15cm，茎基部有分枝。基生叶对生，茎上部的叶线状披针形或长椭圆状披针形，长 5 ～ 10mm，宽 2 ～ 3.5mm，茎生叶向上密，向下小，叶柄背面具乳突。花枝多丛生，花单生枝顶，基部包围在上部叶丛中，无花梗；花萼筒带紫色，倒锥形，长 10 ～ 12mm，裂片与上部叶同形；花冠长钟形，长 5 ～ 6cm，径约2.5cm，裂片卵圆形，褶整齐或微偏斜，边缘啮蚀形；雄蕊着生于冠筒下部，整齐，花丝蓝色，钻形，基部联合并包围子房，花药黄色，狭矩圆形，子房狭椭圆形，花柱线形，柱头2裂，裂片反卷，线形。花期6 ～ 9月。

产云南丽江、中甸。生海拔 3600 ～ 3900m 的山坡草地。

龙胆是世界著名的观赏花卉，宽龙胆花大、花色美观，供庭园花坛种植或盆栽。

宽龙胆 *Gentiana ampla*

高杯喉花草 *Comastoma traillianum*

七叶龙胆(变种)　　龙胆科

Gentiana arethusae Burkill var.*delicatula* Marq.

多年生草本，高10~15cm。须根肉质。茎生叶下部叶小，卵状椭圆形，长3~5mm，宽1~1.5mm，中部叶大，线形，长10~17mm，宽1~1.5mm。花枝丛生，铺散，斜升，具乳突；花单生枝顶，基部包围于上部叶丛中，6~7数，无梗；花萼紫红色，倒锥状筒形，长10~13mm，裂片线状，长10~14mm；花冠钟状漏斗形，淡蓝色，长3.5~5cm，径1.7~2.5cm，裂片卵形，长4~5mm，褶整齐；雄蕊着生于冠筒下部；花丝长1.7~2cm，下部联合成短筒包围子房；柱头2裂，裂片线形；蒴果内藏；种子表面有蜂窝状网隙。花果期8~9月。

产云南德钦、中甸、维西。生海拔3 500~4 300m的高山草甸、山坡草地、林边草地、灌丛中。西藏、四川、陕西有分布。

花色冷艳。供花坛或盆栽观赏。全株入药(藏药)治肺热。种子繁殖。

阿墩子龙胆　　龙胆科

Gentiana atuntsiensis W.W.Smith

多年生草本，高达60cm，基部被枯老膜质叶鞘包围。枝2~5丛生，其中1~4个营养枝和1个花枝；花枝直立，中空，具乳突。基生叶，狭椭圆状或倒披针形，长3~8cm，宽0.4~1.3cm，柄膜质长2~17cm；茎生叶，匙形或倒披针形，长2.5~3.5cm，宽0.5~1cm，柄长约2cm，至茎上部近无柄。花多数，顶生或腋生，聚成头状或在花上部作三歧分枝；总花梗长约7cm，无小花

阿墩子龙胆 *Gentiana atuntsiensis*

梗；花萼筒倒圆锥状，长8~10mm，萼裂片反折，长2~3mm；花冠漏斗状，深蓝色，有时具蓝色斑点，长2.3~3.5cm，裂片卵形，长3.5~5mm，边缘具不明显细齿，褶偏斜；雄蕊着生于花冠筒中下部，花丝长8~10mm；柱头2裂。蒴果藏于萼筒内。花果期6~11月。

产云南德钦、中甸、维西、贡山。生海拔2 700~4 800m的林下、高山草甸、灌丛中。西藏、四川有分布。

植株大。花多而艳美，是很好的庭园观赏种类。

滇龙胆草　　龙胆科

Gentiana rigescens Franch. ex Hemsl.

多年生草本，高30~40cm，全株无毛，须根肉质，多数。茎直立，多分枝，斜向上，圆筒形，中空。单叶对生，近革质，椭圆形或卵状长椭圆形，长2.5~5cm，宽1~2cm，先端钝锐尖，基部渐狭而互相连合成短鞘

滇龙胆草 *Gentiana rigescens*

状。聚伞花序顶生或生于小枝顶端，花多数，较密集，小花柄较短；花冠紫红色，长2～3cm；萼钟形，先端5裂，萼筒长约8mm，萼裂片2大3小，大者长约12mm，小者长约5mm；花冠筒状钟形，径约2cm，先端5裂，裂片卵状椭圆形，长5～7mm，宽约5mm，先端急锐尖，褶偏斜，三角形；雄蕊5，着生于花冠筒近基部。花期8～9（～10）月，果熟期10～11月。

产云南大理、剑川、丽江、思茅、个旧和滇中高原的昆明、楚雄、双柏等地。生海拔2100～2550m的山坡草地或灌丛内、路边林缘。四川、贵州、广西、湖南有分布。

花色鲜艳，花大、多而美丽，是极好的庭园观赏花卉。根入药，有消炎、清热解毒之功效。

微子龙胆　龙胆科

Gentiana delavayi Franch.

一年生草本，高5～6cm。茎短，直立，密生乳头状短糙毛。叶密集在短茎上，交互对生，基部的叶椭圆形，长1～1.5cm，上部的叶矩圆状披针形，长3～5cm，宽0.5～0.7cm，边缘粗糙。花多朵簇生茎顶端，几无梗；花萼漏斗状，长为花冠的3/5，裂片披针形，比萼筒稍长，带紫色，顶端外翻，

具小尖头，边缘粗糙；花冠漏斗状、蓝紫色，长4cm，裂片卵状三角形，褶近卵形，膜质，淡白色，比裂片短2倍；雄蕊5；子房具柄，花柱长。蒴果矩圆形，柄粗短；种子极小，近椭圆形，表面蜂窝状。花果期5～10月。

产云南东川、昆明、武定、富民、洱源、鹤庆、剑川、丽江、中甸。生海拔2150～3350m的高山草坡或草地。四川也有。

花很美丽、性较耐干旱，是岩石园、假山布景的好品种。

翼萼龙胆　龙胆科

Gentiana pterocalyx Franch. ex Hemsl.

一年生草本、高约35cm。茎具分枝，近圆形，具四条明显的翅。基生叶匙形，长约1.5cm，茎生叶心形至宽卵形，无柄，长0.7～2.5cm，宽0.6～1.8cm，边缘细齿状，密被短柔毛及粗糙乳突。花单生茎顶，无梗，基部有一对叶状苞片；萼钟状、萼筒长1～1.2cm，上部具宽翅，沿翅密生紫色或白色分节的柔毛；花冠蓝色或蓝紫色，狭钟状，长3～4cm，裂片卵形，长8～11mm，宽4～5mm，褶先端具不整齐齿裂；雄蕊着生于冠筒下部，不整齐。蒴果淡褐色，椭圆形，长2～2.5cm。种子呈三棱形，沿棱具翅。花果

翼萼龙胆 *Gentiana pterocalyx*

期8～11月。

产云南昆明、弥勒、镇雄、鹤庆、洱源。生海拔1500～3500m的山坡草地、灌丛中。四川、贵州有分布。

供花坛、小溪边、草地边、疏林下种植观赏。

柔毛龙胆 Gentiana pubigera

柔毛龙胆　龙胆科

Gentiana pubigera Marq.

一年生草本，高2.5~3.5cm，植株全身被柔毛。茎多分枝。叶先端圆形，边缘密生长睫毛；叶柄基部联合成筒；基生叶大，卵圆形，长9~12mm，宽4.5~8mm，至花期枯萎；茎生叶小，密集，长于节间，倒卵状匙形，长4~6mm，宽1.7~3.5mm。花多数，单生于小枝顶；花梗长2~4mm；花萼宽筒形，长7.5~11mm，外面具柔毛，后渐脱落，裂片三角形，长2~2.5mm，边缘密生长睫毛；花冠淡蓝色，外面具黄绿色宽条纹，漏斗形，长14~19mm，外面无毛，褶宽圆形，边缘有不明显的波状齿；雄蕊着生于花冠筒中部，不整齐；子房狭椭圆形。蒴果矩圆状匙形，有宽翅；种子表面具细网纹。花果期5~6月。

产云南洱源、丽江、中甸、宁蒗。生海拔2600~4200m的山坡草地。

供观赏，可种植于林间草地，点缀于绿茵之中，极有野趣。

红花龙胆　龙胆科

Gentiana rhodantha Franch.

多年生草本，高40~60cm。茎具棱，分枝。叶对生，革质，卵形或卵状三角形，长0.5~2cm，宽0.5~1cm，具三出脉，锐尖，边缘有细锯齿，反卷，基部多少连合抱茎。花单生枝顶端或叶腋，淡紫红色，带有深紫色条纹，长约2.5cm，几无柄；花萼筒状，膜质，5裂，裂片条状披针形，与萼筒近等长；花冠漏斗状，裂片卵形，先端渐尖，褶不对称，流苏状；雄蕊5，着生于花冠筒下部，花丝细长，顶端弯曲；子房上位，花柱长，柱头2裂。蒴果矩圆形，具柄；种子卵圆形，具狭翅。花期6~9月，果期8~10月。

产云南昆明、玉溪、楚雄、大理、丽江、鹤庆、思茅、文山。生海拔1300~2600m的山坡草丛或灌丛中。河南、陕西、甘肃、湖北、广西、贵州、四川有分布。

花美观，供庭园种植于疏林下、草坪边、花坛等微荫湿处观赏。全草入药，清热利胆，消炎止咳。种子繁殖。

大花扁蕾　龙胆科

Gentianopsis grandis (H.Smith)Ma

多年生草本，高约50cm，多分枝。叶对生，茎基部的叶排列密集，匙形或椭圆形，长0.5~1.5cm，宽0.5~0.8cm，具短柄，上部的叶条状披针形，长3.5~7cm，宽0.5~1cm，顶端尖无毛。单花顶生，长3.5~8cm，

红花龙胆 Gentiana rhodantha

花蓝紫色；花萼漏斗状，与花冠筒近等长，先端4裂，外侧一对裂片条状披针形，具尾尖；内侧一对裂片披针形；花冠钟状，筒长3~5cm，顶端4裂，裂片宽卵形，短尖，长约3.5cm，边缘具波状齿，基部边缘具流苏状毛；腺体4个，圆形，与雄蕊互生，雄蕊4；子房上位，具柄，花柱短，柱头2裂。蒴果具柄，成熟时2裂；种子多数。花期8~9月，果期10~11月。

产云南中甸、德钦、丽江、维西、永善、鲁甸。生海拔2 800~3 850m的山坡草地。四川也有。

花蓝紫色，盛开时极雅致，可供观赏，亦可作岩石园、草地栽培或盆栽。种子繁殖。

丽江肋柱花　　龙胆科
Lomatogonium lijiangense T.N.Ho

一年生草本，高35~40cm。茎直立，常带紫红色，密被乳突，中上部分枝，枝略近四棱形。基生叶早落；茎生叶无柄，线状披针形至线形，长10~35mm，宽至5mm，基部半抱茎。聚伞花序疏散。多花；花梗长8~20mm，近四棱形；花5数，稀4数；花冠裂片线形或线状披针形，长7~10mm；花冠蓝色，裂片卵状椭圆形或线状披针形，长12~16mm，宽4~6mm，先端渐尖；基部两侧各具1个腺窝，腺窝小，管形，管顶端裂片流苏状；花丝线形，长6~8mm，花药蓝色；子房长6~8mm，柱头下延至子房上部。蒴果披针形与花冠近等长。花果期10~11月。

产云南丽江。生海拔2 000~2 500m的金沙江边山坡上。

大钟花 *Megacodon stylophorus*

花很美观，可供庭园花坛种植。

大钟花　　龙胆科
Megacodon stylophorus(C.B.Clarke) H.Smith

多年生草本，高60~100cm。茎直立，粗壮而中空。单叶对生，基部合生，卵形至卵状椭圆形，长6~15cm，宽4~12cm，全缘，叶脉弧形5条，无毛。单花顶生或腋生，漏斗状，直径约10cm，淡绿色或淡黄色，喉部无毛；花梗长，苞片2，叶状，披针形；花萼漏斗形，裂片5，卵形；花冠5深裂，裂片倒卵状长圆形，具网脉；雄蕊5，子房1室，花柱短，柱头阔，2裂，裂片椭圆形。蒴果长椭圆形，长4cm，成熟时2裂，萼宿存；种子多数。花期5~7月，果期9~10月。

产云南大理、丽江、维西、中甸、德钦、贡山。生海拔3 100~4 200m的高山冷杉林、杜鹃灌丛旁草地。西藏有分布。印度、不丹、锡金也有。

花冠大，色清淡，为珍贵的观赏花卉。种子繁殖。

大花扁蕾 *Gentianopsis grandis*

丽江肋柱花 *Lomatogonium lijiangense*

景天点地梅　报春花科
Androsace bulleyana G.Forr.

二年生或多年生仅结实一次的草本，无根状茎。莲座状叶丛单生，具多数平铺的叶，直径5~10cm；叶匙形，长2~5cm，宽4~8mm，肉质，两面无毛，具软骨质边缘及篦齿状缘毛。花葶1至数枚自叶丛中抽出，高10~28cm，被白色硬毛状长毛；伞形花序多花；苞片阔披针形至线状披针形，长6~7mm，质地厚，边缘密被缘毛；花梗不等长，始花期较短，后渐伸长，至果期可长达2.8cm，密被柔毛；萼钟状，长4.5~5mm，外面被白色短毛，萼裂片分裂达中部或稍过之，卵状长圆形，先端具较长的缘毛；花冠紫红色，喉部色较深，直径8~10mm，筒部稍短于花萼，裂片楔状倒卵形，先端微凹或具不整齐的小齿。雄蕊5，内藏；蒴果长椭圆形，紫红色。花期6~7月。

产云南大理、洱源、丽江、中甸。生海拔2 100~3 600m 的山坡、砾石阶地和冲积扇上。

本种花非常美丽，性耐干旱喜阳，是岩石园、假山布景的好品种，亦可种于园中多砾石地的坡地上，极有野趣。种子繁殖。

滇西北点地梅　报春花科
Androsace delavayi Franch.

多年生草本，地上部分为不规则垫状体。根多条，排列紧密，枝条具节；莲座状叶丛顶生，直径5~8mm；外层叶数少，早枯，具缘毛，近顶端具疏硬毛；内层叶排列紧密，阔倒卵形至舌状倒卵形，长2~4mm，宽1.5~2mm，边缘和顶端微内弯，背面前半部被硬毛，先端具流苏状缘毛。花1~2(4)朵集生于高1~3cm 的花葶顶端，有时无花葶单生于叶丛中；苞片通常2 枚，长2~4mm，常对折成舟状，背面和边缘被毛；花梗短，被毛；萼杯状，长约2.5mm，裂片5，卵状长圆形，具缘毛和背面被柔毛；花冠白色或粉红色，直径5~6mm，裂片5，倒卵状楔形或阔倒卵形，先端圆或微凹；雄蕊贴生于花冠上。花期6~7月。

产云南大理、丽江、中甸、德钦、贡山。生海拔3 000~4 500m 的多砾石的山坡或岩缝中。四川、西藏有分布。锡金、不丹、尼泊尔也有。

垫状株形，花多而美丽，供观赏。

硬枝点地梅　报春花科
Androsace rigida Hand.-Mazz.

多年生草本，地下茎不明显。茎蔓生匍匐，坚硬，通常每节有二叉状分枝，被白色卷毛。叶在节上束生；矩圆状披针形，长5~8(12)mm，宽2~3mm，顶端钝圆，基部渐狭，被白色卷绒毛，新叶灰绿色，被浓厚绒毛，老叶逐渐脱落呈褐黄色，边缘有透明角质边缘。花葶被毛，长10~20mm，从节上抽出1~3葶伞形花序，有花3~4朵；花梗长2~3mm，被绒毛；苞片长舌状三角形，被绒毛，长2~5mm；花萼杯状，被绒毛，有角质边缘，长2~5mm，萼裂片5，先端圆形；花冠粉红色，杯状高脚碟形，直径5~10mm，裂片倒心形，顶端微凹缺；雄蕊5，生花萼筒中部，花丝短；子房倒圆锥状。蒴果卵圆形。花期5~7月。

产云南丽江、中甸等地。生海拔(2 800)3 100~3 500(3 750)m 的高山干旱多石山坡，是一种高山干旱植物。四川有分布。

植株分枝多而密集，因此花很繁茂常连成小片风景线，显得很美丽，是岩石园、假山布景的好材料。

刺叶点地梅　报春花科
Androsace spinulifera (Franch.) R.Knuth

多年生草本，根状茎木质，粗壮。单叶数枝从根状茎顶端发出，老叶宿存。鳞叶披针状三角形，层叠，被腺毛；叶矩圆状倒卵形或倒披针形，顶端尖锐，具针刺，基部下延狭窄成翅柄，中脉明显，边缘具睫毛，两面被具腺刚毛。花葶高达12~24cm，被腺毛；伞形花序顶生，球状；苞片长卵状披针形，被腺毛；花梗参差不齐，长6~10mm；

滇西北点地梅 *Androsace delavayi*

过路黄 *Lysimachia christinai*

硬枝点地梅 *Androsace rigida*

景天点地梅 *Androsace bulleyana*

花萼深5裂，裂片三角形，被具腺体的刚毛；花冠紫红色，高脚碟状，直径约1cm，花筒较短，裂片倒卵形，顶端全缘；雄蕊5，生于花筒中部；子房近球形，1室。花期5~6月。

产云南丽江、中甸一带。生海拔(2 300)2 900~3 780(4 050)m 的干燥岩石上或疏林下。四川也有分布。

本种花非常美丽，是极好的观赏植物，供花坛布景、草地边缘种植或盆栽。

高原点地梅　报春花科
Androsace zambalensis(Petitm.) Hand.-Mazz.

多年生草本。植株由多株具莲座状叶的叶丛形成垫状体。根出条粗壮，下部节上具枯老叶丛，上部节上生新的莲座状叶丛；叶近两型，外层叶长圆形或舌形，长3.5~4.5mm，宽约1mm，早枯，被毛；内层叶狭舌形至倒披针形，长5~6mm，被毛较密。花葶单生，高1~2(5)cm，被长柔毛，伞形花序有花2~5朵；苞片倒卵状长圆形至阔倒披针形，长5~7mm，被长柔毛；花梗长2~4mm；花萼阔钟形或杯状，长2~3mm，裂片卵状三角形，分裂达中部；花冠白色，直径5~8mm，喉部周围粉红色，裂片阔倒卵形，全缘或先端微凹；雄蕊5，花丝极短，贴生于花冠筒上。花期6~7月。

产云南中甸。生海拔3 300~4 600m 的高山流石滩、灌丛和沙石滩地。西藏、四川、青海有分布。

高原点地梅 *Androsace zambalensis*

垫状株形，花多而密集，很美观，供庭园观赏。分株或种子繁殖。

过路黄　报春花科
Lysimachia christinai Hance

匍匐茎草本。茎可延伸至60cm，被毛，稀无毛，具节，节上常发出不定根，基部节间短、中部节间长。单叶对生，卵圆形至肾形，长2~6cm，宽1.5~5cm，先端锐尖或圆钝以至圆形，基部截形至浅心形，全缘，无毛或被糙伏毛；叶柄短或与叶片近等长。花单生叶腋，花梗长1~5cm；花萼长5~10mm，裂片披针形至线形，深裂近基部，无毛或被毛或仅具缘毛；花冠浅钟状，黄色，长7~15mm，基部合生，裂片5，狭卵形至近披针形，先端锐尖或圆钝；雄蕊花丝下部合生成筒，花药卵形。蒴果球形，径4~5mm。花期5~7月，果期7~10月。

产云南中部至西北部和保山、临沧至思茅、个旧、文山以北地区。生海拔1 700~2 300m 的沟边、路边荫湿处和林下潮湿地。长江以南各省区及陕西、河南有分布。

植株多花而美观，可在庭园荫湿处作地被覆盖种植观赏。全草入药，清热解毒，利尿排石，治胆囊炎等症。

刺叶点地梅 *Androsace spinulifera*

星宿珍珠菜　　报春花科

Lysimachia pumila (Baudo)Franch.

多年生草本。茎多条披散簇生，高3~20cm，密被褐色短柄腺体。茎下部叶对生，茎上部叶互生。叶片匙形，长5~20mm，宽3~7mm，先端圆钝，基部楔形渐狭，下延至叶柄成狭翅，柄长5~20mm，两面均有暗紫色或黑色短线条和腺点。花4~8朵生于茎顶略成头状花序，苞片叶状；花梗长1~3mm；花萼裂片长圆状披针形，背面有暗紫色短线条和腺点；花冠淡红色，基部合生，裂片匙形；雄蕊与花冠等长，花丝下部宽扁，贴生至花冠裂片基部，分离部分长2~2.5mm；子房无毛，花柱棒状。蒴果卵圆形。花期5~6月，果期7月。

产云南大理、洱源、丽江、贡山。生海拔3 500~4 000m的山坡草地、潮湿谷地和河滩上。四川有分布。

供观赏，可在潮湿地连片种植。

巴塘报春　　报春花科

Primula bathangensis Petitm.

多年生草本。根状茎粗短。叶3~5枚簇生，肾形，长3~12cm，宽2~14cm，基部深心形，两面被硬毛，边缘有圆缺刻及细锯齿；侧脉3~4对，下方1~2对基生；柄长3~25cm。花葶粗壮直立，高10~70cm，多花排成疏松的顶生总状花序；苞片矩圆状，向上渐变成披针形，叶状，被毛；花梗长0.5~1.5cm，被硬毛；花萼宽钟状，长1~1.5cm，宽约1.5cm，裂片披针形，向上开展；花冠金黄色，杯状，花萼筒长10~12mm，冠檐径1.5~3cm，裂片倒卵形，先端深凹；长花柱花：雄蕊着生处距冠筒基部约4mm，花柱长约8mm；短花柱花：雄蕊接近冠筒口，花柱长约4mm。蒴果近球形。花期6~7月。

产云南宾川、永胜、丽江、中甸、宁蒗。生海拔1 600~2 050m的金沙江流域河谷地带山坡、溪边。四川有分布。

报春是世界著名观赏花卉。巴塘报春花金黄色更显名贵，且性耐干热环境，可供亚热带地区引种栽培。

橘红报春　　报春花科

Primula bulleyana Forr.

多年生草本。根茎极短，根簇生粗长。叶椭圆状倒披针形，长10~22cm，宽3~8cm，基部渐窄下延至柄，边缘不规则小齿，下面被粉质腺体，侧脉15对，叶柄长2~11cm，具翅。花葶粗壮，高20~70cm，节上和顶端具乳黄色粉，伞形花序5~7轮，每轮4~16花；苞片线形，长于花梗；梗长1.3~2.5cm；花萼钟状，长5~9.5mm，裂片披针形，先端渐尖成钻状，外微被粉，内密被乳黄色粉；花未开放时呈深橙红色，开后深橙黄色亦有橙红色，冠檐直径达2cm，裂片长圆状倒卵形，先端微凹。长花柱花：冠筒长10~12mm，雄蕊着生处距冠筒基部约

巴塘报春 *Primula bathangensis*

橘红报春 *Primula bulleyana*

中甸报春 *Primula chungensis*

星宿珍珠菜 *Lysimachia pumila*

5mm, 花柱长约8.5mm; 短花柱花: 冠筒长14~15mm, 雄蕊着生处距冠筒基部约10mm, 花柱长约5mm。蒴果近球形。花期6~7月。

产云南丽江、永胜。生海拔2 600~3 200m 的高山草地潮湿处。四川有分布。

花很美丽。适宜庭园内潮湿地和沼泽地、小溪边种植。

美花报春　　报春花科
Primula calliantha Franch.

多年生草本。具粗而短的根状茎。叶丛基部具多数覆瓦状排列的鳞片, 呈鳞茎状, 直径可达2.5cm; 鳞片卵形至卵状披针形, 长1.5~4.5cm, 近肉质, 背面被黄粉。叶片狭长形至倒披针形, 长3~9cm, 到果期可长达18cm, 先端圆或钝, 边缘具小圆齿, 常反卷, 背面密被黄粉。花葶高10~30cm, 上部被淡黄色粉; 伞形花序1轮, 通常有花3~10朵; 苞片狭披针形, 腹面被黄粉; 花梗短, 初花时短于苞片, 被粉; 花萼狭钟状, 密被黄粉, 裂片狭卵形, 深裂; 花冠淡紫红色至深蓝色, 冠檐直径2~3cm, 喉部被黄粉, 花冠裂片阔倒卵形, 先端2浅裂, 小裂片全缘或具小齿; 长花柱花: 雄蕊着生于冠筒中部; 短花柱花: 雄蕊着生于冠筒上部。花期4~6月, 果期7~8月。

产云南大理、漾濞、维西、中甸、德钦、贡山。生海拔3 500~4 400m 的冷杉杜鹃林及草地。

这是一种很名贵的观赏花卉, 主供观赏。

中甸报春　　报春花科
Primula chungensis Balf.f. et Ward.

多年生草本。根茎极短, 须根簇生。叶薄膜质, 椭圆形或倒卵状椭圆形, 长4.5~20cm, 宽2~8cm, 边缘有波状浅裂及不整齐的小锯齿; 柄长1~5cm。花葶自叶丛中抽出, 高10~35cm, 节上微被粉, 伞形花序1~5轮, 每轮有花3~12朵; 苞片三角形至长形, 长1.5~5mm; 花梗长8~15mm; 花萼钟状, 长3.5~4.5mm, 内密被乳黄色粉, 外面微被粉或无粉, 裂片三角形, 锐尖; 花冠橘黄色, 高脚碟状, 冠筒长11~12mm, 喉部具环状附属物, 冠檐径1.5~2cm, 裂片倒微缺, 顶端微凹, 多为同型花, 雄蕊着生处距冠筒基部约9mm。蒴果卵圆形。花期5~6月。

产云南中甸、德钦。生海拔1 700~4 200m 的山坡林间草地和水沟边。四川、西藏有分布。

峨眉报春 *Primula faberi*

主供观赏。供庭园花坛种植或盆栽。种子繁殖。

峨眉报春　　报春花科
Primula faberi Oliv.

多年生草本。根茎粗短, 须根粗壮。叶纸质; 叶丛基部无鳞, 长椭圆形或倒卵形, 长2~8cm, 宽0.6~3cm, 连柄长6~12cm, 基部下延成翼状叶柄, 长约3cm, 边缘有尖锐锯齿, 两面均有褐色小斑点。花葶高10~25cm, 先端密被褐色腺体; 伞形花序有花5~10朵; 苞片大, 叶状, 长6~15mm, 宽2~5mm, 全缘或具1~2小齿; 花梗长1~2mm; 花萼钟状, 长8~10mm, 具5肋, 裂片矩圆形; 花冠黄色, 窄钟状, 长1.8~2.5cm, 顶端宽1.2~1.5cm, 裂片矩圆形, 长5~8mm, 宽4~5.5mm。长花柱花: 雄蕊距冠筒基部约2mm处着生, 花柱长约

7mm; 短花柱花: 雄蕊距冠筒基部约5mm处着生, 花柱长1mm。蒴果长圆形。花期6~7月, 果期7~8月。

产云南禄劝、巧家。生海拔2 750~3 900m 的高山地带的石灰岩层上。四川有分布。

花黄色, 非常美观, 适于草地边缘种植或盆栽。

美花报春 *Primula calliantha*

灰岩皱叶报春 *Primula forrestii*

灰岩皱叶报春　　报春花科
Primula forrestii Balf.f.

多年生草本，高约20cm。根状茎粗壮，木质。老叶柄宿存，层叠呈鱼鳞状，新叶密集于根状茎上端；叶卵形至倒卵状披针形，顶端钝圆或突尖，基部阔楔形或微呈心形，边缘有圆锯齿，两面均被毛，有隆起皱纹，下面被黄色粉末；叶柄长4~7cm，被纤毛。花葶挺直，高6~17cm，被纤毛；伞形花序，有花10~18朵；苞片披针形，长5~10mm；花萼钟状，筒长8~10mm，被黄色粉末；花冠高脚碟状，金黄色，冠檐直径1.5~2.5cm，裂片倒心形，顶端凹缺。蒴果圆形，短于花萼。花期5~6月，果期7~8月。

产云南丽江、中甸。生海拔2 900~3 300m 的石灰岩岩缝中。四川有分布。

花葶多花，且花大，花色美观，叶密集，很适于花坛和盆栽，是很好的庭园观赏花卉。种子繁殖。

海仙报春　　报春花科
Primula poissonii Franch.

多年生草本。根茎短，须根粗壮，全株无毛。基生叶束生，叶冬季不枯。叶片矩圆状披针形，长7~25cm，宽4~8cm，基部渐狭下延成翅状，边缘有细锯齿；柄极短，具阔翅。花葶高20~45cm；伞形花序2~6轮，每轮具花3~10朵；苞片线状披针形，长5~10mm；花梗长1~2.5cm；花萼杯状，长5~6mm，裂片三角形；花冠紫红色或深红色，冠筒口周围黄色，筒长9~11mm，喉部具环状附属物，冠檐平展，径1.8~3cm，裂片倒心形，顶端深2裂；长花柱花：雄蕊

海仙报春 *Primula poissonii*

着生于冠筒基部；短花柱花：雄蕊着生于距冠筒上部。蒴果黄色，长卵形。花期5~7月，果期9~10月。

产云南昆明、禄丰、富民、思茅、大姚、剑川、洱源、维西、丽江、中甸。生海拔1 900~3 350m 的高山湿草地和沼泽地。四川有分布。

海仙报春是报春中的名花，适于庭园沼泽地和溪边种植。

多脉报春　　报春花科
Primula polyneura Franch.

多年生草本，高约25cm，。叶薄膜质，两面有硬纤毛，阔三角形至阔卵形，长3~7cm，宽2~10cm，基部心形，边缘掌状7~11裂，裂片宽卵形，边缘具浅裂状粗锯齿；侧脉3~6对，最下一对基生；柄长5~10cm，被毛。花葶高10~50cm，被多细胞柔毛；伞形花序1~2轮，每轮有花3~12朵；苞片披针形，长5~10mm，花梗长5~25mm，均被毛；花萼管状，长5~12mm，裂片窄披针形，具明显的3~5纵脉；花冠粉红色至深玫瑰红色，高脚碟状，冠筒口周围黄绿色至橙黄色，冠筒长10~14mm，冠檐径1~2cm，裂片阔倒卵形，顶端深凹。长花柱花：雄蕊着生处接近冠筒中部；短花柱花：雄蕊着生处接近冠筒口。蒴果圆柱体形。花期5~6月，果期7~8月。

产云南永宁、丽江、中甸。生海拔3 400~3 700m 的高山草地、灌丛中或阴湿处。四川、甘肃有分布。

供庭园荫湿处种植。

滇海水仙花　　报春花科
Primula pseudodenticulata Pax

多年生草本，全株无毛。根状茎极短，叶丛基部无芽鳞，叶多数，倒披针形至狭倒卵状矩圆形，长3~10cm，宽1~2.5cm，先端圆钝，基部渐狭，边缘具小齿，背面被粉质腺体；叶柄短或与叶近等长，具宽翅。花葶高6~35cm，顶端被淡黄色粉；伞形花序近头状；苞片卵形至卵状披针形，长2~5mm；花萼钟状，长4~5mm，被粉，裂片几达中部；花冠粉红色至淡紫蓝色，冠筒口周围黄色，冠檐直径7~12mm，裂片倒卵形，先端2深裂；长花柱花：雄蕊着生于花筒中下部；短花柱花：雄蕊着生于冠筒中部。蒴果与宿存萼近等长。花期5~6月。

产云南蒙自、昆明、大理、丽江。生海拔1500~3300m的沟边、水旁、湿草地。

供观赏，适于盆栽和庭园湿润地栽培。

丽花报春　　报春花科
Primula pulchella Franch.

多年生草本。根状茎粗短，叶基部丛生，叶片披针形或线状披针形，连柄长5~15cm，宽0.5~2cm，先端钝或稍锐尖，边缘常反卷，背面被黄粉或白粉，叶柄短，有时长达叶片的1/2，具狭翅。花葶高10~30cm，顶端被粉；伞形花序1轮，有花3~10余朵；苞片线形或披针形，长3~10mm，被粉；花梗长5~25mm，被黄粉；花萼钟状，裂片狭三角形，内面和裂片边缘及凹缺处被粉；花冠高脚碟状，紫蓝色至深紫蓝色，冠筒口黄绿色，冠筒长8~12mm，冠

檐直径1.5~2cm，裂片倒心形，顶端深凹缺；雄蕊着生于花筒近基部。蒴果矩圆形，种子多数。花期6~7月。

产云南洱源、鹤庆、丽江、中甸。生海拔2800~3350m的高山草地或林缘。四川、西藏有分布。

花色艳丽，是极好的观赏花卉，宜于花坛和盆栽及岩石园种植。种子繁殖。

偏花报春　　报春花科
Primula secundiflora Franch.

多年生草本。根状茎粗短，根肉质多数。叶丛生，叶片矩圆形至狭椭圆形，长4~12cm，宽1~3cm，边缘具三角形小齿，齿端胼胝质尖头，两面均疏被小腺体；柄有阔翅。花葶长10~90cm，顶端被白色粉；伞形花序有花5~10朵，有时2轮；苞片披针形，长5~10mm；花梗长1~5cm；花萼窄钟状，长7~10mm，上半部分裂成三角状披针形裂片，沿裂片背面下延至基部一线，无粉，染紫色，沿每2裂片边缘至基部密被白粉，整个花萼形成紫白相间的10条纵带；花冠红紫色至深玫瑰红色，长1.5~2.5cm，冠檐直径1.5~2.5cm，裂片倒卵状矩圆形；长花柱花：雄蕊着生处低于冠筒中部，花柱与冠筒略近等长；短花柱花：雄蕊近冠筒口着生，花柱长2~3mm。蒴果稍长于宿存花萼。花期6~7月，果期8~9月。

产云南西北部中甸、丽江。生海拔3200~4800m的水沟边、河滩地、高山沼泽和湿草地。

花非常美丽，适于庭园低凹湿地、小溪边或水池边草地上种植。

偏花报春 *Primula secundiflora*

滇海水仙花 *Primula pseudodenticulata*

多脉报春 *Primula polyneura*

丽花报春 *Primula pulchella*

锡金报春 *Primula sikkimensis*

紫花雪山报春 *Primula sinopurpurea*

锡金报春 *Primula sikkimensis*

锡金报春　报春花科
Primula sikkimensis Hook.

多年生草本。地下茎不显著，多须根。叶无毛，无粉，叶丛高7～30cm，叶片长披针形或狭倒卵形，顶端圆钝，基部狭窄下延，边缘有细锯齿；侧脉10～18对；柄长5～6cm，无粉，基部有叶鞘。花葶高15～90cm，顶端被黄粉。伞形花序1轮有花6～10朵；苞片长披针形，长0.5～2cm，被白粉；花梗被黄粉，长2～5cm，开花时下弯；花萼钟状，长0.7～1.2cm，被黄粉，裂片披针形或三角状披针形；花冠黄色，钟状，长1.5～3cm，直径2cm，裂片倒卵形，顶端凹缺。蒴果长圆柱形；种子淡黄色，船形。花期5～6月，果期9～10月。

产云南中甸、维西、德钦、贡山。生海拔3 200～4 730m的湿草甸及泉边。四川、西藏有分布。尼泊尔、锡金、不丹亦有。

大而纯黄的花冠极为美丽，植株体型较大，是一种非常好的庭园观赏花卉，供花坛种植、盆栽或湿润空旷地种植均可。

紫花雪山报春　报春花科
Primula sinopurpurea Balf.f.ex Hutch.

多年生草本。根状茎短，须根长。叶丛基部由鳞片、叶柄包叠成假茎状，高4～9cm，径约3.5cm；鳞片披针形。叶坚纸质，短圆状卵形至宽披针形。形状变异较大，长5～25cm，宽1～5cm，边缘具细小齿；柄具宽翅，为鳞片覆盖。花葶粗壮，高15～70cm，近顶端被黄粉；伞形花序1～4轮，每轮3至数10朵花；苞片披针形，长5～15mm，腹面被粉；花梗长1～2.5cm，密被鲜黄色粉；花萼狭钟状，长8～12mm，裂片矩圆状披针形，外疏被粉，内密被鲜黄色粉；花冠紫蓝色或淡蓝色，稀白色，冠筒长11~13mm，冠檐径2~3cm，裂片阔椭圆形，全缘。蒴果筒状。花期5~7月，果期7~8月。

产云南禄劝、洱源、丽江、中甸、德钦、维西。生海拔3 000~4 400m 的高山草地、草甸、流石滩和杜鹃丛中。四川、西藏有分布。

本种也是一种非常美丽的报春，适温带地区庭园栽培观赏。种子繁殖。

苣叶报春　　报春花科

Primula sonchifolia Franch.

多年生草本。根状茎短，叶基部具覆瓦状膜质鳞片，呈鳞茎状，高2.5~5cm。叶丛生，纸质，矩圆形至倒卵状矩圆形，开花期因未充分发育，连柄长3~10(15)cm，至果期可长达35cm，宽至12cm，先端圆，基部渐狭，边缘有不规则的裂片和小齿；柄初期短，至果期较长。花葶高15~35cm，近顶端被黄粉；伞形花序3至多花；苞片卵状三角形；花梗长0.6~2.5cm，被淡黄色粉或具粉质小腺体；花萼钟状，绿色，裂片椭圆形，先端钝；花冠蓝色至紫红色，漏斗状，冠檐直径1.5~2.5cm，裂片倒卵形，顶端通常具小齿，稀全缘；长花柱花：冠筒长0.9~1cm，雄蕊着生花冠筒中部。短花柱花：冠

筒长1.1~1.3cm、雄蕊着生冠筒上部。蒴果近球形；种子多数。花期3~5月，果期6~7月。

产云南大理、漾濞、洱源、丽江、中甸、德钦。生海拔3 200~4 200m 的高山草地林缘冷杉林及杜鹃林。四川、西藏有分布。缅甸也有。

花供观赏。种子繁殖。

云南报春　　报春花科

Primula yunnanensis Franch.

多年生矮小草本，有多数须根和宿存的老叶柄。叶矩圆状倒卵形或匙形，连叶柄长1~3.5cm，顶端圆钝，基部楔形下延成翅状叶柄，边缘具细锯齿，上面无粉，下面具黄色粉。花葶被黄粉，长2~8cm；伞形花序通常有花1~5朵；苞片披针形，被黄粉；花梗长约10mm；花萼钟状，具5条粗脉，被薄黄粉，裂片尖长三角形；花冠粉红色或白色，高脚碟状，直径1.5cm，有微香，具明显的黄心，裂片倒心形，顶端凹缺；雄蕊略露出于花冠筒外。蒴果球形。花期6月。

产云南宾川、大理、鹤庆、永胜、丽江、维西、德钦。生海拔2 800~3 600m 的石灰岩上。四川有分布。

供观赏。

云南报春 *Primula yunnanensis*

苣叶报春 *Primula sonchifolia*

沙参(亚种)Adenophora capillaris subsp.leptosepala

沙参(亚种) 桔梗科

Adenophora capillaris Hemsl.
subsp.*leptosepala* (Diels)Hong.

多年生草本，有白色乳汁。茎高50~
110cm，近无毛。茎生叶互生，无柄或近无
柄，卵状披针形或卵形，长5~7cm，宽2~
2.5cm，先端尾状渐尖，基部钝，被疏柔毛
或无毛，背面苍白色。圆锥花序广大分枝，
开展，花具纤细的梗，下弯，总花梗长
1.5cm，花托长3~4mm；萼齿纤细，线形，
平展，长6~8(14)mm，常具小齿；花冠狭
钟状，淡天蓝色，长13~18mm，宽6~8mm；
裂片长3~4mm，有小齿；花盘狭圆柱形，
长3.5~4mm；花柱被小疏柔毛，常伸出花
冠，长2~2.5cm。蒴果卵形。花期8~10月。

产云南镇康、大理、洱源、宾川、兰坪、
鹤庆、丽江、维西、中甸、贡山、德钦。生
海拔2 000~3 600m 的林下、林缘草地或灌
丛中。

花色素雅，形似一个下垂的吊灯，很美
丽，供庭园观赏。

大金线吊葫芦(变种) 桔梗科

Codonopsis convolvulacea Kurz
var.*forrestii*(Diels)Ballard

茎缠绕，具白色乳汁。根近球形，不规
则块状，径2~3cm，或具分枝。茎较粗壮，
无毛。单叶互生，叶片纸质，狭卵形至宽披
针形，长6~10cm，宽1.5~3cm，先端锐
尖，基部圆形，两面无毛，全缘；叶柄长0.5~
1cm。单花顶生或腋生，花梗下部有2 叶状
苞片；花梗粗壮，长可达10cm；花萼5裂，
裂片狭三角形；花辐射状；花冠大，宽钟状，
长3.5~6.5cm，宽1.5~2.3cm，蓝色；裂片
狭卵形，长2.5~3.5，宽1~1.4cm；雄蕊5，
花丝下部扩大为正三角形，边缘密生柔毛；
子房半下位，3室，柱头大，3裂。蒴果锥
形。种子褐色。花期7~10月。

产云南昆明、寻甸、嵩明、禄劝、双柏、

大理、丽江、昭通、中甸、德钦。生海拔
2 100~3 600m 的山坡灌丛中。四川也有。

花大而美观，缠绕茎细长而叶分布较
匀，是极好的棚架垂直绿化植物。用种子或
块状根分株繁殖。

毛叶鸡蛋参(变种) 桔梗科

Codonopsis convolvulacea Kurz
var.*hirsuta* (Hand-Mazz) Anth.

具缠绕茎草本。茎有白色乳汁；块根近
球形，径1.5~2cm；茎纤细，长30~50cm，
幼茎被白色长硬毛，后渐脱落，老枝无毛。
单叶互生，叶二型，叶常聚生于茎下部；叶
片卵形至椭圆形，长4~6cm，宽2~4cm，
边缘有锯齿，叶背密被长硬毛，茎上部的叶
较少，通常披针形，长2~5cm，宽2~8mm，
无柄。花的结构与大金线吊葫芦相同，唯花
冠直径稍小。

产云南昆明、嵩明、砚山、蒙自、龙陵、
凤庆、腾冲、丽江。生海拔1 000~4 400m
的山坡草地或灌丛中。四川有分布。

供垂直绿化观赏。

细叶蓝钟 桔梗科

Cyananthus delavayi Franch.

多年生草本。根粗壮；茎基粗厚，木质，
有时分叉；茎多条，长10~20cm，基部有
鳞片状叶簇，被疏柔毛，有时单一，有时具
短的小枝。叶近圆形，长3~6mm，叶面无
毛，或被极疏短柔毛，背面密被白色刚毛，
边缘有角或近5裂，稀全缘，具长柄，柄边
缘被纤毛。花单生枝顶，有短梗；花萼长7~
8mm，近无毛，分裂达1/3，萼齿三角状披
针形，具纤毛；花冠管状，天蓝色，长约
2.5cm，裂片长圆形，有时分裂达中部，内
面喉部被长髯毛至裂片被小刚毛；果萼膨
大，基部球形。蒴果圆锥状，锐尖，宿存萼
短于果1/3。花期8~9月。

产云南洱源、禄劝、昆明、兰坪。生海
拔2 540~3 000(3 600)m 的灌丛草地、疏林
或松林下。

植株小，可供盆栽观赏，或在荫湿处作
地被种植。

黄花蓝钟 桔梗科

Cyananthus flavus Marq.

多年生草本。茎数条基出丛生，不分
枝，高7~12cm。茎基纤细，先端生莲座形
近鳞片状的叶，全缘，长2~3.5mm，覆瓦
状密集排列，茎下部裸露。上部叶互生，相
当密集，叶从下部向上部渐大，椭圆状披针
形，长10~14mm，宽6~7mm，两面疏被

细叶蓝钟 Cyananthus delavayi

大金线吊葫芦(变种)Codonopsis convolvulacea var.forrestii

毛叶鸡蛋参(变种)Codonopsis convolvulacea var.hirsuta

黄花蓝钟 Cyananthus flavus

细钟花 *Leptocodon gracilis*

柔毛, 全缘或微具齿, 反卷; 柄极短。花单生茎顶, 具梗, 花梗长15~20mm, 无毛或疏被柔毛; 花萼无毛, 萼管长8~10mm, 萼齿三角形, 近于钝, 长3~3.5mm, 内面先端疏被白色硬毛, 边缘具缘毛; 花冠管状, 淡黄色, 长于花萼2~2.5倍, 裂至中部, 裂片内面密被黄色疏柔毛, 裂片三角状披针形。蒴果卵状圆锥形, 内藏于宿管中, 顶部3~5瓣裂; 种子小, 褐色, 种皮不具网脉。花期7~8月。

产云南丽江、中甸。生海拔3 000~3 600m的草地或疏林下。

用途与细叶蓝钟相同。

细钟花　桔梗科

Leptocodon gracilis(Hook.f.)Hook.f. et Thoms.

草质藤本。植株全株无毛, 有细分枝。叶互生或对生, 有细柄; 叶薄草质, 宽卵形或卵形, 长1~2.3cm, 宽0.9~2cm, 顶端钝, 基部圆截形, 边缘有少数浅钝齿; 侧脉3~5对, 柄长0.7~2cm。花具细梗, 生分枝顶端, 与叶对生; 花萼裂片5, 叶状, 矩圆状倒披针形, 长约5mm, 边缘有1~2浅钝齿; 花冠蓝色, 漏斗状长筒形, 长约5mm;

雄蕊5, 离生, 长约2cm, 花药长约2.5mm, 花丝狭条形, 基部稍变宽; 腺体5, 与雄蕊互生, 长约2mm; 子房3室。蒴果室背开裂。花期8~10月。

产云南大姚、永胜、宾川、鹤庆、丽江、贡山。生海拔1 900~2 600m的阔叶林缘及灌丛、竹林中。四川有分布。尼泊尔、锡金也有。

花很美观, 可供庭园荫湿处花架、墙垣等攀援绿化用。

桔梗　桔梗科

Platycodon grandiflorus(Jacq.)A.DC.

多年生草本, 有白色乳汁。茎高40~120cm, 无毛, 通常不分枝或有时有分枝。叶3枚轮生、对生或互生, 无柄或有极短柄, 无毛; 叶片卵形至披针形, 长2~7cm, 宽0.5~3.2cm, 顶端尖端, 基部宽楔形, 边缘有尖锯齿, 下面被白粉。花1至数朵生茎或分枝顶端; 花萼无毛, 有白粉, 裂片5, 三角形至狭三角形, 长2~8mm; 花冠蓝紫色, 宽钟状, 直径4~6.5cm, 长2.5~4.5cm, 无毛, 5浅裂; 雄蕊5, 花丝基部变宽, 花柱5裂。蒴果倒卵圆形, 顶部5瓣裂。花期7~9月。

桔梗 *Platycodon grandiflorus*

产云南蒙自、文山、罗平、砚山。生海拔1 200~2 000m的山地草坡林边。东北各省及内蒙古、河北、山西、广东、广西、贵州、四川、陕西有分布。朝鲜、日本及俄罗斯远东也有。

花大而颜色美观, 供庭园观赏。根为祛疾药, 治肋膜炎。

狗舌草　紫草科

Antiotrema dunnianum (Diels) Hand.–Mazz.

多年生草本。茎1~2条, 高9~30cm, 有开展的短柔毛, 上部分枝。基生叶莲座状, 叶片匙形或狭椭圆形, 长4~18(22)cm, 宽1~5cm, 两面有近紧贴的细糙毛; 茎生叶较小, 无柄。花序有少数或多数分枝, 排成圆锥花序, 密被茸毛; 无苞片, 分枝长1~9cm; 花梗长2~3mm; 花萼长约3mm, 有开展的短柔毛, 5深裂, 裂片条状披针形; 花冠蓝色, 有时白色或淡紫色, 长6~8mm, 裂片5, 开展, 长约2mm, 花冠管漏斗状, 长约4.5mm, 在管中部有5个梯形的附属物与花冠裂片对生; 雄蕊5, 伸出花冠, 着生于花冠筒中部; 子房4裂。小坚果4, 肾形, 背面密生小疣点, 内面有纵椭圆形凹陷。花期3~7月, 果期8月。

产云南丽江、大理、蒙自、昆明、嵩明、富民、安宁、双柏、石屏、大姚、鹤庆、泸水、漾濞、师宗、永胜、永宁。生海拔1 600~2 500m 的山地草坡或松林内、灌丛下。四川、贵州、广西有分布。

供庭园观赏。根叶治跌打、红肿; 内服清湿热、治肝炎。

倒提壶　紫草科

Cynoglossum amabile Stapf et Drumm.

多年生或二年生草本。根茎短, 密被残枯的叶基。茎1~3, 高20~60cm。基生叶

狗舌草 *Antiotrema dunnianum*

密花滇紫草 *Onosma confertum*

多数, 叶片矩圆状披针形, 长6~20cm, 宽1.4~3.6cm, 下延入叶柄, 柄长2~11cm, 两面密被白色细绒毛; 茎生叶与基生叶同形。蝎尾状聚伞花序多花, 锐角叉开, 多数复合成圆锥花序, 总花梗密被细毛, 无苞片; 花梗长2~5mm; 花萼5深裂, 裂片卵形, 长3~4mm; 花冠蓝色, 长6~7mm, 檐部5裂, 裂片近圆形, 喉部有5个紫色梯形附属物; 雄蕊5, 内藏, 子房4裂。小坚果4, 卵形, 密生锚状刺。花果期4~11月。

产云南中部至西北部大理、丽江和东部地区。生海拔1 400~3 200m 的山地草坡或松林边。四川、贵州、甘肃、西藏有分布。不丹也有。

花天蓝色, 极秀丽, 可供花坛、草坪边和岩石园种植。全草入药、利尿、消肿、治黄疸。种子繁殖。

倒提壶 *Cynoglossum amabile*

昆明滇紫草　紫草科

Onosma cingulatum W.W.Smith et Jeffrey

多年生草本, 高80~120cm。茎不分枝, 被伸展的长硬毛和反曲的短硬毛。基生叶多数, 叶片狭披针形, 长达30cm, 宽达4.7cm。叶面被具圆形基盘的长硬毛和少数短硬毛, 叶背被柔毛; 柄具翅, 长2~6cm; 茎生叶与基生叶同形。聚伞花序多数生茎上部叶腋内的花序梗上, 组成长15~42cm 的圆锥花序; 苞片披针形; 花梗长0.5~1.5cm, 被毛; 花萼长0.7~1cm, 5裂至基部, 裂片线状披针形; 花冠漏斗状, 紫红色

子房 4 深裂，柱头 2 浅裂。小坚果近卵形，具瘤状突起。花期 7～9 月。

产云南中甸、丽江、宁蒗、永胜、洱源。生海拔 2 400～3 300m 的草坡或石砾中。四川也有。

本种耐干旱、喜阳，是布置庭园开阔地和砾石地的好材料。种子繁殖。

天仙子　茄科
Hyoscyamus niger Linn.

二年生直立草本，高 30～70cm，全株生有短腺毛和长柔毛。根粗壮，肉质。茎基部有莲座状叶丛。单叶互生，茎生叶卵形或卵状三角形，长 4～10cm，宽 2～6cm，基生叶卵状披针形，长可达25cm，宽约10cm，基部半抱茎或截形，边缘具粗齿，羽状深裂或浅裂；侧脉 5～6 对。花在茎中下部单生于叶腋，在茎上端聚集成顶生的穗状聚伞花序；萼筒钟形，长约1.5cm，5 浅裂，裂片大小不等，果时增大成壶状，基部圆形；花冠漏斗状钟形，黄绿色，基部和脉纹紫堇色，5 浅裂；雄蕊5，子房近球形。蒴果卵球状，顶端盖裂；藏于宿萼内；种子近圆盘形。花期6～7 月，果期9～10 月。

产云南德钦、中甸、丽江。生海拔 2 750～3 350m 的山坡路旁、河岸沙地。中国东北、西北及西南等地均有分布。蒙古、俄罗斯、印度也有。

具观赏价值亦可供药用。根、叶、种子含莨菪碱和阿托品类生物碱。

茄参　茄科
Mandragora caulescens C.B.Clarke

多年生直立草本，高 15～60cm，全株被短柔毛。根粗壮。叶互生，茎上部的叶大且排列较密，矩圆形或卵状倒披针形。连叶柄长 5～15cm，宽 2～5cm，先端钝，基部渐狭下延到叶柄而成狭翅且半抱茎，全缘；侧脉 5～6 对。花单生或近簇生，花先叶开放，或花、枝叶同时开放；花梗长 4～8cm；花萼宽钟状，5 裂，裂片三角状卵形，果时增大；花冠钟状辐射形，紫黑色或黄色，5 裂至中部；雄蕊5，插生于花冠筒下部，花丝着生于花药背面；子房2 室，花柱长。浆果球形，径1.5～2.5cm；种子多数，黄色，扁肾形。花果期5～8 月。

产云南东川、中甸、德钦。生海拔 2 200～4 200m 的山坡草地。四川、西藏有分布。锡金、印度也有。

花冠紫黑色罕见。供庭园观赏。根含莨菪碱和山莨菪碱。药用。

昆明滇紫草 *Onosma cingulatum*

或粉红色，初花时亦见杂有深蓝色之花，长 0.7～0.9cm，檐部 5 浅裂；雄蕊5，内藏，花药长 0.3～0.4cm，基部连合；子房4 裂。小坚果具淡色瘤状突起。花果期 7～10 月。

产云南昆明、禄劝、嵩明、江川、昭通。生海拔 2 000～2 800m 的山坡草地。

花美观，可供庭园林间空地以及花坛等栽培观赏。种子繁殖。

密花滇紫草　紫草科
Onosma confertum W.W.Smith

草本，高 30～120cm。茎不分枝，被硬毛。根茎密被残枯的叶基。基生叶多数在开花期枯萎。叶片条状披针形，长 4～15cm，宽 0.5～1.5cm，两面被毛，全缘；柄长 1～2cm，具翅，基部鞘状。茎生叶与基生叶同形。聚伞花序多数，生于茎先端及上部茎生叶叶腋内，长 3～10cm 的花序梗上，排列成开展、延长的圆锥花序，长达40cm，疏被长硬毛和短硬毛；苞片与叶同形，但较小。花梗长 0.6～1.2cm；花萼长 0.9～1.3cm，5 裂至基部，裂片条状披针形，外面被长硬毛和短柔毛；花冠红色或紫色，长1.3～1.8cm，外面密被短柔毛，檐部5浅裂，裂片三角形，管杯状，基部径2～3.5mm；雄蕊5，内藏；

天仙子 *Hyoscyamus niger*

茄参 *Mandragora caulescens*

白花银背藤　　旋花科

Argyreia seguinii(Levl.)Van. ex Levl.

木质藤本, 高达3m。茎圆柱形, 被短柔毛。单叶互生, 宽卵形, 长10.5~13.5cm, 宽5.5~12cm, 先端锐尖或渐尖, 基部圆形或微心形, 上面无毛, 下面被灰白色绒毛; 侧脉多数, 平行; 柄长4.5~8.5cm。复聚伞花序腋生, 总花梗短, 长1~2.5cm, 密被灰白色绒毛; 苞片明显, 卵圆形, 长和宽2~3cm, 外面被绒毛, 内面无毛, 紫色; 萼裂片5, 狭长形, 外面密被灰白色长柔毛, 长13mm, 内萼片较小; 花冠管状漏斗形, 白色, 外面被灰白色长柔毛, 长6~7mm, 冠檐浅裂; 雄蕊及花柱内藏, 雄蕊着生于管下部, 花丝短, 花药箭形; 子房无毛, 花柱丝状。花期6~7月, 果期8~9月。

产云南富宁、西畴。生海拔540~1300m的杂木林内。贵州、广西有分布。

供庭园大型花架, 覆盖墙垣等垂直绿化。全株药用, 有生肌、止血、收敛、清血润肺, 治内伤之功效。

金钟藤　　旋花科

Merremia boisiana(Gagnep.)Ooststr.

常绿缠绕草本或亚灌木。茎圆柱形, 幼枝中空, 无毛。叶近圆形, 长9.5~15.5cm, 宽7~14cm, 先端渐尖, 基部心形, 全缘, 侧脉7~10对, 叶背沿中脉疏被微柔毛; 柄长4.5~12cm。花序腋生, 为多花的伞房状聚伞花序, 花总梗长5~35cm, 苞片小, 长

1.5~2mm, 狭三角形, 外面密被锈黄色短柔毛, 早落; 花梗长1~2cm; 萼5, 外2片宽卵形, 外面被锈黄色短柔毛, 内3片近圆形, 无毛; 花冠黄色, 宽漏斗状或钟状, 长2~3cm, 冠檐浅5圆裂; 雄蕊5, 内藏; 子房圆锥状, 无毛。蒴果圆锥状球形, 4瓣裂, 种子3棱状卵形, 沿棱密被褐色糠秕状毛。花期5~7月, 果期8~9月。

产云南河口、金平、屏边、麻栗坡。生海拔120~680m的疏林润湿处。广东、海南、广西有分布。越南、老挝、印度尼西亚也有。

花供观赏, 是热带庭园棚架绿化的佳品。

腺毛飞蛾藤(变种)　　旋花科

Porana duclouxii Gagnep. et Courch. var.*lasia* (Schneid.)Hand.-Mazz.

攀援灌木, 茎缠绕, 无毛。叶宽卵状心形, 长6~8cm, 宽4.5~6cm, 先端渐尖, 基部深心形; 基出7脉, 侧脉1~2对, 侧脉及网脉密生小瘤点; 叶柄具槽, 密被近腺状短柔毛。花序腋生, 总状圆锥花序, 总花梗密被近腺状短柔毛, 具白色小瘤点; 花柄细, 长1~2cm, 顶端或近顶端具2~3枚小苞片; 小苞片较萼片小; 萼片线形, 锐尖, 密被近腺状短柔毛, 果萼(外萼片)两面疏被小短柔毛; 花冠狭漏斗形, 先端突然开展, 白色, 长2~3cm, 冠檐浅裂, 裂片圆形; 雄蕊5, 着生于花冠管中下部, 子房球形, 1室, 胚珠2, 花柱短, 柱头棒状。蒴果球形,

白花银背藤 *Argyreia seguinii*

金钟藤 *Merremia boisiana*

腺毛飞蛾藤(变种)*Porana duclouxii* var. *lasia*

密穗马先蒿 *Pedicularis densispica*

紫红色，种子1粒。花期6~7月，果期9~10月。

产云南蒙自、文山、广南、丘北、禄劝、元江。生海拔670~1800m 的草坡或灌丛。四川有分布。

花多白色而素雅，是很好的岩石园、假山、花架等攀援植物的佳品。

密穗马先蒿　玄参科
Pedicularis densispica Franch.

一年生草本，高15~40cm，直立。茎单一或在基部多分枝；上部枝对生或轮生，4棱，有成行之毛4条。叶稀疏，下部叶对生，上部者3~4 枚轮生，无柄或具短柄，叶片卵状长圆形，长2~5cm，宽7~15mm，被毛，羽状深裂至全裂，裂片线形，边缘具三角形而有小尖头之齿，常反卷。穗状花序顶生，很稠密，长可达6.5cm；花序下方苞片叶状，上方者长卵形或带菱形，被毛；萼管状长圆形，长约5~8mm，脉10条，明显，沿脉密被短柔毛，齿5枚，被密毛；花冠玫瑰色至浅紫色，长1.3~1.6mm，盔与管近等粗，略前俯，额圆钝，下缘前端有小尖头，下唇长6~10mm，以直角开展，有缘毛，中裂片小，基部多少叠置于侧裂片之下；雄蕊着生于花冠管中部。花期4~8月，果期8~10月。

产云南昆明、宜良、路南、大理、洱源、丽江、中甸、东川。生海拔1880~4400m 的阴坡林下或湿草地中。四川有分布。

供观赏，用于花坛或草地种植。

中国纤细马先蒿(亚种)　玄参科
Pedicularis gracilis Wall. subsp. *sinensis* (L.)Tsoong

一年生直立或倾卧草本，高达1 m，干时略黑。根茎常木质化而粗壮，有须根。茎四棱形，被毛，多分枝，5~6条轮生。叶3~4 枚轮生，基生叶早枯，茎生叶无柄，卵状长圆形，长2.5~3.5cm，宽1~1.5cm，羽状全裂，裂片6~9对，有缺刻状锯齿，齿有胼胝，网脉显著。总状花序，生茎及分枝顶端，花疏，多四朵成轮；苞片线状；萼筒状，萼齿5，具锯齿；花冠长12~15mm，管长7~8mm，下唇宽7~10mm，侧生裂片卵形，中央裂片菱状卵形，盔稍膨大，直角转折，直立部分长2mm，前端伸长为4~

5.5mm的细喙，喙端略2裂；雄蕊着生于管的中部，柱头伸出。蒴果宽卵形，锐尖，长约8mm；种子卵圆形，灰褐色，有清晰网纹。花期8~9月。

产云南宣威、东川、昆明、嵩明、丽江、大理、维西、兰坪、碧江、凤庆、蒙自、建水。生海拔1500~3600m的高山草地中。主供观赏。

纤管马先蒿　玄参科
Pedicularis leptosiphon Li

多年生草本，高约20cm。叶互生，长圆形或线状长圆形，长3~3.5cm，宽1~1.1cm，羽状全裂，裂片每边8~11枚，卵形，宽2.5~3mm，钝头有锯齿；茎生叶与基生叶同形；柄长达4cm，微有翅，被毛。花腋生，上部密集，下部稀疏；近无梗。苞片叶状，有柄，羽状全裂；萼圆筒形，膜质，长约1cm，宽约3mm，前方开裂，齿3~5枚，后方1枚较小，卵形，有锯齿，后侧方2齿较大，卵形而羽状全裂，有锯齿，前侧方2齿较小而有锯齿，有时缺；花冠带白色，冠管圆筒形，长6.5~7.5cm，S形，下唇深3裂，中裂宽而截头，侧裂椭圆形；雄蕊着生于管口。蒴果。花期7月。

产云南中甸。生海拔3500~4000m 的高山草地。四川有分布。

中国特有种。花洁白高雅，是很好的庭园观赏花卉。

纤管马先蒿 *Pedicularis leptosiphon*

中国纤细马先蒿(亚种)*Pedicularis gracilis* subsp. *sinensis*

管状长花马先蒿(变种)Pedicularis longiflora var.tubiformis

管状长花马先蒿(变种)　　玄参科
Pedicularis longiflora Rudolph
var.*tubiformis*(Klotz.)Tsoong

低矮草本，高7～15cm，全株少毛，根束生，茎短。基生叶与茎生叶常成密丛，柄在基生叶中较长，在茎生叶中较短，叶披针形或狭长圆形，羽状浅裂至深裂；裂片常5～9对，有重锯齿，齿有胼胝而反卷。花腋生；花萼筒状，长11～15mm，前方开裂约至2/5处，齿2枚，有短柄，上部多少掌状开裂；花冠黄色，长5～8cm，外面有毛，盔直立部分稍后仰，后转向前上方，前端变狭细为半环卷曲的细喙，喙端指向花喉，下唇有睫毛，近喉处有2棕色斑点，裂片顶端均有明显的凹头；花丝均有密毛。蒴果披针形；种子狭卵圆形，有明显的黑色种阜，具纵条纹。花期5～10月。

产云南丽江、中甸、维西、德钦。生海拔2700～5300m 的高山湿草地中及溪流旁。四川、西藏有分布。

供观赏，可种植于低凹沼泽地或溪边。

蒙氏马先蒿　　玄参科
Pedicularis monbeigiana Bonati

多年生宿根草本，茎不分枝，株高50～70cm，被毛。基生叶具长柄，叶长圆状披针形至线状披针形，长8～20cm，宽2～4cm，被毛，叶片羽裂，每边有14～18枚裂片，长可达3.5cm，宽1.5cm，边缘有重锯齿，齿尖具小刺尖；茎生叶互生，与基生叶相似，向上渐小，上部则变为苞片。总状花序顶生，多花，一般长10～20cm；苞片叶状；花梗长约1cm，被毛；萼圆形或前端膨大呈卵圆形，长6～8mm，被毛，萼齿3枚；花冠多变，白色至紫红色，长18～22mm，花管伸直，长12～14mm，盔直立部分短，而后向左扭转一周成狭的长喙，下唇宽大，基部浅心形，先端3浅裂，裂片近圆形。蒴果斜卵形，长6～8mm。花期6～8月，果期8～9月。

产云南德钦、中甸、维西、贡山、泸水。生海拔2500～4200m 的高山草甸。四川有分布。

花美观，花序大，植株也较高，是一种很好的观赏种类。种子繁殖。

拟鼻花马先蒿(亚种)　　玄参科
Pedicularis rhinanthoides Schrenk
subsp.*labellata*(Jacq.)Tsoong

多年生草本，高15～30cm。根茎短，茎直立，常多条从根茎发出，不分枝。叶基生者成丛，有长柄；叶片披针状矩圆形，羽状全裂，裂片边缘有锐齿；茎生叶少，柄较短。

岩居黄花马先蒿(变型)Pedicularis rupicola f.flavescens

拟鼻花马先蒿(亚种)Pedicularis rhinanthoides subsp.labellata

蒙氏马先蒿Pedicularis monbeigiana

总状花序短，花较密集，成亚头状；苞片叶状；花梗短，但有时可伸长达1cm；萼长卵形，齿5枚，后方1枚较小，披针形，全缘，其余4枚膨大为卵形，有少数锯齿；花冠玫瑰色，筒几乎长于萼的1倍，盔上端多少膝状屈曲向前，喙长8~10mm，常作"S"卷曲，下唇宽25~28mm，基部宽心形，伸至筒后方，侧裂片大于中裂片1倍；雄蕊着生于管端，前方一对花丝有毛。蒴果披针状卵形。花期5~7月，果期8~9月。

产云南洱源、丽江、中甸、贡山。生海拔3 500~4 500m的沟谷湿处、高山灌丛内或草甸中。四川、西藏以及中国西北、华北等地有分布。

供观赏。

岩居黄花马先蒿(变型)　玄参科
Pedicularis rupicola Franch. f.*flavescens* Tsoong

多年生草本，高7~22cm。根茎稀有；茎多从根颈部发出2~3条长仅1~2cm的主茎，而后再分枝，茎具纵棱，棱上有成行的密毛。基出叶宿存，茎生叶4~5轮，柄长约5mm，被长柔毛；叶片卵状长圆形或长圆状披针形，通常3~4cm，大者达7cm，宽5~10mm，羽状全裂，裂片4~6对，再羽状浅裂。穗状花序顶生，长达12cm，有时排列紧密近头状，长仅3cm，但通常花轮疏距，多达8~9轮；苞片叶状；萼偏卵圆形，长约9mm，有短柄，萼筒前方强烈开展，齿5枚；花冠黄色或黄白色，长16~20mm，下唇侧裂片椭圆形，中裂片小，有明显狭缩之柄，盔长5~6(9)mm，略作镰状弓曲，额顶圆形。蒴果变异大。花期7~8月。

产云南德钦、中甸。生海拔3 500~4 100m的高山草甸或多石山坡。

为稀有花卉，供观赏。

管花马先蒿　玄参科
Pedicularis siphonantha Don

多年生草本，高10~15cm。根茎短，常有少数宿存鳞片。茎单生近直立，或有时多条而侧出倾卧散铺，使植物成一大丛。基生叶与茎生叶均有长柄，两侧有明显的膜质翅，叶片披针状长圆形。极少为卵状长圆形，长1~6cm，宽7~16mm，羽状全裂，裂片6~15对，羽裂片边缘有羽状小裂或重锯齿。上面疏被短毛。花单生叶腋，在主茎上排列较密，侧茎上排列疏稀；苞片叶状，有时具缘毛；萼圆筒形，被毛，筒长达12mm，萼齿2枚，具柄，在上方扩大成裂片或深齿；花冠玫瑰红色，管长40~70mm，

管花马先蒿 *Pedicularis siphonantha*

有细毛，盔的直立部分前缘耳状突起，前端强烈扭曲而成半环状的喙，长约11mm，下唇宽过于长，先端微凹，中裂片稍小。花期6~8月，果期8~10月。

产云南德钦、中甸。生海拔3 500~4 500m的高山湿草地、沼泽地或林边湿地。西藏、四川有分布。喜马拉雅山区亦有。

花非常美丽，供庭园湿草地或溪边种植观赏。

大花芒毛苣苔　苦苣苔科
Aeschynanthus mimetes B.L.Burtt

附生木质常绿藤本，长20~60cm。枝近圆柱形，无毛。叶对生，厚革质，狭卵形或矩圆状披针形，长6.5~19cm，宽2~5cm，全缘，侧脉5对，柄长3~5mm，腹面具槽。花腋生，花3~6朵近束生于枝端，花后枝条通过花束继续生长；花梗长1.2cm；苞片钻形；花萼狭筒状钟形，长约1.3cm，5浅裂，裂片狭披针形，长约5mm；花冠橘红色，筒状，长5cm，上部稍弯曲，上唇2裂，下唇3裂，裂片有暗紫色斑；能育雄蕊2对，分生，伸出花冠外，花丝上部有毛。蒴果条形；种子圆形，近种脐一端有2条白毛，另一端有2条长白毛。花期6~7月，果期9~12月。

产云南腾冲、凤庆、景东、思茅、勐海。生海拔650~2 000m的山地林中树上。印度也有。

花大而美丽，花期长，可供室内垂吊种植观赏。

大花芒毛苣苔 *Aeschynanthus mimetes*

大叶唇柱苣苔 Chirita macrophylla

大叶唇柱苣苔　苦苣苔科
Chirita macrophylla(Spreng.)Wall.

多年生草本。根茎水平伸出，长达 5 cm，被短毛，密生纤维状须根。茎直立，高 30 ~ 60cm，疏被淡褐色短柔毛。基生叶卵圆形，长 9 ~ 17cm，宽 5.5 ~ 13cm，先端渐尖，基部心形，两侧不对称，边缘具齿，叶面散布淡褐色短柔毛，背面沿脉被毛；茎生叶与基生叶同形，唯较小；叶柄长达 10cm。聚伞花序腋生，有花 4 ~ 6 朵，总花梗长达 10cm，被毛；苞片成对，分生，宽卵形；小苞片与苞片同形；花梗长约 3cm，萼漏斗状钟形，长约 1.5cm，无毛，筒背面深裂，萼裂片 5，狭三角形；花冠黄白色至白色，长约 5cm，冠筒稍弯，狭漏斗形，冠檐二唇形，口部径 1.3cm，裂片 5，圆形；退化雄蕊 2，着生于花筒近基部。蒴果长约 11cm，宽约 2mm。花期 6 ~ 8 月，果期 9 ~ 10 月。

产云南临沧、腾冲、文山、麻栗坡、金平。生海拔 1 750 ~ 2 850m 林下溪边岩石上或树上。印度、锡金、尼泊尔、不丹、缅甸也有。

供观赏。适宜于荫处花坛或盆栽。

密序苣苔　苦苣苔科
Hemiboeopsis longisepala (H.W.Li) W.T.Wang

半灌木。茎高 25 ~ 80cm，节间长 1.5 ~ 3.5(7)cm，近顶部密被贴伏淡褐色柔毛。叶对生，具柄，纸质，长圆形或长圆状披针形，长 9 ~ 24cm，宽 3 ~ 6.5cm，边缘在基部之上有浅波状小钝齿或近全缘，侧脉 8 ~ 12 对；柄长 1.5 ~ 5.5cm。聚伞花序腋生，有花 3 ~ 7 朵；花序梗长 1.5 ~ 2cm，被柔毛；苞片 2，近圆形；花梗长 3 ~ 5mm；花萼裂片匙状线形；花冠淡紫色或白色，漏斗状筒形，长 3.5 ~ 4.5cm，筒口直径 1.3cm，檐部二唇形，上唇长 5 mm，下唇 10mm，裂片圆状卵形；能育雄蕊 2，着生于距花冠基部 7 ~ 12mm 处；退化雄蕊 2；花盘环状；雌蕊长 2.1 ~ 2.6cm，子房长 9 ~ 11mm。蒴果狭线形，有小瘤状突起；种子椭圆形。花

期 4 月，初果期 5 月。

产云南河口、金平、麻栗坡。生海拔 250 ~ 800m 的山谷灌丛中或芭蕉林下、沟边荫处。

供观赏。种植需荫湿环境。

肉叶吊石苣苔　苦苣苔科
Lysionotus carnosus Hemsl.

常绿灌木或半灌木，除芽及叶柄，全株几无毛。茎依地平卧，长 30 ~ 60cm，节上有不定根，向上分枝直立，节间短于叶。叶 3 枚轮生或 2 叶对生，革质，卵形至椭圆形，长 2 ~ 6.5cm，宽 1.2 ~ 3cm，边缘疏生锯齿，柄长 2 ~ 10mm。聚伞花序腋生，有花 1 ~ 2(5)朵，花序梗长 3 ~ 5cm；苞片钻形，全缘，脱落；花梗 0.7 ~ 1.5cm；花萼长约 5mm，5 裂，裂片卵状披针形；花冠白带红色，花筒略偏斜，向上渐增大，冠檐 2 唇形，上唇 2 裂，下唇 3 裂，裂片圆形；能育雄蕊 2，内藏，花丝被短柔毛，花药连着，药隔背面突起，退化雄蕊 2；花盘杯状；雌蕊内藏。蒴果长 10cm，褐色；种子纺锤形，褐色，两端具长毛。花期 7 ~ 8 月，果期 9 ~ 10 月。

产云南蒙自、金平、屏边、麻栗坡、文山、西畴、砚山。生海拔 700 ~ 2 400m 的山地林中或荫湿处石上。

花美观，叶碧绿，供室内垂吊种植观赏。

滇楸(变型)　紫葳科
Catalpa fargesii Bureau f.*duclouxii* (Dode)Gilmour

落叶乔木，高 10 ~ 25m。嫩枝有星状毛。单叶对生，厚纸质，卵形，长 13 ~ 20cm，宽 10 ~ 13cm；侧脉 4 ~ 5 对，基部三出脉，两面无毛，柄长 3 ~ 10cm。圆锥花序，有花 7 ~ 15 朵，整个花序无毛；花萼 2，卵形；花冠淡红色或紫红色，花冠管钟形，裂片 5，二唇形；喉部有紫褐色斑点，花柱线形，柱头 2 裂，小花梗长 2 ~ 3.5cm。蒴果条形，果皮革质，2 裂；种子椭圆状条形，两端生丝状种毛。花期 3 ~ 5 月，果期 6 ~ 11 月。

产云南腾冲、丽江、邓川、剑川、鹤庆、大理、维西、德钦、龙陵、武定、昆明。生海拔 1 700 ~ 2 800m 的村寨附近。四川、贵州、湖北有分布。

优良用材树种。根、叶、花入药治耳底痛。大型圆锥花序，花色美观，可作庭园孤立木种植。

密序苣苔 Hemiboeopsis longisepala

肉叶吊石苣苔 Lysionotus carnosus

滇楸(变型)*Catalpa fargesii f.duclouxii*

滇楸(变型)*Catalpa fargesii f.duclouxii*

丛中。四川、贵州、甘肃、西藏有分布。印度喜马拉雅山区也有。

花大而花期长，供花坛、岩石园、石山等种植观赏。全草入药祛风湿，止血镇痛；根、茎治腹泻、消化不良、慢性胃炎。

多小叶鸡肉参(变型)　紫葳科

Incarvillea mairei(Lévl.)Grierson f.*multifoliolata* C.Y.Wu et W.C.Yin

多年生草本，无茎，高约30cm。叶根生，羽状复叶较小，连叶轴长15～20cm，叶轴有时具狭翅；侧生小叶4～8对，卵状披针形，较小，长1～5cm，宽0.5～3cm，顶端渐尖，基部微心形至阔楔形，边缘具细锯齿至近全缘，有时顶端的1～3对小叶基部下延，与叶轴连合成狭翅；顶生的一枚小叶较大，卵圆形至阔卵形，两端钝至近圆形，边缘具少数细锯齿，长和宽2～3cm。总状花序，有花2～4朵，着生花葶近顶端；花梗长1～3cm；小苞片线形；花萼钟形，长约2.5cm，萼齿披针状三角形；花大，紫红色，花冠钟形，长7～10cm，花冠管长5～7cm，下部带黄色，花冠裂片圆形；雄蕊、花柱内藏，柱头扁平扇状。蒴果披针形，明显四棱。花期6～8月，果期8～10月。

产云南西北部。生海拔3100～4200m的石山草坡或高山云杉林边。四川有分布。中国特有种。

植株矮小而花大艳丽，是很好的庭园观赏花卉，适于花坛、盆栽或草地边丛植观赏。根入药，凉血生津、调活气血。

两头毛　紫葳科

Incarvillea arguta (Royle)Royle

多年生直立草本，有时基部木质化。单数羽状复叶，互生，侧生小叶5～11对，对生或近对生，卵状披针形，无柄，基部斜圆，顶端渐尖，边缘有尖齿，长3～5cm，宽1.5～2cm，下面有腺点；顶生小叶与侧生小叶相似。花序顶生，总状，有花5～20朵；花梗长8～20mm，基部有1钻形苞片和2小苞片；花萼钟状，齿钻状，长1～4mm，生睫毛；花冠粉红色或白色，钟状长漏斗形长约4cm，径约2cm，花冠筒内基部有腺毛，裂片卵形，疏生柔毛；雄蕊4，二强，不伸出花冠管外，蒴果圆柱形，果皮膜质；种子两端生丝状种毛。花期3～7月，果期9～12月。

产云南东北部、中部至西部和西北部的金沙江、澜沧江流域及其支流的河谷地带。生海拔1400～3400m的干热河谷及灌

两头毛 *Incarvillea arguta*

多小叶鸡肉参(变型)*Incarvillea mairei f.multifoliolata*

大花老鸦嘴 Thunbergia grandiflora

假杜鹃　爵床科
Barleria cristata Linn.

多枝半灌木，直立，高1~2m，无刺。叶椭圆形至矩圆形，长3~10cm，宽2~5cm，顶端尖，两面有毛。花通常(1)4~8朵簇生于叶腋；小苞片条形，有毛，顶端具小尖刺，边缘疏具小刺。萼片4，外面2片卵状椭圆形，长1.2~2cm，顶端有小尖刺，边缘刺状小齿，里面2片甚小，条形，白色；花冠青紫色或近白色，漏斗状，长4~7cm，外面有微毛，裂片5，唇形；雄蕊2，退化雄蕊2。蒴果长约1.2cm；种子4颗，有微毛。花期8~10月，果期11~12月。

产云南元江、蒙自、大理、丽江、永胜、宾川、禄劝、大姚、会泽、河口。生海拔200~1700m的干旱山坡或灌丛中。广东、广西、四川、贵州有分布。中南半岛及印度也有。

花多而繁，花色美观，是很好的观赏植物，供庭园干旱地种植。全株治蛇伤和关节痛。

腺毛马蓝　爵床科
Strobilanthes forrestii Diels

草本，高1~1.2m。植株遍生柔毛和腺毛，后脱落。单叶对生，卵形或卵状矩圆形，长2~5cm，宽2~4cm，顶端钝，边缘有锯齿。穗状花序，长5~15cm，基部有分枝，每节具花2朵，节间长1~2.5cm；苞片叶状，长1~3cm，小苞片条形；花萼裂片5，条形，长8~12mm，其中1片稍长；花冠紫色带白色，长约3.5cm，花冠筒基部细狭，上部扩大并弯曲，外面疏生微毛，里面有2行柔毛，背部疏生微毛，裂片5；雄蕊2强，花丝基部有膜相连；子房顶端有微腺毛。蒴果；种子4颗，有微毛。花期4~5月，果期7~10月。

产云南丽江、中甸、罗平。生海拔2000~3000m的松林下或草坡。四川有分布。

供庭园花坛栽培观赏。

大花老鸦嘴　爵床科
Thunbergia grandiflora (Roxb.ex Rottl.)Roxb.

常绿木质藤本，长2~3m。枝被黄褐色或淡黄色刚毛。单叶对生，宽卵形，顶端渐尖，基部心形，长4~12cm，宽3~9cm，边缘具浅波状裂片，其3~5条掌状脉。花1~2朵生叶腋或成下垂的总状花序，苞片叶状，生花梗基部；小苞片2，初合生，后一侧开裂似成佛焰苞状，长2.5~3cm，有微毛；花萼退化仅存一狭环圈；花冠喇叭状，蓝紫色、淡黄色或外面近白色，长5~8cm，裂片5，扩展，径7cm；雄蕊2强，长花药有毛而2室均具距，短花药无毛仅1室有距。

美丽火把花 Colquhounia elegans

蒴果下部近球形，上部具长喙，开裂时似乌鸦嘴；内有种子4枚。花期5~10月。

产云南金平、红河、河口、元江、建水、西双版纳。生海拔500~2000m的山坡沟谷灌丛中。广西、广东有分布。印度及中南半岛也有。

花大而色艳，花期长，供垂直绿化或棚架栽培观赏。根入药，有破血、通经、补气益血之功效。

赪桐　马鞭草科
Clerodendrun japonicum(Thunb.) Sweet

灌木，高1~3m。小枝四棱形，具槽，散生皮孔，被短柔毛。叶片心形，长10~35cm，宽9~27cm，边缘有细齿，上面疏生小糙毛，下面密生褐黄色盾形着生的鳞片状小腺体；柄长1.5~10cm；在茎节上有

假杜鹃 Barleria cristata

腺毛马蓝 Strobilanthes forrestii

赪桐 *Clerodendrun japonicum*

赪桐 *Clerodendrun japonicum*

长2～3mm；花梗长1～2mm；花萼长8～9mm，萼齿钻状三角形；花冠黄色或红色、长约2.8cm，花冠管细，长约2.3cm；冠檐上唇直伸，椭圆形，先端微缺，下唇裂片卵圆形，近等大；雄蕊插生于花冠喉部以下。花盘等大。花期11月至翌年2月。

产云南潞西、腾冲、陇川江河谷、梁河。生海拔1550～2000m的阳坡灌丛或疏林中。四川、西藏有分布。缅甸、泰国也有。

花极美观，是很好的庭园观赏花卉，供花坛或盆栽，亦可草地边、林间丛植。

毛环。二歧聚伞花序排成圆锥花序顶生，苞片红色，披针形，小苞片红色，线形；萼红色，散生鳞片状腺体，5深裂，裂片卵形，每裂片具3条细脉；花冠筒状，鲜红色，外面有微柔毛，裂片5，长圆形；雄蕊及花柱长，伸出花冠筒外。核果近球形，分裂成2～4个小坚果，包于增大的宿萼内。花期4～11月，果期8月以后开始。

产云南盈江、潞西、镇康、双江、西双版纳、蒙自、金平、河口、文山、麻栗坡、西畴、富宁。生海拔100～1600m的疏林中荫湿处。四川、贵州、广西、广东、江西、福建、浙江有分布。印度、孟加拉国、锡金、不丹、日本及中南半岛、马来半岛也有。

大型红色艳丽的花序非常美观，是极

名贵的花卉，可供南亚热带地区庭园引种栽培观赏。全株入药可祛风、除湿、消肿、止痛散瘀。

三台花(变种)　　马鞭草科
Clerodendrum serratum(Linn.)Moon
var.*amplexifolium* Moldenke

灌木或亚灌木状草本，高1～4m。三叶轮生，倒卵状矩圆形，长6～30cm，宽2.5～10.5cm，边缘有细锯齿，基部渐狭成耳状抱茎，近无柄；侧脉10～11对。聚伞花序组成顶生的圆锥花序，圆柱形或塔形，序长约35cm，苞片及小苞片着生花序主轴每一轮分枝的2～3片较大，着生在每一聚伞花序上的较小，卵形；花萼杯状，长2.5～4mm，有5圆钝齿；花冠淡紫色、蓝色至白色，二唇形；花冠管圆柱形，裂片不等大；雄蕊及花柱伸出冠外。核果近球形，裂成1～4小坚果，卵形。花期6～10月，果期9～12月。

产云南思茅、西双版纳、红河、金平、屏边、麻栗坡、河口、马关、砚山、西畴、富宁。生海拔630～1700m的灌丛中。贵州、广西有分布。

可供南亚热带地区庭园引种栽培观赏。全株可用于截疟、消炎、杀菌、清热解毒、接骨等。

美丽火把花　　唇形科
Colquhounia elegans Wall.

灌木，高1～3m，全株密被倒向锈色硬伏毛。叶坚纸质，椭圆形，长4.5～8.5cm，宽2～4cm，边缘具圆齿，两面均被硬毛；侧脉5～6对；柄长1～1.5cm。轮伞花序集成顶生或腋生的总状花序；苞片微小，线形，

三台花(变种)*Clerodendrum serratum* var.*amplexifolium*

松叶青兰　唇形科

Dracocephalum forrestii W.W.Smith

多年生直立草本，高 13～28cm。根茎粗短，密生须状根；叶腋间有短枝，被倒向短毛。叶羽状全裂、似掌状全裂，长 1.6～2.2cm，宽 1.4～2.2cm，裂片 2～3 对，通常基生，叶面无毛，背被短毛后变无毛；几无柄，基部具短鞘。轮伞花序生于主轴或 5～10 节间，长 4～6cm，每轮具 2 花，密集；苞片叶状，较小，仅一对裂片；花萼长 1.6～1.8cm，外面被短柔毛及缘毛，5 齿同形近等长，披针形，上唇 3 齿略长，下唇 2 齿稍短；花冠天蓝色，长 2.5～2.8cm，外面被短柔毛；花丝被疏毛；子房 4 裂，小坚果长圆形。花期 8～9 月。

产云南丽江、中旬。生海拔 2 300～3 500m 的亚高山多石的灌丛草甸中。

天蓝色的花配以似针形的细叶，整个植株显得很秀丽，花坛或盆栽均可。

松叶青兰 *Dracocephalum forrestii*

川滇香薷　唇形科

Elsholtzia souliei Levl

纤细草本，高可达 50cm。茎直立自基部尖塔形分枝，被白色柔毛。叶对生，披针形，长 0.3-2 (4)cm，宽 4-13mm，先端渐尖，基部渐狭，边缘具锯齿，叶面常带紫色，被柔毛，背面淡绿色，被柔毛和具淡黄色透明腺点；侧脉约4对；柄短。穗状花序顶生，长 1.2-4cm，由具多花轮伞花序组成，偏于一侧；苞片近圆形；外面被白色柔毛，边缘具缘毛，先端具芒尖；花萼管状，长约 2.5mm，被毛并具腺点，萼齿5裂，前 2 齿较长，先端刺芒状；花冠紫色，长约6mm，花冠管自基部向上渐扩大，冠檐2唇形，上唇先端微缺，下唇3裂，雄蕊4，外露；花柱

川滇香薷 *Elsholtzia souliei*

毛地黄鼠尾 *Salvia digitaloides*

外露，先端 2 裂；花盘 4 裂，前方一枚膨大；小坚果长圆形。花果期 9～11 月。

产云南中部至东北部。生海拔 2300～2800m 的山坡草丛中或湿润的岩石缝中。四川有分布。

花序美观，性喜光微耐干旱，可供庭园开阔地连片种植观赏。全草入药，治小儿惊风。

毛地黄鼠尾　唇形科

Salvia digitaloides Diels

多年生直立草本，高 20～60cm。叶基生，矩圆状椭圆形，长 2.5～21cm，宽 1.5～9.5cm，边缘具不整齐的小锯齿，两面被毛；柄长 6～8cm。轮散花序有花 4～6 朵，组成顶生的总状花序，单一或三出，有时呈圆锥花序；苞片倒卵状圆形，苞片及花萼均外被长柔毛及腺点；花萼钟状，长 10～12mm，二唇形，上唇阔三角形，顶端有 1～3 小尖头，下唇2浅裂，裂片三角形，萼筒长 0.9～1cm；花冠白色或淡黄色，有淡紫色斑点，长 3～3.5cm，冠筒在离基 1～1.3cm 间成狭筒形，内面近基部约 5mm 处有不完全的毛环，上唇长圆形，长 8～10mm，顶端圆或微凹，下唇长 1.3cm，侧裂片半圆形，中裂片

突出，倒心形；花柱伸出花冠上唇，顶端不等 2 裂。小坚果倒卵形。花期 4～6 月。

产云南中旬、丽江、洱源、鹤庆、大理。生海拔 2 500～3 400m 的草坡松林草丛。

供花坛或盆栽种植观赏。根活血祛瘀、调经、消肿、止痛、排脓。

近掌脉鼠尾　唇形科

Salvia subpalmatinervis Stibal

多年生直立草本，高 40～50cm，密被长柔毛。基生叶状心形，长 11～20cm，宽 6～12cm，顶端锐尖，基部戟形；柄长 7～17cm，茎生叶较小，心形，边缘具重锯齿，叶脉自基部近掌状伸展。轮伞花序有花 2～6 朵，密集组成顶生的总状花序，花序轴密被长柔毛和腺毛；苞片宽卵形，边缘具腺毛；花萼钟形，外疏被长柔毛、腺点、腺毛，上唇短，近截形，顶端具小尖头或 3 齿，下唇长，裂片三角形；花冠紫色，淡紫色，冠筒双曲形，下部成狭筒状，中部增大向上，内有毛环，上唇直伸，长圆形，顶端圆或微凹，下唇侧裂片半圆形，中裂片突出，倒心形；能育雄蕊 2 枚，着生于下唇基部，花柱不伸或稍伸，顶端不等 2 裂。花期 5～7 月，果期 9～10 月。

近掌脉鼠尾 *Salvia subpalmatinervis*

产云南中甸。生海拔3 450 ~ 4 000m 的杜鹃灌丛或落叶松林中。

供观赏。

紫丹参　唇形科
Salvia yunnanensis C.H.Wright

多年生草本。高10 ~ 30cm。有缩短的根茎, 块根纺锤形, 紫红色。茎单一或数枝丛生, 被长柔毛。叶基生, 具1 ~ 3对小叶的奇数羽状复叶, 有时为单叶, 小叶卵形, 顶生叶较大, 侧生小叶较小, 两面被毛; 柄长2.5 ~ 10cm。轮散花序, 有花4 ~ 6朵, 组成顶生单一或三出的总状花序, 花序轴被腺毛或长柔毛; 苞片小, 椭圆状披针形; 花萼筒状钟形, 长0.7 ~ 1.2mm, 外被腺毛和柔毛, 内散生小硬毛; 二唇形, 花冠蓝色、蓝紫色, 长2.5 ~ 3cm, 冠筒狭, 伸出萼上, 弯至喉部突然扩大成喇叭形, 上唇镰刀形, 向上举起呈盔形, 下唇侧裂片卵形, 中裂片突出, 扇形; 雄蕊上臂伸入花冠上唇。花柱伸出冠外, 顶端2裂。花期4 ~ 8月。

产云南中部、西北部至丽江、永胜, 东北至昭通, 南至蒙自的广大滇中高原。生海拔1 800 ~ 2 900m 的山坡杂木林、草地、灌丛中。四川、贵州有分布。

根活血调经、祛瘀生新、镇静止痛、除烦安神。秋季开花, 供花坛和盆栽。

海菜花　水鳖科
Ottelia acuminata(Gagnep.)Dandy

多年生沉水草本。雌雄异株, 具叶柄, 柄长短随水深浅而异, 叶片形态从线状长圆形直至心形, 大小亦随水深浅而变异, 长短宽窄有10倍之差, 深水中多年生植株, 叶背脉上往往有肉刺。单性花, 花葶常与水深

紫丹参 *Salvia yunnanensis*

相等。佛焰苞无翅, 具2 ~ 5棱。雄株佛焰苞含雄花40 ~ 50朵; 雌株佛焰苞含雌花2 ~ 7朵, 花后沉入水底。雄花: 花梗长4 ~ 10cm; 萼片3, 绿白色; 花瓣3, 白色, 具5 ~ 7条纵褶; 雄蕊12, 稀9, 排成4(3)轮, 退化雄蕊3, 具槽。雌花: 萼片、花瓣与雄花同; 花柱3, 橙黄色, 分2叉至基部; 子房三棱形, 横切面三角形; 成熟果三棱状纺锤形, 具肉刺, 果皮肉质, 种子多数, 先端有毛。花期5 ~ 6月, 果期8 ~ 9月。

产云南海拔700 ~ 2 700m 间大部地区水质良好的湖泊、池塘、沟渠中, 在水深4m以内的水域形成较稳定的群落。四川、贵州、广西有分布。

是庭园水池优良的观赏植物。花葶、花序作蔬菜。

海菜花 *Ottelia acuminata*

闭鞘姜 Costus speciosus

莴笋花 Costus lacerus

莴笋花　姜科
Costus lacerus Gagnep.

草本，株高1～2.5m。叶片椭圆形，长25～35cm，宽7～13cm，叶背被长绒毛，近无柄；叶鞘绿色，初被粗长毛，渐落，先端具睫毛。穗状花序顶生；苞片宽卵形，被长绒毛，鲜红色，顶端无硬尖头，老时破裂呈纤维状，小苞片折叠，卵形，鲜红色，被柔毛；花粉红色，花萼管状三棱形，顶端三枚圆齿，鲜红色，疏被黄色柔毛；花冠管长1.5cm，被淡红色斑点，裂片长圆形，唇瓣大，喇叭形，边缘皱波状，淡红色，喉口密被淡黄色腺毛；发育雄蕊瓣状，长圆形，花药着生于顶部，背密被白而透明柔毛；子房近陀螺形。蒴果椭圆形，红色，长2.5cm，被粗毛，顶有宿萼，室背开裂；种子黑色。花期5～7月，果期9～11月。

产云南屏边、河口、绿春、腾冲、临沧、勐海。生海拔100～2 200m的林中荫湿处。印度亦有。

花素雅美观。叶色碧绿，是极好的庭院观赏花卉。种植地点需有适当荫蔽。用种子或块状根茎分株繁殖。

闭鞘姜　姜科
Costus speciosus(Koen.)Smith

多年生草本，茎高1～2m，顶部常分枝而旋卷。叶片矩圆形或披针形，长15～20cm，宽6～7cm，叶背密被绢毛；叶鞘不开裂。穗状花序顶生，椭圆形或卵形，长5～13cm；苞片卵形，长2 cm，红色，革质，具锐尖头；小苞片折叠，卵形，淡红色；花萼革质，长1.8～2cm，先端具3 齿；花冠管长约1cm，背裂片矩圆形，白色，侧裂片狭卵形；唇瓣喇叭形，长6.5～9cm，宽5～7cm，纯白色，边缘呈裂齿与皱波状；发育雄蕊花瓶状，长4～4.5cm，白色，基部橙黄色。蒴果稍木质，鲜红色；种子黑色。花期7～9月，果期9～11月。

产云南富宁、麻栗坡、河口、金平、绿春、勐腊、景洪、勐连、腾冲、思茅、西畴。生海拔130～1 600m 的疏林、山谷荫湿地。广东、海南、广西、江西、湖南有分布。热带亚洲广布。

根茎入药，消炎利尿、消肿散瘀。观赏价值与繁殖方法与莴笋花同。

莪术　姜科
Curcuma zedoaria(Christm.)Roscoe

多年生草本，高约1m 。根状茎肉质，稍有樟脑香味，淡黄白色。叶片椭圆状矩圆形，长25～60cm，宽10～25cm，中部有紫斑，无毛；叶柄无毛，叶鞘绿色。穗状花序，花葶由根茎抽出，圆柱状，长10～14cm，常

莪术 Curcuma zedoaria

先叶而生;花序长6~15cm;鳞片长,密被黑褐色斑点;苞片倒卵形,基部绿色,顶端红紫色,密被黑褐色斑点;不育苞片鲜红色;小苞片先端微凹,白色;花萼管白色,具3齿;花冠管长2~2.5cm,漏斗状,上部微黄,下部近白色,裂片矩圆形,长1.5~2cm;侧生退化雄蕊淡黄色;唇瓣黄色,阔倒卵形,长约2cm,顶端微缺,2浅裂;药隔基部具叉开的距。柱头具睫毛。花期5月。

产云南东南部至南部。生海拔830~1280m 的林荫下。台湾、福建、江西、广东、广西、四川有分布。马来西亚也有。

根状茎为芳香健胃、驱风药;有活血散瘀、消肿止痛之效。花美丽、亦为很好的观赏花卉。用种子或根状茎分株繁殖。

红花姜　姜科

Hedychium coccineum Buch.-Ham. ex Smith

茎高1.5~2m 。叶片狭线形,长25~50cm,宽3~5(8)cm,顶端尾尖,基部渐狭或近圆形,两面无毛,无柄;叶舌长1.2~2.5cm,膜质。穗状花序稠密,圆柱形,长15~25cm,径6~7cm,花序轴粗壮,无毛或被稀疏长柔毛;苞片革质,内卷或成管状,长3~3.5cm,内有3花;花红色,花萼长2.5cm,具3齿;花冠管稍长于萼,裂片线形,反折,长约3cm,侧生退化雄蕊披针形;唇瓣圆形,深2裂,基部具瓣柄;花丝长约5cm,花药干时弯曲;子房被绢毛。蒴果球形,种子红色,具橘红色假种皮。花6~8月,果期10月。

产云南麻栗坡、河口、江城、孟连、勐海、临沧、景东、凤庆、梁河。生海拔700~2900m 的杂木针阔叶混交林下。西藏、广西有分布。印度、斯里兰卡、老挝也有。

本种花极美丽,是很好的庭园观赏花卉。用种子或分株繁殖。

姜花　姜科

Hedychium coronarium J.Koen.

多年生草本,高1~2m。叶片矩圆状披针形,长20~40cm,宽4.5~8cm,背被短柔毛,无柄;叶舌2裂,长2~3cm,膜质。穗状花序顶生,长10~20cm;苞片覆瓦状排列,卵形,长4.5~5cm,宽2.5~4cm,淡绿色,边缘膜质,每苞片内有花2~3朵;小苞片管状,中央具1条纵的绿色带,花后增大;花白色,芳香;花萼管长4cm,后方1枚呈兜状,顶端具尖头;侧生退化雄蕊白色,矩圆状披针形,长5cm;唇瓣倒心形,长和宽约6cm,顶端2裂;花丝长3cm,子房被绢毛。蒴果卵状三角形,种子鲜红色,具橘红色假种皮。花期9月,果期10月。

产云南东南部至西部及昆明、巧家、大姚。生海拔2400~2500m 的林中。四川、广东、广西、台湾有分布。印度、老挝、马来西亚也有。

根茎除风散寒、驱湿镇痛。花大而美丽,芳香,很多公园现已引种栽培。用种子或块茎分株繁殖。

姜花 *Hedychium coronarium*

红花姜 *Hedychium coccineum*

莪术 *Curcuma zedoaria*

圆瓣山姜 *Hedychium forrestii*

圆瓣山姜　姜科

Hedychium forrestii Diels

多年生草本, 高1~1.5m。叶片矩圆状披针形, 长35~50cm, 宽5~10cm, 顶端具尾尖, 基部渐狭, 两面均无毛; 无柄, 叶舌长2.5~3.5cm, 膜质, 无毛。穗状花序长20~30cm, 花序轴被短柔毛; 苞片内卷成管, 长4.5~5cm, 被疏柔毛, 每一苞片内有花2~3朵; 花白色, 有香味; 花萼管较苞片为短; 花冠管长约5cm, 裂片条形, 长约4cm; 侧生退化雄蕊带状, 长约3.5cm; 唇瓣近圆形, 宽约3cm, 顶端2裂, 基部收缩成瓣柄; 花丝长4cm。蒴果卵状矩圆形, 种子红色, 具橘红色假种皮。花期8~10月, 果期10~12月。

产云南富宁、麻栗坡、元阳、绿春、勐腊、景洪、景东、临沧、腾冲、大理、楚雄、广通、蒙自、西双版纳、西畴、马关、文山。生海拔600~2100m的林下、草地。四川、广西、贵州、西藏有分布。

花供观赏。繁殖方法与红花姜同。

早花象牙参　姜科

Roscoea cautleoides Gagnep.

多年生直立草本, 高7~30cm。无叶片的叶鞘3~4枚, 被紫红色斑点。叶1~3枚线形, 披针形, 长6~27cm, 宽1~2.5cm, 先端渐尖, 鲜时明显龙骨状, 膜质, 无毛, 发育的叶舌三角形。花黄色或带紫色, 单花开放; 苞片淡绿色, 膜质, 第一苞片管状, 包围着花序, 较花萼短; 花萼管长2.8~3.4cm, 先端具2齿, 淡黄绿色; 花冠管比花萼长8~15mm, 裂片近等长, 背裂片倒卵状楔形, 先端具钻尖, 侧裂片长圆形或倒狭披针形, 具短尖头; 唇瓣宽倒卵形, 2裂至中部, 边缘皱波状; 侧生退化雄蕊不对称

倒卵形; 花药白色, 基部药隔延长成线状黄绿色附属体; 子房圆柱状, 花柱线形, 白色, 柱头具睫毛; 花期6~8月。

产云南中甸、丽江、剑川、洱源、鹤庆、大理。生海拔2100~3200m的松林、针阔叶混交林、荒坡草地上。四川有分布。

花美丽, 适于草地、花坛、灌丛林间空地种植。

无柄象牙花　姜科

Roscoea schmeideriana (Loes.)Cowley

直立草本, 高6~40cm。具无叶片的叶鞘3~4枚。叶3~4枚, 在茎顶成莲座状, 狭披针形, 长6~22cm, 宽0.5~2.2cm, 两面无毛; 叶舌全缘。花序梗藏叶鞘内; 花深紫红色或紫红色, 单花开放; 苞片线状针形, 绿色, 最下面的苞片管状, 先端2小齿; 花冠管比花萼长5~10mm, 上部淡紫色, 下部白色, 裂片等长, 背裂片椭圆形, 侧裂片线状披针形; 唇瓣稍反卷, 宽倒卵形, 2裂至中部, 微凹, 无唇柄; 侧生退化雄蕊为不对称的菱形; 花药白色, 基部药隔延长成线状绿黄色附属体; 末端膨大成球形; 子房圆柱状, 绿色, 花柱线形, 紫色, 柱头渐扩大成漏斗状, 且突曲成钩, 白色, 具睫毛。蒴果长椭圆形, 顶端冠以宿存的花萼。花期6~7月, 果期8~9月。

产云南德钦、中甸、丽江、洱源。生海拔2000~3000m的针阔叶混交林下。四川、西藏有分布。

供观赏。

绵枣象牙参　姜科

Roscoea scillifolia (Gagnep.)Cowley

直立草本, 高10~30cm。常具无叶片的叶鞘3枚。叶1~5枚, 叶片线形, 长11~22cm, 宽1.5~2cm, 下面的叶有时镰刀状;

无柄象牙花 *Roscoea schmeideriana*

绵枣象牙参 *Roscoea scillifolia*

叶舌近半圆形。花序梗伸出叶鞘，具肋；花单生、鲜紫红色、淡紫红色或白色；苞片先端锐尖，具睫毛，绿色，比花萼长，第一苞片管状，包围着花序；花萼管长1.5～2cm，顶端2齿；花冠管长1.6～3cm，背裂片椭圆形，侧裂片线状长圆形；唇瓣倒卵形，2裂至中部，微凹，喉部具白色纵条纹；侧生退化雄蕊椭圆形，具短柄；花药白色，基部药隔延长成线状附属体；子房柱状三棱形，花柱白色，线形，柱头白色，具睫毛。花期6～8月。

产云南丽江、大理、洱源。生海拔2 700～3 400m的林下或林缘砾石缝中。

供观赏。

荞麦叶贝母　　百合科

Cardiocrinum giganteum(Wall.)Makino

多年生高大草本，高1～2m。鳞茎由基生叶叶柄基部膨大后组成，花序长出后凋萎；小鳞茎卵形，鳞瓣2～3枚，肉质，叶纸质，绿色，基生叶6～8枚，卵状心形，长达35cm，宽达30cm，有长柄；茎生叶散生，卵状心形，靠近花序的叶近舟状。总状花序有花10～16朵，苞片早落；花下垂，狭喇叭形，白色，内具淡紫色条纹；花被片6，倒披针形，长12～28cm，宽2.3cm；花丝长6～9cm；子房圆柱形，长2.5～3cm；花梗粗，开花时下弯，花后上举。蒴果椭圆形，长4～6cm，具6条纵棱和多数细横纹，顶端具短喙，室背3纵瓣裂，种子扁平，叠生，红棕色，周围具半透明的膜质翅。花期5～7月，果期9～10月。

产云南贡山、德钦、碧江、丽江、维西、大理、腾冲、镇康、临沧、镇雄、彝良、文山、广南。生海拔1 900～3 700m的沟谷阔叶林、灌丛、林缘、草地或箐沟中。四川、贵州、甘肃、陕西有分布。尼泊尔、锡金、印度、缅甸也有。

大而洁白的花十分美丽，是珍贵的观赏植物，并可作切花。鳞茎富含淀粉可食用。蒴果作中药马兜铃的代用品。

川贝母　　百合科

Fritillaria cirrhosa D.Don

多年生草本，茎高30～40cm。鳞茎卵形，由2～4枚肥厚鳞片组成。茎中上部生叶，最下2～3对叶对生，上部的散生或3枚轮生，叶片绿色，无柄，长椭圆形至线状披针形，长6～10cm，宽1.5～3cm，茎下部叶短宽，上部的狭长且先端常卷曲成卷须状。花单生茎顶，花梗长1～3cm，叶状苞片3枚，花下垂，花被片6，分2轮排列，长圆形，长3～4.5cm，内轮比外轮宽，花色多变异，黄色、淡绿色直至暗紫色，具紫色斑点；雄蕊6，长为花被片之半；子房上位，长7～10mm，柱头3裂，裂片长5～10mm。蒴果直立，长1.5～2cm，翅宽达5mm。种子倒卵形，连翅长达5mm。花期5～7月，果期8～10月。

产云南德钦、中甸、丽江、维西、贡山、大理、洱源、宁蒗、保山、景东、腾冲、禄劝、巧家、东川。生海拔3 000～4 400m的林下、灌丛和草甸中。四川、西藏、青海、宁夏、陕西、山西有分布。尼泊尔也有。

花供观赏。鳞茎入药。

荞麦叶贝母 *Cardiocrinum giganteum*

早花象牙参 *Roscoea cautleoides*

川贝母 *Fritillaria cirrhosa*

玫红百合 Lilium amoenum

玫红百合　百合科
Lilium amoenum E.H.Wilson

鳞茎白色，高2~2.5cm；基生根肉质；鳞瓣肉质，8~20枚，卵形，长1.5~2cm，宽0.7~0.8cm。茎高20~60cm，地上部无毛，中上部具叶。叶散生6~20枚，绿色，边缘紫红色，长圆形至线形，长1.5~4cm，宽1.5~5mm。花1~2朵，有甜香气；花梗长2~4cm，下弯；花紫色至粉红色，钟状，径4.5~5.5cm；花被6，2轮，椭圆形，长2.9~3.5cm，外轮宽8~10mm，花被片内面基部具细小紫斑，内轮宽14~15mm，花被片内面下部和基部紫色或具细小紫色斑点，蜜腺两边无乳头状突起；雄蕊6，花丝丝状，长约8mm，花药长6~7mm；花柱长12~15mm，柱头膨大3浅裂。蒴果。花期5~6月。

产云南大理、禄劝、昆明、富民、蒙自、金平、文山。生海拔1900~2500m的山坡灌丛、草坡、路旁。

云南特有植物。

花芳香而美，是很好的观赏花卉。用种子或鳞茎繁殖。

百合　百合科
Lilium brownii F.E.Brown. ex Miellez.

鳞茎近球形，直径5~6cm，鳞片数十枚。茎高1~2m，常具乳突状短毛。叶散生，叶腋无珠芽，叶片椭圆形、披针形、狭线形，长7~14cm，宽0.6~3.5cm，通常茎上部叶较长，具5~7脉，无毛。花单生或2~3朵排成顶生伞形花序；花梗长3~10cm，稍弯；花大，芳香，喇叭形，白色或乳白色，多少下垂；花被长17~19cm，下部筒状，上部外翻展开，花被片椭圆形或椭圆状匙形，背中肋暗紫色，内轮比外轮宽，基部内面蜜腺两侧常具乳突状短毛；花丝淡绿色，均向上弯，长12~14cm，中部以下常被短毛或无毛，花药棕褐色；子房圆柱形，有6条纵槽，花柱下部具毛。蒴果圆柱形具6棱。花期5~8月，果期10~11月。

产云南昆明、江川、景东、凤庆、泸水、福贡、镇雄、大关及文山州各县。生海拔700~2500m的草坡、石灰岩山灌丛或常绿阔叶林内。青海、甘肃、陕西、河南及长江以南各地均有分布。

花大而芳香，是极美丽的观赏植物。种子或鳞茎繁殖。

川百合　百合科
Lilium davidii Duchartre

鳞茎球形，直径2~4cm，鳞瓣肉质，白色。叶散生，中部密集，条形，薄纸质，长6~10cm(长短变异较大)，宽2~5mm，叶腋处有白色绵毛，仅有一条脉。花1~20朵，排成总状花序，下垂，橙黄色；花梗长3~6cm，基部、中部、上部具叶状苞片；花被片6，离生，2轮，反卷，长4~6cm，宽9~12mm，内面具紫色斑点，外面具稀疏白色绵毛，蜜腺两边具乳头状突起和流苏状乳突；花丝长4~5cm，花药长约1.6cm，具橙黄色花粉粒；花柱长约4cm，柱头膨大3

川百合 Lilium davidii

百合 Lilium brownii

宝兴百合 Lilium duchartrei

窄叶百合(变种)Lilium nepalense var.birmanicum

尖被百合 Lilium lophopholum

浅裂。蒴果圆柱形，长2.5~2.8cm；种子连翅披针形。花期6~7月，果期9~10月。

产云南贡山、临沧、中甸、德钦、丽江、维西、剑川、洱源、大理、昆明。生海拔1 600~3 100m 的山坡乱石堆、灌丛、山谷阔叶林中。四川、甘肃、陕西、河南、山西、湖北有分布。

鳞茎富含淀粉，可食；花入药，止咳、利尿、安神。川百合是很好的庭园观赏花卉，现公园内常见栽培。

宝兴百合　百合科

Lilium duchartrei Franch.

鳞茎卵球形，白色，直径1.5~4cm，茎高40~90cm，常具淡紫褐色条纹。叶散生，披针形或线状披针形，长3~9.5cm，宽0.8~1.5cm，叶腋生白色绵毛；无柄，边缘有乳头状突起。花单生或2~12朵排成总状花序或集枝顶排成假伞形花序，苞片叶状，花梗长10~20cm，有时花梗具一枚苞片；花白色或粉红色，下垂，芳香，具深紫色斑点；花被片6，2轮，反卷，矩圆状披针形，长5~6cm，宽0.9~1.2cm，内轮花被片顶端钝；蜜腺两边具小乳头状毛；花丝无毛，长约4cm，花药线形，黄色，长约8mm；花柱长达3.5cm，柱头稍膨大。蒴果椭圆形。种子扁平，具膜翅。花期7~8月，果期9~12月。

产云南洱源、丽江、德钦、中甸、贡山、福贡、兰坪、临沧、维西、鹤庆、大理、昭通。生海拔2 800~3 600m 的高山草甸、林缘及沼泽、路边草坡。四川、西藏、甘肃亦有分布。

花供观赏，可培养成鲜切花，种子或鳞茎繁殖。

尖被百合　百合科

Lilium lophopholum (Bur. et Fr.) Fr.

多年生草本，茎高10~45cm；鳞茎卵状圆锥形，径1~4cm，高4~4.5cm；鳞瓣6~7枚，肉质。叶散生，或聚生于茎中部，披针形至长圆形，长3.5~12cm，宽0.3~2cm，背面和边缘有乳突状突起，脉3~5条。花单生或2~3朵，狭钟状，下垂，芳香，黄绿色，初花时花被片尖端彼此粘合，呈灯笼状，花被6，狭披针形，长3.8~5.7cm，宽1~1.6cm，内轮比外轮宽，其基部边缘和内面蜜腺两旁有流苏状的透明膜质突起；雄蕊6，花丝长1.5~2cm，花药长5.5~10mm；子房长1~2.2cm，有6条纵槽，花柱7~10mm，三棱形，柱头3裂。蒴果长圆状球形，内有种子数枚。花期5~7月，果期8~10月。

产云南贡山、德钦、中甸、丽江、维西、鹤庆、宁蒗、大理、洱源。生海拔2 700~4 600m 的栎林、高山草甸、灌丛中。西藏、四川有分布。

花供观赏，适于草地边栽培。种子或鳞茎繁殖。

窄叶百合(变种)　百合科

Lilium nepalense D.Don var. *birmanicum* W.W.Smith

鳞茎黄色，淡红色，高约4cm，鳞瓣卵形厚肉质，长3~3.3cm，宽5~12mm；茎高40~200cm，常带紫色，有小乳头状突起；基部30cm以下无叶或具2~3枚鳞片状叶。叶多数散生，狭长，线状长圆形，长9~16cm，宽0.8~1.4cm，边缘乳头状突起，先端渐尖长尾状。花单生或3~8朵排成总状花序；苞片叶状，长5.5~10cm，花梗9~15cm；花黄绿色、淡黄色，内面紫红色或沿中肋淡绿色；花被反卷，外轮宽1.6~1.8cm，内轮1.8~2cm，基部内淡绿色，蜜腺暗绿色，花丝上部散开，长5~5.5cm；柱头馒头状。蒴果倒卵形，种子褐色，具狭翅，顶部翅较宽。花期7~8月，果期10~12月。

产云南贡山、碧江、陇川、瑞丽、腾冲、景东、临沧、洱源、元江、绿春、昆明、姚安、镇雄、彝良、个旧、屏边、西畴、文山。生海拔1 500~2 200m 的草坡、林缘、灌丛、松栎林中。四川有分布。缅甸、泰国也有。

供观赏，宜花坛、疏林下、草地边种植，亦可培养鲜切花。

开瓣豹子花 Nomocharis aperta

披针叶百合(变种)　百合科

Lilium nepalense D.Don var. *ochraceum* (Franch.) Liang

鳞茎黄色，出地部分紫红色，卵形，高4~5cm，鳞瓣厚肉质，茎高40~200cm，基部约30cm以下无叶或具2~3枚鳞状叶，上部带紫色，具小乳头状突起。叶少数散生，椭圆形或卵形，长3~5.5cm，宽0.8~1.4cm，边缘乳头状突起。花单生或3~8朵排成总状花序；苞片叶状；花下垂，梗长9~15cm；花黄绿色、淡黄色，内面紫红色或沿中肋淡绿，无斑点；花被片反卷，长6~9cm，外轮宽1.6~1.8cm，内轮宽1.8~2cm，基部内面淡绿；蜜腺暗绿；花丝上部开放，淡绿；花药黄褐色；子房淡绿，圆柱形；花柱绿色，柱头馒头状。蒴果倒卵形，黄褐色，种子具狭翅。花期7~8月，果期10~12月。

产云南镇康、德钦、中甸、丽江、剑川、洱源、大理、昆明。生海拔2000~4000m的

松林、杜鹃林、云杉林、石灰岩山灌丛。四川有分布。

花供观赏。鳞茎入药，润肺止咳。

大理百合　百合科

Lilium taliense Franch.

鳞茎白色，卵圆形，直径2~4.5cm；鳞瓣矩圆状披针形，长3~3.2cm，宽1.3~1.5cm。茎高1~2m，地上部分有乳头状突起，具红色或紫色斑点。叶散生，薄纸质，条状披针形，长6~12cm，宽3~8mm，边缘具小突起。总状花序，有花3~12朵；花梗长3~5.5cm，花被片6，2轮，卵状披针形，长3~5cm，宽7~9mm，白色，稀中肋两侧为淡紫色，反卷，有紫色斑点，内轮花被片稍宽，具蜜腺；花丝钻形，长3.5~4cm，无毛；子房圆柱形，长1.5~1.7cm，具6槽，柱头头状，3裂。蒴果长3.5~4cm；种子多数，具翅。花期6~7月，果期9~10月。

产云南鹤庆、洱源、丽江、贡山、维西、腾冲、大理、剑川、中甸。生海拔2600~3600m的阳坡灌丛、山地林下。贵州、四川、西藏、陕西有分布。

鳞茎可食；花大，香而美丽，供栽培观赏。

开瓣豹子花　百合科

Nomocharis aperta (Franch.) Wilson

鳞茎卵形，高约4cm；鳞片白色，8~18枚，茎高30~70cm，具由叶柄两侧基部下延成的棱线，无毛。叶散生，上部的叶常对生，狭卵圆形、线状披针形，长2.5~

大理百合 *Lilium taliense*

披针叶百合(变种)*Lilium nepalense* var.*ochraceum*

片马豹子花 Nomocharis farreri

5.5cm，宽0.6～1.2cm，无柄，无毛，叶腋有簇生的绒毛。花1～5朵单生叶腋；花梗1.2～1.4cm；花下垂，白色、淡黄色，花被片张开成覆盆状，外轮花被片卵形，具小尖头，长2.2～2.5cm，宽达1.5cm，基部散布4～6个紫色小斑点；内轮卵状长圆形，比外轮宽，基部圆形，具1～2个紫点，最下为暗紫色。雄蕊6，围绕雌蕊，低于柱头，子房3室，有纵槽，每室胚珠9～10枚。蒴果从顶部室间开裂。花期6～7月，果期10～11月。

产云南贡山、福贡、兰坪、洱源、大理。生海拔2800～4000m的箐边杂木林、铁杉林、草地。

云南特有种。

花供观赏。种子或鳞茎繁殖。

片马豹子花　百合科
Nomocharis farreri (W.E.Evans) Harrow

鳞茎卵状球形，高约3cm，直径约2.5cm。茎高45～90cm，无毛。叶散生至轮生，矩圆状狭椭圆形，长5～7cm，宽6～9mm。花1～5朵单生叶腋，红色或淡粉红色；外轮花被片3，矩圆状椭圆形，长2.5～4cm，宽1.2～1.7cm，基部有少数紫色斑点或斑点不明显，内轮花被片3，长圆形至卵形，长2.5～4.5cm，宽1.2～2.4cm，边缘具不整齐的锯齿，基部具肉质垫状隆起，内面下部具多数紫褐色斑点，基部暗紫色；花丝下部膨大，上部丝状，长6～7mm；子房圆柱形，长5～7mm，直径3～4mm；花柱向上逐渐膨大，长0.9～1.3cm；柱头头状，微3裂。蒴果。花期7月。

产云南片马地区、贡山独龙江流域。生海拔2800～3600m的高山草丛中。缅甸也有。

本种花多为淡粉红色或近白色，具紫色斑点，非常美观，是园林花卉中的上品，供花坛或草地种植。

豹子花 *Nomocharis pardanthina*

滇蜀豹子花 *Nomocharis forrestii*

滇蜀豹子花　百合科
Nomocharis forrestii Balf.f.

鳞茎卵状球形，高2.5～3cm，直径2～2.5cm；鳞片6～10枚。茎高30～100cm，直立。叶散生，披针形至矩圆状披针形，长2.5～6cm，宽0.7～2cm，无柄。花1～5朵单生茎上部叶腋，花被片红色或粉红色，展开呈碟状；外轮花被片3，矩圆状椭圆形，长2.2～3.5cm，基部具细点，向上细点逐渐扩大成斑块，或具少数紫红色斑点，全缘；内轮花被片3，卵状椭圆形，长2.5～3.5cm，宽1.5～2.5cm，基部具两个深紫色的垫状隆起，内面常散布或密布紫色水渍状的斑点；雄蕊6，花丝钻形，长1～1.2cm；花药椭圆形，长4～5mm；子房圆柱形，长5～8mm；花柱长10～11mm，柱头棒状，顶呈三角形。花期6～7月，果期8～10月。

产云南德钦、中甸、丽江、维西、洱源。生海拔3000～3700m的针叶林、针阔叶混交林下及草坡。四川有分布。

花色艳丽而多姿，为优良的观赏花卉，亦可以培养成鲜切花。用种子或者鳞茎繁殖。

豹子花　百合科
Nomocharis pardanthina Franch.

鳞茎卵形，高2.5～3.5cm，直径2～3.5cm；鳞瓣白色，肉质，披针形，15～20枚。茎高20～90cm，直立无毛。叶在茎下部，1～2枚散生或对生，中上部叶，3～4轮轮生，每轮5～8枚；叶披针形，长3～7cm，宽0.7～1.4cm，边缘有细小的乳突状睫毛。花1～7朵单生叶腋；花被片6，2轮，红色或青紫色，具密或疏的暗褐色水渍状斑点；外轮花被片卵形，长2.5～4.5cm，宽1.2～2cm，边缘流苏状，基部具暗紫色鸡冠状的垫状隆起；雄蕊6，花丝下部膨大呈肉质的圆柱形，长5～7mm；花柱和柱头狭漏斗状，柱头3浅裂。蒴果倒卵状长圆形。花期5～7月，果期8～9月。

产云南贡山、碧江、兰坪、德钦、维西、中甸、丽江、宁蒗、鹤庆、大理、漾濞、东川。生海拔2800～3500m的杂木林，云杉、冷杉、松林内或草坡。四川也有。

观赏花卉中的名品，主供花坛、草地种植，亦可培育为鲜切花。

怒江豹子花 Nomocharis saluenensis

怒江豹子花　　百合科
Nomocharis saluenensis Balf.f.

鳞茎卵状扁球形，高1.8～3.5cm，直径1.5～4cm；鳞瓣矩圆状披针形，7～10枚，茎高30～60cm。叶11～21枚，散生，披针形至线状披针形，长6～7.5cm，宽1.2～1.5cm，无柄。花1～6朵，红色或粉红色至近白色，碟状，阔钟形；外轮花被片3，矩圆状椭圆形，长5～6cm，宽1.8～2cm，基部具少数紫色斑点，全缘；内轮花被片3，椭圆形，长4.5～5cm，宽1.5～1.8cm，内面下部具明显深紫色斑点，基部全为深紫色。雄蕊6，花丝钻形，长9～19mm，花药长2～3mm；子房圆柱形，长7～8mm；柱头膨大成盘状，3浅裂。蒴果3瓣裂。种子扁平，周围具膜质翅。花期5～8月，果期10～11月。

产云南贡山、碧江、腾冲、德钦、中甸、维西。生海拔2500～3900m的原始云杉林、冷杉林下或高山草甸。西藏有分布。缅甸亦有。

主供观赏，适花坛、草地种植。

假百合　　百合科
Notholirion bulbuliferum (Lingelsh.) Stearn

鳞茎不明显，茎基部有多数须根，上生珠芽(小鳞茎)。具花植株高60～150cm；基生叶5～10枚，长条形，长30～35cm，宽2～2.5cm；茎生叶散生，条状披针形，抱茎，长10～18cm，宽1.5～2cm，向顶端渐变小。

总状花序，具花10～20朵；花钟状，青紫色或绿白色带青紫；苞片1～2，叶状；花梗长5～15mm；花被片6，2轮，倒披针形，长2.5～3.5cm，宽8～12mm，雄蕊与雌蕊短于花被片，花丝着生于花被片基部；子房圆柱形，具6槽，长1～1.5cm；柱头3深裂，裂片舌状。蒴果倒卵状柱形，具6槽，顶端有脐；种子多数。花期7～9月，果期翌年4～5月。

产云南洱源、大理、中甸、宁蒗、德钦、维西、丽江、鹤庆、碧江、禄劝。生海拔3300～4100m的高山草丛或灌丛中。四川、西藏、甘肃、陕西有分布。尼泊尔、锡金、不丹、印度也有。

花供观赏；小鳞茎入药，称"太白米"，宽胸理气，止咳、止痛。

钟花假百合　　百合科
Notholirion campanulatum Cotton et Stearn

不具花茎的鳞茎卵形。具花植株高70～150cm，无毛，茎基根茎状，具节，上生数以百计的小鳞茎，下有须根。基生叶5～8枚，带状椭圆形，长约30cm，宽约2.3cm；基部宿存的叶鞘花期枯落；茎生叶散生，10～16枚，线状披针形，长10～14cm。总状花序，有花10～20朵；苞片叶状，长1.5～6cm；花梗长3～12mm；花大，钟形，花被片6，2轮，朱红、紫红或红色，外轮椭圆状披针形，宽1.1cm，内轮倒卵形，宽1.6cm；雄蕊6，花丝长3.5～4cm；柱头3裂，裂片舌状。蒴果倒卵状矩圆形，有钝棱，

假百合 Notholirion bulbuliferum

钟花假百合 Notholirion campanulatum

滇黄精 Polygonatum kingianum

顶端有脐。花期6～8月。

产云南贡山、德钦、碧江、福贡、泸水、腾冲、大理。生海拔2 050～4 100m 的草坡、杂木林缘、混交林缘、高山栎林岩石上。西藏有分布。斯里兰卡、缅甸也有。

花美观，主供观赏。

滇黄精　　百合科

Polygonatum kingianum Coll. et Hemsl.

根状茎肥厚，近圆柱形或链珠状，结节有时呈不规则菱状，直径1～7cm。茎高1～3m，顶部作攀援状。叶轮生，每轮3～10枚，条状披针形，长6～25cm，宽3～30mm，顶端拳卷。花序轮生或腋生，具花2～6朵，俯垂，总花梗长1～2cm，花梗长0.5～1.5cm，苞片微小，着生于花梗下部；花被紫红色、绿色、黄绿色，合生成筒状，全长18～25mm，裂片6，长3～5mm；雄蕊6，着生于花被筒中部或稍上部；子房长4～6mm，花柱长(8)10～14mm。浆果直径1～1.5cm，红色。种子5～10枚。花期5～7月，果期8～10月。

产云南昆明、勐腊、景洪、思茅、绿春、金平、麻栗坡、文山、西畴、蒙自、双江、临沧、凤庆、景东、双柏、楚雄、师宗、大理、漾濞、云龙、福贡、中甸、盐津、鹤庆、宾川。生海拔700～3 600m 的常绿阔叶林下、荫湿草坡、岩石上。四川、贵州有分布。缅甸、越南也有。

根茎入药，作"黄精"用。花似红色爆仗很美丽。供观赏。

象鼻花　　天南星科

Arisaema franchetianum Engl.

多年生宿根草本，雌雄异株。高20～60cm，块茎扁球形，常数个簇生。叶片1枚，3全裂，裂片无柄或近无柄，中裂片宽倒卵形，长7～23cm，宽6～20cm，先端狭，渐尖，侧裂片偏斜，近椭圆形，比中裂片小；叶柄长20～50cm，粗壮，肉红色。花序柄短于叶柄；佛焰苞深紫色，具白色条纹，筒部长4～6cm，喉部具狭耳或无耳，边缘反卷，檐部下弯成盔状，长3～17cm，顶渐尖成细尾状，长达10cm；肉穗花序单性：雄花序紫色，长圆锥形，长1.5～4cm，疏花，柄短，附属器尾状，紫色；雌花序圆柱形，长1.2～3.8cm，花密，柱头明显凸起，1室，胚珠2。浆果绿色，种子1～2粒。花期5～7月，果期9～10月。

产云南昆明、峨山、昭通、曲靖、富源、西畴、禄劝、思茅、蒙自、维西。生海拔960～3 000m 的林下、灌丛、草坡。四川、贵州、广西有分布。

象鼻花 *Arisaema franchetianum*

花序奇特，形似象鼻，配以绿色叶片，具一定观赏价值。块根入药，有毒，功效同天南星。

一把伞南星　　天南星科

Arisaema erubescens (Wall.)Schott

多年生草本，雌雄异株。块茎扁球形，直径可达10cm。鳞叶长达15～20cm，绿白色，有时具紫褐色斑块。叶1 枚，柄长40～80cm，至中部鞘状，包围花序柄，叶片放射状分裂，裂片11～20，无柄，披针形，长8～24cm，宽6～35mm，渐尖，具长达8cm的线形长尾。花序柄短于叶柄，具褐色斑纹；佛焰苞绿色或绿紫色至深紫色，背面有清晰的白色条纹，管部狭圆柱形，长4～8cm，檐部三角状卵形至长圆状卵形，长4～7cm，先端渐狭，具长5～15cm 的线形尾尖；肉穗花序单性：雄花序长2～2.5cm，花密；雌花序长约2cm；附属器棒状，向两头渐狭，长2～4cm。浆果红色。花期4～6月，果期8～9月。

在云南大部分地区有分布。生海拔1 100～3 200m 的灌丛、山坡草地或林中。中国除东北、新疆、内蒙古、江苏外，各省（区）均有分布。印度、缅甸、尼泊尔、泰国也有。

块茎入药，有毒慎用。果红色，叶形奇异，供观赏。可植于庭院空地。

一把伞南星 *Arisaema erubescens*

野芋　　天南星科

Colocasia antiquorum Schott

湿生草本。块茎球形，有须根。匍匐枝从块茎基部伸出，具小球茎。叶柄肥厚，直立，长可达1.2m；叶片薄革质，盾状卵形，基部心形，长达50cm或更长，基部2裂片合生，长度为裂片基部至叶柄着生处的2/3～3/4，甚至完全合生，基部的弯缺为钝而宽的三角形；一次侧脉4～8对。花序柄比叶柄短，成短缩的合轴。佛焰苞苍黄色，长15～35cm；管部淡绿色，长圆形，为檐部的1/2～1/5；管部狭长的线状披针形，先端渐尖。肉穗花序短于佛焰苞；雌花序与中性花序等长，雄花序几为雌花序的2倍；不育附属器与雄花序等长。子房具极短的花柱。花期5～6月。

云南除东北部、西北部寒冷地区外，全省大部分地区有分布。生林下荫湿处。

本种叶大型，常绿美观，为园林极好的观叶植物，宜种于荫棚内或林下。块茎有毒，入药治无名肿毒、疔疮及毒蛇咬伤。

大野芋　　天南星科

Colocasia gigantea (Blume) Hook.f.

多年生常绿草本。根茎圆柱形，粗3～9cm；地上茎长20～50cm。叶丛生，柄长60～90cm，淡绿色具白粉，下部鞘状；叶片长卵状心形，长40～50cm，宽30～35cm或更长更宽，边缘波状；后裂片圆形，裂弯开展。花序柄近圆柱形，5～8枚并列于叶柄鞘内；每一花序柄围以鳞片一枚；鳞片膜质，披针形，展开，宽3cm，背部有2条

凸棱。佛焰苞长12～24cm，管部绿色，长3～6cm，席卷；檐部长8～19cm，粉白色，基部兜状，舟形开展，锐尖，直立。肉穗花序，长9～20cm；雌花序圆锥状，奶黄色，基部斜截形；不育雄花序长3～4.5cm，能育雄花序长5～14cm，雄花棱柱状，长约4mm，雄蕊4；附属器极小，锥形。浆果圆柱形，种子具纵棱。花期4～6月，果期9月。

产云南东南部、南部。生海拔100～700m的沟谷地带、石灰岩缝中。广东、广西、江西、福建有分布。

观赏功能与野芋相同。根茎药用，解毒消肿、祛痰镇痉。

龙爪花　　石蒜科

Lycoris aurea (L' Herit.) Herb.

多年生草本。鳞茎肥大，近球形，直径5～7cm，外有黑褐色鳞皮。叶基生，4～8枚，剑形，厚革质，向基部渐狭并对折，长50～60cm，宽2～3.5cm；中脉及叶片基部带紫红色。先花后叶，花葶高30～100cm，伞形花序具花5～10朵；每花有小苞片1枚，小苞片白色，线状披针形；花梗长1～1.5cm，三棱形；花黄色或橙黄色，花被裂片6，不明显2轮，边缘稍皱曲，中肋背面龙骨状，先端具喙状小尖突；雄蕊6，基部与花被筒合生，至喉部分离；子房3室。蒴果具三棱，种子多数，表面有细瘤。花期5～8月，果期11月。

产云南昆明、宜良、路南、安宁、漾濞、洱源、剑川、龙陵、耿马、贡山、福贡、勐海、勐腊、彝良、广南、丘北。生海拔800～2 300m的灌丛和溪边石缝间。四川、贵州、

大野芋 *Colocasia gigantea*

野芋 *Colocasia antiquorum*

射干 *Belamcanda chinensis*

3.5cm、室背开裂，果瓣向后弯曲，外翻；种子多数，近球形，黑色。花期6~8月，果期7~9月。

在云南广布于海拔1 000~2 200m 的林缘山坡草地。中国长江以南各省（区）和东北、西北、台湾等地均产。朝鲜、日本、印度、越南也有。

适于庭院草地、灌丛间、岩石园等处丛植观赏。种子繁殖。根状茎入药，消炎散结、清热解毒、止咳化痰。

广西、广东、福建、台湾、陕西、河南、湖南有分布。缅甸、日本也有。

花黄色，花形奇特美观，是有名的观赏花卉。通常用块茎分株繁殖。鳞茎药用，解毒消肿；外敷痈疮。

石蒜　石蒜科

Lycoris radiata (L' Herit.) Herb.

多年生草本。鳞茎近球形，外有紫褐色鳞茎皮，直径1.4~3.5cm。叶基生，肉质，对折，带形，长14~30cm，宽0.7~2cm，全缘。花葶在叶前抽出，实心，花茎高约30cm；伞形花序有花4~7朵；总苞片2，膜质，棕褐色，披针形；花鲜红色或具白色边缘，长约7.5cm；花被片6，花被筒极短，喉部有鳞片，裂片狭倒披针形，长3~5mm，边缘皱缩，向后反卷；雄蕊6，着生于花被筒近喉部集中于下方，上弯；子房3室，每室有胚珠数枚；柱头头状极小。蒴果常不成熟。花期8~9月，果期10月。

产云南丽江、大理。生海拔2 400~2 700m 的荫湿山坡及河岸草丛中。中国长江以南各地及山东、河南、陕西、台湾有分布。日本也有。昆明有栽培。

红色的伞形大花序艳丽美观，是有名的观赏花卉。鳞茎入药，有毒，慎用，催吐驱痰、消肿止痛。

射干　鸢尾科

Belamcanda chinensis (Linn.) DC.

多年生草本。根状茎横走，具节，茎长40~150cm。叶二列互生，嵌叠状排列，扁平剑形，长20~60cm，宽2~4cm，基部鞘状抱茎。花序顶生，叉状分枝，排成二歧状，聚生数朵花，苞片膜质，卵圆形。花橘红色，散生紫褐色斑点，直径4~5cm；花被片6，2轮，基部合生成短筒，外轮倒卵形或椭圆形，开展，内轮与外轮相似，略短；雄蕊3，着生于外花被裂片基部；花柱棒状，顶端3浅裂，被短柔毛。蒴果倒卵圆形，长2.5~

龙爪花 *Lycoris aurea*

石蒜 *Lycoris radiata*

西南鸢尾 Iris bulleyana

西南鸢尾　鸢尾科

Iris bulleyana Dykes

多年生草本。根状茎粗壮，斜伸，节密，有红褐色残留叶鞘及膜质鞘叶。叶基生，条形，长15～45cm，宽0.5～1cm，基部鞘状。花茎中空，高20～35cm，生有2～3片茎生叶，基部围有红紫色鞘状叶；苞片2～3枚，膜质，边缘带红褐色，内包含花1～2朵；花天蓝色，直径6～7cm；花梗长2～6cm；花被管短粗，三棱状柱形，长1～1.2cm；外花被裂片倒卵形，长4.5～5cm，爪部楔形，中央下陷呈沟状，具蓝紫色斑点及条纹；内花被裂片直立，披针形，淡蓝色；雄蕊3，长约2.5cm，花柱分枝片状；子房钝三角形。蒴果三棱状柱形，6条肋明显，顶端钝，常有残存花被；种子棕褐色，扁平。花期6～7月，果期8～10月。

产云南中甸、维西、丽江、鹤庆、兰坪、贡山、德钦、大理、昆明、会泽。生海拔230～4070m的草坡及林下。四川、西藏有分布。

鸢尾是人们喜爱的草花，本种宜种于花坛、草地边、溪边或林间连片种植。种子繁殖。

高原鸢尾　鸢尾科

Iris collettii Hook.f.

多年生草本。根状茎短，节不明显；须根棕黄色，肉质，中部膨大成锤形，直径约7mm，植株基部有土棕色毛发状的枯死叶鞘残留纤维。叶基生，剑状条形，灰绿色，长8～20cm，宽3～5mm。花葶较叶短，基部有膜质鞘状叶；苞片膜质，卵状矩圆形，长2～5.5cm，内包含花1～2朵；花被蓝紫色，狭漏斗状，长5～13cm，花被筒细长，上部扩展成喇叭形，裂片较短，外轮花被片3，裂片椭圆状倒卵形，中部有黄红色髯毛状附属物，内轮花被片3，裂片倒披针形；雄蕊3；花柱分枝3，花瓣状，顶端2裂。蒴果三棱状；苞片宿存于果实基部。种子黑色。花期5～6月，果期7～8月。

产云南蒙自、罗平、东川、昆明、澜沧、永平、宾川、丽江、碧江、兰坪、维西、大理、洱源。生海拔1650～4000m的山坡、草丛或石隙。四川、西藏有分布。印度、泰国、缅甸、尼泊尔也有。

须根、棕皮状枯死叶鞘及叶入药，有毒慎用。供观赏。种子繁殖。

矮紫苞鸢尾(变种)　鸢尾科

Iris ruthenica Ker.-Gawl. var.*nana* Maxim.

多年生草本。根状茎二歧分枝，节明显，外包枯叶残留的纤维；植株基部有纤维状枯死的叶鞘。叶条形，长8～15cm，宽1.5～3cm，基部鞘状。花茎短，高5～20cm，苞片2枚，膜质，边缘带红紫色，长1.5～3cm，宽3～8mm；有花1～2朵，花蓝紫色或蓝色，芳香；花冠管长1～1.5cm，花被6，外轮3，长约2.5cm，宽约6mm，具紫色条纹及斑点，内轮3，狭倒披针形，长

高原鸢尾 Iris collettii

矮紫苞鸢尾(变种)*Iris ruthenica var.nana*

约2cm; 雄蕊3, 长约1.5cm, 花药乳白色; 花柱分枝, 花瓣状, 顶端2裂, 裂片有锯齿。蒴果卵球形, 6条肋明显; 种子球形, 有乳白色附属物。花期4~5月, 果期6~8月。

产云南丽江、中甸、德钦 、维西、兰坪。生海拔2 500~3 300m 的高山草地。黑龙江、吉林、辽宁、内蒙古、河北、山西、山东、河南、江苏、陕西、甘肃、宁夏、四川、西藏有分布。

供观赏, 宜植于花坛、草地、林间连片种植。根系发达, 种于坡地有固地作用。种子或分株繁殖。

江边刺葵　　棕榈科

Phoenix roebelenii O.Brien

灌木, 高1~3m。茎单生或丛生, 有残存的三角状的叶柄基部。叶羽状全裂, 长约1m, 常下垂; 裂片狭条形, 较柔软, 2列排列, 近对生 , 长20~30cm, 宽1~1.2cm, 背面沿叶脉被灰白色鳞秕, 下部的裂片退化成为细长的软刺。肉穗花序生于叶丛中, 长30~50cm, 花序轴扁平; 总苞1枚, 上部舟状, 下部管状, 约与花序等长, 但雌花序短于雄花序; 雌雄异株, 雄花花萼长约1mm, 3齿裂, 裂片三角形; 花瓣3片, 披针形, 稍肉质, 长约9mm, 具尖头; 雄蕊6枚; 雌花卵形, 长约4mm。果矩圆形, 长约1.4cm, 直径6mm, 具尖头, 枣红色; 果肉薄, 有枣味。花期4~5月。

产云南景洪、盈江、澜沧江边。生海拔1 000~1 800m的林中。

植株常绿, 株形优美, 为很好的庭院观赏植物, 供露地或室内栽培。种子繁殖。果可食, 嫩芽可生食。

绒叶仙茅　　仙茅科

Curculigo crassifolia (Baker.)Hook.f.

多年生丛生草本。根状茎粗短, 块状。叶10~14枚丛生, 厚革质, 披针形, 长达1.2m, 宽1.5~11cm, 具明显折扇状平行脉, 背密被白厚绒毛, 叶柄短, 长12~31cm, 槽状, 基部扩大成鞘。花茎长12~30cm, 被厚绒毛; 总状花序具密集的花, 呈头状, 苞片绿色, 披针形; 花黄色, 花被裂片椭圆形, 内面无毛; 外轮背面被束生长绒毛和星状毛; 内轮背面除中肋密被淡褐色星状长绒毛外, 其他部位疏被, 雄蕊6, 着生花被裂片基部; 子房倒圆锥形, 长约1.2cm, 密被白色绒毛, 3 室; 胚珠多数。花期5~10月。

产云南大理、临沧、镇源、景东、龙陵、金平、屏边、元阳、文山。生海拔1 500~2 500m 的林下、草地。尼泊尔、锡金、印度也有。

植株常绿, 花大, 观赏。果可食。根入药, 治小儿肺炎。

中华仙茅　　仙茅科

Curculiogo sinensis S.C.Chen

多年生常绿草本。根状茎短, 粗厚。叶8~10 枚, 长圆状披针形或宽线状披针形, 长53~105cm, 宽3~13cm, 基部渐狭成柄, 具明显折扇状的平行脉, 草质, 背脉被长绒毛; 柄长20~40cm, 具槽, 基部扩大。花茎连花序长约15cm; 总状花序长10~25cm, 具花40朵以上; 苞片密被灰褐色绒毛, 狭披针形, 长约5cm, 基部宽8mm, 基部扩大夹持花梗。花黄色, 密被黑灰色绒毛; 花被裂片6, 外轮3, 卵形; 内轮圆形, 基部微心形、二面无绒毛、边缘具细皱; 雄蕊6, 着生于花被裂片基部; 花柱圆柱形、黄色, 柱头头状, 3浅裂 ; 子房纺锤形, 具短喙。浆果弓形, 腹面自裂, 3室。种子多数, 黑色, 球形, 表面具皱纹。花期4~12月, 果陆续成熟。

产云南贡山、福贡、碧江、金平、绿春、文山。生海拔1 600~2 500m 的草地、灌丛、次生林、竹林。广西有分布。

供观赏。果可食。

中华仙茅 *Curculiogo sinensis*

绒叶仙茅 *Curculigo crassifolia*

江边刺葵 *Phoenix roebelenii*

老虎须 *Tacca chantrieri*

老虎须　箭根薯科
Tacca chantrieri Andte.
多年生草本。根状茎圆柱形。茎生叶
5~10枚，长圆形或长圆状椭圆形，长25~
70cm，宽7~20cm。花两性，辐射对称；花
葶由叶腋抽出，长30~60cm；花序顶生，总
苞4，2轮交互对生，外轮2枚，卵状披针
形，紫绿色，内轮2枚，宽卵形，淡绿色；
小苞片约10枚，有花5~10朵；花被裂片
6，反折贴生于花冠管上，2轮；外轮3，三
角形，长宽约1cm；内轮线状披针形，长
1.2cm，宽约4cm；雄蕊6，着生于管基部，
花药盔状；柱头3，花瓣状，2裂。果3棱状
纺锤形，外轮总苞宿存；种子肾形。花期4~
7月，果期8~10月。
产云南富宁、麻栗坡、屏边、江城、西
双版纳、思茅、临沧、孟连、景洪、勐腊、
绿春、金平、河口、盈江。生海拔100~
1500m的水边、河边、沟谷、季雨林。西
藏、贵州、广东、广西、海南有分布。老挝、
越南、柬埔寨、泰国亦有。
花形奇异，有细长似须的小苞片下垂，
故称"老虎须"。供观赏。用种子或分株繁
殖。根茎入药，治胃肠溃疡和高血压。有毒
慎用。

多花指甲兰　兰科
Aerides rosea Lodd. ex Lindl.
附生兰，茎粗壮，长5~20cm。叶肉质，
狭矩圆形，长20~29cm，宽2~3.5cm，顶
端为不等2圆裂，基部有关节并且扩大为
鞘。花葶腋生，粗壮，不分枝，高出叶外；
总状花序很长，密生许多花；花苞片卵状披
针形，长5~8mm；花白色带紫色斑点；中
萼片和花瓣近相等，矩圆形，长约12mm，
宽6mm，顶端钝；侧萼片斜卵圆形，较宽；
唇瓣贴生于蕊柱基部，中裂片近菱形，长约
18mm，宽12mm，顶端钝，边缘具不明显
的钝齿，基部具1个圆柱状、伸入距内而顶
端弯曲的附属物，侧裂片小，圆耳状；距直
立，圆锥形，长约5mm；合蕊柱边缘具翅，
蕊柱脚不明显；花粉块2个，半裂。花期6~
7月，果期8~9月。
产云南勐海、勐腊、师宗。生海拔
1000~1530m的阔叶林中，附生树上。
重要观赏花卉。组织培养繁殖。

多花指甲兰生境

多花指甲兰 *Aerides rosea*

竹叶兰　兰科

Arundina graminifolia (D. Don) Hochr.

地生兰，直立，高 30～60cm。根状茎稍膨大。茎直立，圆柱状，全部具叶。叶禾叶状，长条形，2 列，坚挺，长 10～20cm，宽 8～15mm，渐尖，基部呈鞘包茎，近基部处具 1 关节。花序顶生，不分枝或稍分枝，总状花序具 2～12 朵花，长 2.5～10cm；花苞片小，凹陷，顶端渐尖或急尖，短于子房；花大、粉红色，萼片矩圆状披针形，长 2.5cm；花瓣较萼片宽，卵状矩圆形，唇瓣稍较长，顶端 3 裂，中裂片较大，有缺刻，唇盘上具 3～5 条褶片；合蕊柱长，稍弓状，有狭翅；花药顶生，盖状，2 室；花粉块 8 枚。花期 6～7 月，果期 9～10 月。

产云南东南部至南部及西部和洱源。朝鲜、日本也有。

全草入药，清热解毒，祛风湿，消炎利尿，解食物中毒。花极洁雅秀丽，供观赏。用种子、组织培养或分根繁殖。

鸟舌兰　兰科

Ascocentrum ampullaceum (Roxb.) Schltr.

附生兰，茎长 1～4cm。叶套叠，狭矩圆形，长 5～17cm，宽 1～1.5cm，顶端 2 裂为牙齿状或截头状而具齿，基部具关节。总状花序腋生，直立，比叶短，具多数花；花苞片小；花桔红色；萼片宽卵形，长 9mm，宽 4mm，顶端钝；花瓣宽卵形，长约 7mm，宽 4mm；唇瓣 3 裂，侧裂片小，近三角形，中裂片近与距成直角伸展，狭矩圆形，长 6mm，顶端急尖而略朝上，基部两则各具 1 个胼胝体；距圆筒状，长于萼片；蕊柱粗短；蕊喙 2 裂；花药前面具短喙，花粉块 2 个，具裂隙，蕊喙带状，在下部较宽，粘盘近方形。花期 4～5 月，果期 9～10 月。

产云南思茅、景洪、澜沧、孟连、沧源。生海拔 1 100～1 500m 的阔叶林中，附生树上。喜马拉雅地区和印度、越南、老挝、缅甸、泰国也有分布。

供观赏。分株繁殖或组织培养。

竹叶兰 *Arundina graminifolia*

白及 *Bletilla striata*

鸟舌兰 *Ascocentrum ampullaceum*

白及　　兰科
Bletilla striata (Thunb.) Rchb. f.

地生兰，高15~50cm。假鳞茎扁球形，上面具荸荠似的环带，富粘性。茎粗壮，劲直。叶4~5枚，狭矩圆形或披针形，长8~29cm，宽1.5~4cm。花序具花3~8朵；花苞片开花时常凋落；花大，紫色或淡红色，萼片和花瓣近等长，狭矩圆形，急尖，长2.8~3cm；花瓣较萼片阔；唇瓣较萼片和花瓣稍短，长2.3~2.8cm，白色带淡红色具紫脉，在中部以上3裂，侧裂片直立，合抱蕊柱，顶端钝，具细齿，稍伸向中裂片，但不及中裂片的一半；中裂片边缘有波状齿，顶端中部凹缺，唇盘上具5条褶片，褶片仅在中裂片上为波状；蕊喙细长，稍短于侧裂片。花期5~6月。

产云南昆明、大理、丽江、昭通、蒙自。生海拔1 800~2 600m的山坡湿润处，广布于长江流域各地。朝鲜、日本也有。

假鳞茎入药，收敛消肿，止血，止咳补肺，生肌止痛，润肺行气。供观赏。用假鳞茎分株繁殖。

肾唇虾脊兰　　兰科
Calanthe brevicornu Lindl.

地生兰，多年生草本，高30~60cm。假鳞茎粗短，圆锥形，宽约2cm，具叶3~4枚。叶片椭圆形或卵状披针形，长20~30cm，宽4~10cm，先端短尖，柄长约10cm，无毛。花葶长40~50cm，总状花序疏生多花，序轴被短柔毛；花直径2~3cm，黄绿色，唇瓣紫红色；中萼片卵圆形，长1.5~2cm，宽6~8mm，顶端尖，侧萼片斜阔卵形，上面被短毛；花瓣比萼片稍短，无毛；唇瓣基部与蕊柱中部以下的翅连生，3裂，无毛，中裂片近圆形或肾形，唇盘上有3条高的褶片；距长约2mm，被毛；蕊柱有长毛。花期5~6月。

产云南东南部和西北部及中部哀牢山。生海拔1 700~2 800m的常绿阔叶林下荫湿处。西藏、四川、贵州、广西、湖北有分布。印度、锡金、不丹、尼泊尔也有。

供观赏，花极美丽，宜丛植或连片种植于庭院荫湿处。

流苏虾脊兰　　兰科
Calanthe fimbriata Franch.

地生兰，高达50cm。茎短，叶近基生，椭圆形或倒卵状椭圆形，长约20cm，宽4~6cm，顶端急尖或锐尖，基部收窄为短柄。花葶长于叶丛中间，直立，高出叶外；总状

肾唇虾脊兰 *Calanthe brevicornu*

流苏虾脊兰 *Calanthe fimbriata*

花序通常具多数花；花序轴和子房略被柔毛；花苞片披针形，长约1.5cm，比花梗（连子房）短，顶端渐尖；花茄紫色；苞片卵状披针形，长1.5~2cm，宽约6mm，顶端长渐尖；萼片卵状披针形，长1.5~2cm，侧萼片较中萼片略窄；花瓣卵状披针形，比萼片短而窄，顶端渐尖；唇瓣近扇形，不裂，伸展，前部边缘具流苏，顶端微凹并且具短尖；距圆筒形，伸直，等于或长于花梗（连子房），长2~3.5cm，基部较宽；子房略弧曲。花期5~6月。

产云南西北部和东南部。生海拔2 600~3 500m的林下。湖北、陕西、四川、西藏有分布。

花美丽，供观赏；假鳞茎入药，有清热解毒，强筋壮骨之效。用假鳞茎分株繁殖。

通麦虾脊兰　　兰科
Calanthe griffithii Lindl.

地生兰。假鳞茎短圆锥形，无横生的根状茎。叶两面无毛；叶柄无关节。花葶高45~75cm；总状花序疏生多数花，花苞片宿存；花张开，直径约3.5cm；萼片和花瓣淡绿色；唇瓣褐色，3裂；侧裂片近矩圆形；中裂片近心形或扁状椭圆形，上面中央具1枚近三角形的褶片；距圆筒形，长约6mm。花期5月。

产云南西北部贡山。生海拔约2 000m的常绿阔叶林下。西藏东南部有分布。不丹、缅甸也有分布。

供观赏。

通麦虾脊兰 *Calanthe griffithii*

叉唇虾脊兰 *Calanthe hancockii*

叉唇虾脊兰　兰科
Calanthe hancockii Rolfe
　　地生兰, 高约70cm。假鳞茎圆锥形。叶片椭圆形或椭圆状披针形, 长20~40cm, 宽5~12cm, 顶端锐尖或急尖, 边缘波状, 具长柄。花葶从叶丛中抽出, 高出叶外; 总状花序具多数花; 花序轴和子房被短柔毛; 花苞片小、膜质、卵状披针形, 长约为花梗(连子房)的1/3, 顶端渐尖; 花黄绿色; 中萼片短圆状披针形, 长2.5~3.2cm, 宽6~10mm, 顶端锐尖, 侧萼片略窄; 花瓣椭圆形, 比侧萼片窄而短; 唇瓣3裂, 侧裂片近矩圆形, 比中裂片短, 顶端钝, 中裂片倒卵状矩圆形, 顶端急尖或短尖, 唇盘上表面具3条波状褶片; 距纤细, 远比花梗(连子房)短, 长2~3mm, 距口生毛。花期3~5月, 果期10~11月。
　　产云南富宁、广南、屏边、蒙自、景东、维西、双柏。生海拔1400~3600m的山地林下荫湿地。
　　花优美, 供观赏。喜荫湿环境。用假鳞茎分株繁殖。

三棱虾脊兰　兰科
Calanthe tricarinata Wall. ex Lindl.
　　地生兰, 多年生草本, 高35cm。假茎长5~15cm。叶片3~4枚, 近基生, 椭圆形或倒披针形, 长20~30cm, 宽5~10cm, 顶端急尖, 基部渐窄成鞘状叶柄。花葶高20~35cm, 自叶丛中抽出, 总状花序疏生5~8朵花; 花序轴和子房被短柔毛; 花苞片小、卵状披针形, 短于花梗(连子房); 萼片和花瓣淡黄绿色, 长1.5cm; 萼片披针形, 长16~18mm, 宽5~8mm, 顶端钝; 花瓣

匍茎卷瓣兰 *Cirrhopetalum emarginatum*

倒卵状披针形，比萼片略窄；唇瓣棕紫色，3裂，侧裂片较短，中裂片近肾形，上表面具3~5条鸡冠状褶片，顶端具缺刻，边缘波状，无距。花期4~6月，果期8~9月。

产云南丽江、维西、中甸、巧家、宁蒗、蒙自、剑川澜沧江分水岭。生海拔1000~3500m的山坡林下。台湾、湖北、陕西、贵州、四川、西藏有分布。日本、尼泊尔、锡金、不丹、印度及克什米尔地区也有。

鳞茎入药，治结核，外伤出血，骨折。为优良观赏花卉，需种植于荫湿处。

三褶虾脊兰　兰科
Calanthe triplicata (Willem.) Ames
地生兰。假鳞茎短。通常有叶3~4枚，叶片椭圆形，长约30cm，宽约10cm，顶端锐尖或急尖，具长柄，两面略生柔毛。花葶从叶丛中抽出，高达70余cm；总状花序密集多数花，全株被毛；花苞片略外弯，卵状披针形，比花梗（连子房）短；花白色，花径1.5~2cm；中萼片椭圆状倒卵形，长约1.2cm，宽6mm，顶端急尖；侧萼片椭圆形，比中萼片稍窄；花瓣倒披针形，比萼片小，顶端锐尖；唇瓣基部与整个蕊柱翅连生，3深裂，侧裂片斜矩圆形，基部具多数小肉瘤，中裂片深2裂，裂片叉开，凹缺处具短尖；距纤细，比花梗（连子房）短，长2cm。花期4~6月，果期8~9月。

产云南中部和南部。生山谷及林下。广布于长江以南各地。东亚至东南亚及澳大利亚有分布。

花洁白美观，供观赏。

梳帽卷瓣兰　兰科
Cirrhopetalum andersonii Hook. f.
附生兰，根状茎粗壮，粗4~5mm。假鳞茎宽卵形或狭卵形，长3cm，基部被多数纤维，顶生1叶。叶革质，矩圆形，长13~20cm，宽3.5cm，顶端微凹，具短柄。花葶纤细，比叶长或短，被2~3枚鞘状苞片；伞形花序具多数花；花苞片短于花梗（连子房）；花淡紫色；中萼片短圆状卵圆形，凹，长约5mm，顶端具芒，边缘近顶端多少啮蚀状；侧萼片矩圆状倒卵形，比中萼片长3~4倍，内侧边缘除基部和顶端外粘合，顶端钝；花瓣矩圆形，比中萼片稍短，顶端具芒，边缘具流苏；唇瓣肉质，中部弯曲，全缘；蕊柱齿短；花药前面边缘梳状。花期4~6月。

产云南南部至西南部。生海拔1400~2000m的林中，附生树上或潮湿的岩石上。广西有分布。锡金、缅甸也有。

三棱虾脊兰 *Calanthe tricarinata*

供观赏。用假鳞茎分株繁殖。

匍茎卷瓣兰　兰科
Cirrhopetalum emarginatum Finet
附生兰。根状茎匍匐状，粗3mm，节间疏离。假鳞茎圆锥形，长1.5~3cm，粗约1cm，彼此距离9~18cm，具1叶。叶革质，矩圆状披针形，长5~13cm，宽1.2~2.6cm，顶端微凹，具短柄；花葶生于假鳞茎基部，略高于假鳞茎，顶生2~3朵花；花苞片披针形，比花梗（连子房）短，顶端急尖；花俯垂，黄褐色带紫色条纹；中萼片楔状披针形，长约1.2cm，宽8mm，顶端截形而微凹，边缘略具睫毛；侧萼片长约3.5cm，

基部斜卵形，向顶端骤狭呈尾状，内侧粘合，顶端钝，略分离，无毛；花瓣直立，近圆形，比中萼片短，边缘被睫毛；唇瓣肉质，近三角形，凹，顶端略钝而弯曲，无毛；合蕊柱粗短，蕊柱牙齿状。花期4~6月。

产云南东南部和西北部瑞丽江与怒江分水岭、罗平。生海拔1200~2700m，附生树上或岩石上。西藏有分布。越南也有。
供观赏。

三褶虾脊兰 *Calanthe triplicata*

梳帽卷瓣兰 *Cirrhopetalum andersonii*

梳帽卷瓣兰 *Cirrhopetalum andersonii*

独占春 Cymbidium eburneum

白花贝母兰 Coelogyne leucantha

白花贝母兰　兰科

Coelogyne leucantha W. W. Smith

附生兰。假鳞茎长1.5~5cm, 宽0.8~1.5cm, 每相距0.5~2cm着生于根状茎上。叶2枚, 倒披针形至矩圆状披针形, 长10~15cm, 宽1~3cm, 有长柄。花葶生于已长成的假鳞茎顶端两叶中央, 稍长或短于叶, 花序基部有数枚至10余枚互相套叠的宿存不育苞片; 总状花序有花3~11朵, 白色, 直径2~3cm; 萼片矩圆形; 花瓣近丝状, 唇瓣基部着生于蕊柱上, 3裂, 上面有3条具皱波状圆齿的褶片。花期9~12月。

产云南西部至东南部。生海拔1 500~2 600m的树上。四川有分布。缅甸也有。

供观赏。

独占春　兰科

Cymbidium eburneum Lindl.

多年生草本, 附生, 有时近地生, 高40~50cm。假鳞茎为鞘状叶包围。叶薄草质, 6~10枚, 有时可多至15枚, 长30~50cm, 宽1~2cm, 先端不均等2裂, 基部关节明显。花葶直立或微倾斜, 高30cm, 有1~2花, 花大, 白色, 直径8~10cm, 具芳香味; 萼片长圆状披针形, 长6cm, 宽2cm, 基部微带绿晕; 花瓣稍小于萼片, 唇瓣3裂, 侧裂片直立, 有紫红色小斑点, 中裂片下垂, 中间有黄色斑块和不规则紫红色小斑点, 边缘波浪状, 褶片黄色, 被短毛。花期2~5月。

产云南西南部 (腾冲)。生海拔1 000~2 000m的林缘树干上或岩石上。广东、海南有分布。尼泊尔、锡金、缅甸、印度也有分布。

花白色, 有丁香香味, 是极珍贵的花卉。用假鳞茎分株繁殖。

多花兰　兰科

Cymbidium floribundum Lindl.

附生兰。假鳞茎粗壮。叶3~6枚丛生, 直立性强, 带状, 通常长约30~50cm, 宽1~2cm, 顶端略歪斜, 基部关节明显, 全缘。花葶直立, 比叶短, 花密集, 多至50朵花; 花苞片长约5mm; 花梗连子房长1.6~3cm; 花直径3~4cm, 红褐色, 萼片近相等, 狭矩圆状披针形, 长约2cm, 宽约5mm, 红褐色, 中部略带绿色晕; 唇瓣3裂, 约等长于花瓣, 上面具乳突, 侧裂片近半圆形, 直立, 有紫褐色条纹, 边缘紫红色, 中裂片近圆形, 稍反折, 紫红色, 中部有浅黄色晕, 唇盘从基部至中部具2条平行的褶片, 褶片黄色。花期4~8月, 果期11~12月。

产云南广南、西畴、砚山、文山、贡山、

多花兰 Cymbidium floribundum

福贡、碧江、丽江、大理、漾濞、弥勒、维西及澜沧江、怒江分水岭、金沙江流域。生海拔2 000~2 700m的山坡林下岩石上或溪边。西藏、广西、广东、福建、浙江有分布。越南、缅甸、印度也有。

花美观，供观赏。分株繁殖。现已栽培。

春兰　兰科
Cymbidium goeringii(Reichb.f.)Keichb.f.

地生兰。假鳞茎集生成丛。叶4~6枚丛生，狭带形，长20~40(60)cm，宽6~11mm，顶端渐尖，边缘具细锯齿。花葶直立，远比叶短，被4~5枚长鞘；花苞片长而宽，比子房(连花梗)长；春季开花；花单生，少为2朵，直径4~5cm，浅黄绿色(色泽变化较大)，有清香气。萼片近相等，狭矩圆形，长3.5cm，通常宽6~8mm，顶端急尖，中脉基部具紫色条纹；花瓣卵状披针形，比萼片略短；唇瓣不明显分裂，比花瓣短，浅黄色带褐色斑点，顶端反卷，唇盘中央从基部至中部具2条褶片。花期1~3月，果期8~9月。

产云南中部、西部、西南部、西北部和东南部各地。生海拔1 500~2 550m的山坡疏松栎林下阴处，溪沟沿岸林中。华东、华中、西南各地，陕西、甘肃有分布。朝鲜、日本也有分布。

春兰在中国兰花中，是栽培历史最悠久的种类之一，现品种繁多，主要供观赏，

春兰 *Cymbidium goeringii*

寒兰 *Cymbidium kanran*

虎头兰 *Cymbidium hookerianum*

用分株繁殖或用种子进行组织培养繁殖。

虎头兰　兰科
Cymbidium hookerianum Reichb.f.

附生兰。假鳞茎粗壮，长椭圆形，稍扁。叶7~8枚丛生，宽带状，薄革质，长达90cm，通常宽2~3cm，顶端渐尖，基部对合而互抱，全缘。花葶近直立，常短于叶，疏生6~12朵或更多朵；花苞片长约5mm；花梗连子房长约4cm；花浅黄绿色，稍有桂花香气；中萼片近矩圆形，长4.5~6cm，宽1.2~1.8cm，黄绿色，背面基部有紫褐色晕，侧萼片斜矩圆形，稍窄；花瓣比萼窄，宽5~12mm，浅黄绿色，基部有紫红色小斑点；唇瓣略有短爪，3裂，侧裂片直立，具紫红色条纹，中裂片略反折，边缘波状，唇盘上表面被短柔毛，2条褶片平行，生长毛；合蕊柱须长，3~4.2cm。花期2~5月，果期9~11月。

产云南广南、砚山、麻栗坡、屏边、勐海、沧源、双江、景东、龙陵、腾冲、保山、福贡、贡山、德钦。生海拔1 100~2 700m的山坡林中岩石上或附生树上。西藏、四川、贵州、广西有分布。尼泊尔、印度也有。

供观赏。常用假鳞茎分株或用种子、组织培养繁殖。

寒兰　兰科
Cymbidium kanran Makino

地生兰。叶3~7枚丛生，带状，直立性强，长35~70cm，宽10~17mm，顶端渐尖，全缘或有时近顶端具细锯齿，薄革质，略带光泽。花葶直立，近等于或长于叶，疏生5~10余朵花；花苞片狭披针形，通常

长1.3~2.8cm，在最下面者长达4cm；花梗连子房长2.5~4cm；冬季开花；花色多变，通常为淡黄绿色而具淡黄色或其他色的唇瓣，也有白色或紫红色；萼片狭矩圆状披针形，长4cm，宽4~7mm，顶端渐尖；花瓣较短而宽，向上外伸，中脉紫红色，基部有紫晕；唇瓣不明显3裂，侧裂片直立，半圆形，有紫红色斜纹，中裂片乳白色，中间黄绿色带紫斑，唇盘从基部至中部具2条平行的褶片，褶片黄色，光滑无毛。花期9~12月，果期翌年9~10月。

产云南富宁、西畴、文山、麻栗坡、屏边、建水、贡山、碧江。生海拔1 200~2 000m山坡林下。

花香、供观赏。现已常见栽培。其品种与变型颇多。

碧玉兰 *Cymbidium lowianum*

莎草兰　兰科

Cymbidium elegans Lindl

附生兰。叶4～10枚丛生，狭带状，长60～90cm，宽6～15mm，顶端渐尖，下部两侧对合，关节明显，基部套叠。花葶从假鳞茎基部发生，下垂，长30～50cm，总状花序具数朵至10余朵花；花苞片长5～10mm；花下垂，几乎不开放，狭钟形，奶油黄色至浅黄绿色，中萼片矩圆形，长约3.5cm，宽8mm，内弯，顶端锐尖；侧裂片斜矩圆形，略短而宽，向外伸展；花瓣狭镰状倒披针形，略长于中萼片，较窄，向外张开，唇瓣白色带紫色条纹和斑点，3裂，侧裂片直立，赭色带紫条纹，顶端略急尖，中裂片近圆形，下弯，顶端急尖，边缘略波状，唇盘上面具乳突，从基部至中部有2条平行褶片；蕊柱长2.3～3.2cm。花期10～12月。

产云南怒江。生海拔1 300～2 900m的山谷林中。西藏东南部、台湾有分布。尼泊尔、不丹、锡金、印度也有。

花黄白色，适于室内栽培，供观赏。分株繁殖。

碧玉兰　兰科

Cymbidium lowianum(Rchb.f.) Rchb.f.

附生兰，多年生草本，高50～80cm。假鳞茎近球形，直径2～5cm。叶6～8枚丛生，带状，长70～80cm，宽2～3cm，先端渐尖，基部相对合抱，关节明显。花葶从叶鞘中穿出，稍弯曲下垂，长30～35cm，有6～20朵花，黄绿色，无香味；萼片狭倒卵形，长4.5～5.5cm；唇瓣宽卵形，3裂，中裂片中部有宽阔的"V"字形紫红色斑块，V形区有天鹅绒般细毛。蒴果狭卵形，长7～8cm。花期2～6月。

产于云南东南部至西南部。生海拔1 300m以下山地常绿阔叶林中，附生树上或岩石上。广东有分布。缅甸、泰国也有。

花唇瓣上有"V"形紫红色斑块，使花显得极美丽，供观赏。分株繁殖。

墨兰　兰科

Cymbidium sinense(Andr)Willd.

地生兰。假鳞茎椭圆形。叶3～5枚丛生，近革质，直立而上部向外弯折，剑形，长60～90cm，宽1.5～3.5cm，顶端渐尖，基部有关节，深绿色而有光泽，全缘。花葶直立，通常高出叶外，具花数朵至20余朵；花苞片披针形，比子房连花梗短，通常长6～9mm，在最下面1枚达2.3cm，紫褐色；花

色多变，有香气；萼片狭披针形，长3cm，宽5～7mm，有5条脉纹；花瓣通常较萼片短而宽，向前稍合抱，覆于蕊柱之上，有脉纹7条，唇瓣不明显3裂，浅黄色带紫斑，侧裂片直立，中裂片反卷，唇盘上面具2条黄色褶片。花期10月至翌年3月。

产云南东南部。生海拔800～1 200m的山坡林下溪边。

墨兰又称报岁兰，全国各地广为栽培。目前已有数以百计的品种被栽培。

斑舌兰　兰科

Cymbidium tigrinum Parish ex Hook.

附生兰。假鳞茎近球形或卵球形，多少两侧压扁成凸透镜状，直径2.5～3cm，裸露。叶2～6枚，但通常在假鳞茎顶仅留2～4枚，狭椭圆形，长15～20cm，宽约3cm，基部收缩成狭柄，具关节。花葶从假鳞茎基部发出，长10～20cm，近平展，有花2～5朵；苞片长3～8mm；花直径4～5cm；萼片狭椭圆状矩圆形，长3.5～4cm，宽约10mm；花瓣与萼片近等大或略狭小，二者均黄绿色并带淡红褐色晕，基部有紫褐色斑点；唇瓣倒卵形，3裂，基部与蕊柱合生部分长约3mm，侧裂片紫褐色，上有细乳突，中裂片有红紫色斑点与横纹，纵褶片2，白色而有紫点，直延伸至唇瓣基部。花期3～7月。

产云南西部常绿阔叶林内，附生于树干上或岩石上。缅甸、印度有分布。

供观赏。

黄花杓兰　兰科

Cypripedium flavum P. F. Hunt Summerh.

地生兰，高30～50cm。茎直立，密被短柔毛。叶互生，3～5枚，椭圆形，长10～16cm，宽4～8cm，急尖或渐尖，两面被微柔毛，边缘具细缘毛。花苞片叶状，椭圆状

墨兰 *Cymbidium sinense*

莎草兰 *Cymbidium elegans*

披针形、渐尖；花常单生，很少2朵，直径约5cm，黄色或渐浅，有时略有紫色斑点；中萼片宽椭圆形，长3～3.5cm，宽1.5～2.5cm，背面中脉与基部疏被微柔毛，边缘稍具细缘毛；合萼片与中萼片相似，但稍小，花瓣近斜披针形，长2.5～3cm，宽约1cm，内面基部具疏柔毛，唇瓣几乎与萼片等长，具半圆形的内折侧裂片，囊前面内弯边缘高3～4mm，囊内底部具长柔毛；退化雄蕊近圆形，基部具耳；子房密被棕色绒毛。花期5～6月，果期8～9月。

产云南丽江、中甸、德钦、洱源等。生海拔2 200～3 620m的林下、草坡。四川、甘肃、湖北有分布。

花形奇特，是很好的观赏植物。

绿花杓兰　　兰科
Cypripedium henryi Rolfe
地生兰，高30～60cm。茎被棕色短柔毛，具4～5枚茎生叶。叶椭圆形或卵状披针形，长10～18cm，宽6～8cm，渐尖，边缘具细缘毛。总状花序具2～3朵花，每花有1枚叶状苞片；花苞片卵状披针形；花绿黄色，直径约7cm；中萼片卵状披针形，长3.5～4.5cm，宽约1.5cm，具尾状渐尖；合萼片近似中萼片，常较短，顶端2裂；花瓣条状披针形，几与萼片等长，宽约6mm，背面中脉具毛，唇瓣长约6cm，为花柄长的2/3，绿黄色而多少具紫色条纹，囊内基部具长柔毛，退化雄蕊近圆形，长约7mm，急

绿花杓兰 *Cypripedium henryi*

尖，基部收狭成长2～3mm的柄，下面具龙骨状突起；子房条形，密被白色短柔毛。花期4～5月。

产云南西北部。生海拔800～2 300m的林下或林缘。四川、贵州、湖北、陕西、甘肃有分布。

花大色艳，既观花、又观叶，是很好的观赏花卉。根入药，理气行血、消肿止痛。分株繁殖。

黄花杓兰 *Cypripedium flavum*

斑舌兰 *Cymbidium tigrinum*

兜唇石斛　兰科

Dendrobium aphyllum(Koxb.)C. E. Fisch.

附生兰，茎肉质，高30~50cm，圆柱形，上下等粗，节间长2.5~3cm。叶2列，卵状披针形，长5.5~8cm，宽1.8~2.5cm，基部呈鞘状抱茎，无柄，花1~3朵，常生于老茎上，总花梗3~5mm，基部2~4枚膜质苞片，鞘状，长6~7mm；花大，径4~6cm；萼片和花瓣白色，带淡紫色先端，或淡紫色；萼片3枚，长3~3.7cm，宽0.8~1.2cm；花瓣椭圆形，宽1.5~2cm，唇瓣宽倒卵形或近圆形，长3cm，两侧包卷蕊柱而形成漏斗状，基部两侧有紫色条纹，被短柔毛，边缘稍啮蚀状，具缘毛；蕊柱长1.5cm。蒴果。花期4~5月，果期9~10月。

产云南建水、思茅、勐腊、景洪、勐海、西盟、双江、镇康、龙陵、泸水。生海拔900~1 800m的阔叶林内，附生于树干、岩石上。贵州、广西有分布。尼泊尔、缅甸、老挝、柬埔寨、泰国、越南、马来西亚也有。

花色素雅，很美丽，是极好的观赏花卉。茎供药用。

黑节草　兰科

Dendrobium candidum Wall. Lindl.

附生兰。茎丛生，圆柱形，长达35cm，粗2~4mm，叶纸质，矩圆状披针形，长4~7cm，宽1~1.5cm，顶端略钩转，边缘和中脉淡紫色；叶鞘具紫斑，鞘口张开，常与节留下1个环状间隙。总状花序常生于无叶的茎上端，长2~4cm，二回折状弯曲，常具3花；总花梗长约1cm；花苞片干膜质，淡白色，长5~7mm；花被片黄绿色，长约1.8cm，中萼片和花瓣相似，矩圆状披针形，宽4mm，顶端锐尖；萼囊明显；唇瓣卵状披针形，反折，比萼片略短，不裂或不明显3裂，基部边缘内卷并且具1个胼胝体，先端急尖，边缘波状，唇盘被乳突状毛，具紫红色斑点。花期4~5月。

产云南广南、西畴、文山、砚山、丘北、师宗、罗平。生海拔900~2 100m的林下岩石上或附生树干上。

茎叶是名贵中药。花供观赏。

翅萼石斛　兰科

Dendrobium cariniferum Reichb.f.

附生兰，茎圆柱形或呈纺锤形，长15~20cm，径1~1.5cm，节间1.5~2.5cm，表面具槽纹。叶革质，矩圆形，长达11cm，宽1~3.5cm，先端不对称2圆裂，基部鞘状抱茎，有关节，茎下部节上残留叶鞘，叶和鞘

黑节草 *Dendrobium candidum*

兜唇石斛 *Dendrobium aphyllum*

翅萼石斛 *Dendrobium cariniferum*

均被黑褐色短毛。总状花序顶生，具1~2花，有香味，总梗长1cm，基部被鞘状苞片，密生黑褐色短毛；萼片淡乳黄色，长3.2cm，宽1cm，背中脉隆起，呈狭翅状；花瓣白色，比萼片短，但较宽，唇瓣赭红色，3裂，前端边缘具不整齐的缺刻，唇盘沿脉上密生髯毛或鸡冠状突起；花梗和子房三棱形。花期4~5月，果期9~10月。

产云南镇康、沧源、西盟、澜沧。生海拔1200~1640m的杂木林中，附生于树干上，广西有分布。泰国、缅甸、印度也有。

花色美观，供观赏。茎入药，滋阴养胃，生津强壮。

束花石斛　兰科

Dendrobium chrysanthum Wall.

附生兰，茎圆柱形，上下近等粗，具多数节，粗5~15mm，上部略弯曲，节间长3~4cm。叶薄纸质、披针形或矩圆状披针形，顶端渐尖；叶鞘膜质，干后常具鳞秕状斑点，鞘口张开呈杯状。伞形花序侧生于具叶的茎上半部，近无总梗，具2~6朵花；花苞片小，膜质；花直径2~2.5cm，金黄色，略肉质；中萼片矩圆形，长1.5~1.8cm，宽约1cm，顶端钝；侧萼片近镰形，比中萼片略长；萼囊矩圆锥形；花瓣倒卵状矩圆形，比萼片明显较宽，近顶端边缘常具齿；唇瓣横长圆形，凹的，两面密被绒毛，唇盘上表面具2个血紫色圆形斑块，2条褶片从基部到达近中部，边缘具短流苏。花期9~10月。

产云南蒙自、麻栗坡、砚山、屏边、勐腊、勐海、澜沧、镇康、临沧、维西。生海拔700~2500m的河岸坡石上或附生树上。广西、贵州、西藏有分布。尼泊尔、锡金、印度、越南也有。

金黄色的花非常美丽，是珍贵的庭园观赏花卉。

鼓槌石斛　兰科

Dendrobium chrysotoxum Lindl.

附生兰，茎丛生，棒状或卵状纺锤形，长12~30cm，中部粗达2.3cm，具3~8节，干后金黄色，表面具波状纵条纹。叶革质，2~3枚，顶生，矩圆形，长达17cm，宽2~3.5cm，顶端略钩转，基部收窄为短柄。花期具叶；总状花序近顶生，下垂，具多数花；总花梗粗壮，长1cm；总苞片4~5枚，鞘状，近革质；花苞片膜质，长2~3mm；花金黄色，直径2.5~4cm；萼片矩圆形，长1.2~2cm，宽5~8mm，顶端钝；萼囊矩圆锥形；花瓣倒卵形，宽约为萼片的2倍，顶端圆形；唇瓣金黄色，但颜色比萼片和花瓣深，近圆形，长约2cm，宽2.3cm，顶端微凹，边缘具流苏，上表面密被柔毛。花期4~6月。

产云南思茅、景东、澜沧、耿马、镇康、沧源。生海拔500~1620m的湿性常绿阔叶林中，附生树上。越南、缅甸、马来西亚亦有。

为著名的观赏植物。

鼓槌石斛 *Dendrobium chrysotoxum*

束花石斛 *Dendrobium chrysanthum*

迭鞘石斛 *Dendrobium denneanum*

迭鞘石斛 兰科

Dendrobium denneanum Kerr

附生兰，茎圆柱形或棒状，上部通常略弯曲，长约70cm，粗3~10mm，表面具槽。叶革质，狭披针形或矩圆形，长达13.5cm，宽达4.2cm，顶端略钩转。花期无叶；总状花序直立，近顶生，长5~10cm，疏生2~7朵花；总苞片4~9枚，叠生呈莲座状，长5~25mm；花苞片舟形，长1.8~3cm；花黄色；中萼片矩圆形，顶端钝；侧萼片卵状矩圆形，与中萼片等宽，但较长，顶端短尖；萼囊圆锥形，长约5mm；花瓣近圆形，长约2.3cm，上表面密被柔毛，具1个紫色斑块或仅为橙红色，边缘具细圆齿。花期5~6月。

产云南昆明、丽江、维西、贡山、腾冲、镇康、凤庆、耿马、沧源、澜沧、勐海、建水、蒙自、文山、砚山、屏边。生海拔1 500~2 700m，附生树上。台湾、海南、广西、贵州有分布。印度至缅甸、老挝、越南、泰国也有分布。

花美丽、供观赏。茎入药，又名大黄草。

细叶石斛 *Dendrobium hancockii*

齿瓣石斛 兰科

Dendrobium devonianum Paxt.

附生兰。茎悬垂，圆柱形，细长，上下近等粗，具多数节。叶纸质，二列，狭卵状披针形，长3~5cm，宽7~10mm，先端渐尖。总状花序侧生，具1~2花；花序柄长3~4mm；花直径3~4cm，萼片和花瓣白色或深玫瑰色，先端带紫色，萼片长约2.5cm；花瓣卵形，与萼片近等长，但较宽，先端急尖，边缘具短流苏；唇瓣近圆形，白色而先端边缘有一块横紫斑，基部具短爪，两侧具紫色条纹，边缘具流苏；唇盘两侧各具1个大的黄斑块，密布短毛；蕊柱白色，两侧具紫色条纹。花期4~5月。

产云南河口、金平、墨江、普洱、勐腊、景洪、勐海、澜沧、镇康、凤庆、泸水、大理、漾濞。生海拔650~2 000m的林内，附生树干上。

花极为美丽，是珍贵的观赏花卉，供室内悬吊栽培。

细叶石斛 兰科

Dendrobium hancockii Kolfe

附生兰，茎丛生，直立，圆柱形，长达80cm，粗2~10mm，表面具深槽，上部多分枝。叶通常3~6枚生于主茎和分枝的顶端，条形，长3~10cm，宽3~6mm，顶端2圆裂。总状花序具1~2花；总花梗长5~10mm；花黄色，直径3~4cm，萼片矩圆形，长1.8~2.4cm，宽5~8mm，顶端钝；萼囊长约4mm；花瓣近矩圆形，与萼片等长而略宽，顶端钝；唇瓣3裂，比萼片短，宽7~18mm，中裂片比侧裂片小，近肾形，上表面密被柔毛，侧裂片半圆形。唇盘通常黄绿色。花期5~6月。

产云南中部、东南部。生海拔700~2 100m的林中，附生树上或石上。陕西、贵州、四川有分布。

花供观赏。茎药用，功效与石斛同。

石斛 兰科

Dendrobium nobile Lindl.

附生兰，气生根肉质；茎丛生，直立，上部多少回折状，稍扁，长10~60cm，粗达1.3cm，具槽纹，节略粗，基部收窄。叶革质、矩圆形，长8~11cm，宽1~3cm，顶端圆裂。总状花序生于有叶或无叶的茎上，具1~4朵花；总花梗长约1cm，基部被鞘状苞片；苞片膜质，长6~13mm；花大、直径达8cm，通常白色而顶端带淡紫红色；萼片矩圆形，长3~4cm，顶端略钝；萼囊短、钝，长约5mm；花瓣椭圆形，比萼片大，顶

齿瓣石斛 *Dendrobium devonianum*

肿节石斛 *Dendrobium pendulum*

端钝；唇瓣宽卵状矩圆形，比萼片略短，宽达2.8cm，基部两侧具紫色条纹，具短爪、两面被毛，唇盘上具红紫色斑块一个。花期4~5月，果期9~10月。

产云南富民、景谷、贡山、勐海、沧源。生海拔1000~2500m的常绿阔叶林中，附生树上。四川、贵州、广西、广东、湖北、台湾有分布。

全株入药，滋阴补肾、益胃生津。花极为美丽，供观赏。种子或分株繁殖。

肿节石斛　兰科
Dendrobium pendulum Roxb.

附生兰，茎粗厚，圆柱形，具数节至多节，节肿大而呈球形，貌似算盘珠子。叶2列，纸质，矩圆形，长9~12cm，宽2~2.5cm，先端急尖。总状花序生于无叶的老茎上部，常每节着生，具1~3花；花序柄很短，长2~5mm；花大，直径5~6cm，白色，带淡紫色先端；萼片长约3cm，花瓣与萼片约等长，但较宽，先端钝，边缘具细齿；唇瓣近圆形，白色，中部以下金黄色，先端淡紫色，边缘具睫毛，上面密布短绒毛。花期3~4月。

产云南西部(澜沧)。生海拔1000~1600m的疏林中树干上。印度、缅甸、泰国、越南和老挝也有分布。

花美丽，茎节奇异，是很好的观赏花卉。

翅梗石斛　兰科
Dendrobium trigonopus Reichb. f.

附生兰，茎肥厚、粗壮，整个呈纺锤形或棒状，长5~11cm，具数节。叶3~4枚，近顶生，近矩圆形，长7~10cm，宽约2cm，先端锐尖，背面疏生黑色粗毛。总状花序侧生于茎的中部或顶端，通常具2朵花；花序柄长1~4cm；花直径4~5cm，质地厚，黄色；萼片长达3cm，中肋在上面呈翅状隆起；花瓣比萼片短而较宽；唇瓣3裂，侧裂片围抱蕊柱，前端边缘具细齿，中裂片近圆形；唇盘淡黄绿色，密布乳突状毛，子房和花梗三棱形。花期3~4月。

产云南西南部(思茅)。生海拔1100~1600m的疏林中树干上。缅甸、泰国和老挝也有。

花美观，植株矮，适于盆栽观赏。

石斛 *Dendrobium nobile*

翅梗石斛 *Dendrobium trigonopus*

大苞鞘石斛　兰科

Dendrobium wardianum Warner

附生兰，高约50cm，直立或下垂；茎粗壮，肉质圆柱形，具多节，节稍膨大，多少呈膝状，节间长2.5～3cm。叶2列，革质，矩圆形，无毛，长10～14cm，宽1.5～2.5cm，先端急尖，花期叶凋落。总状花序生于无叶茎上端，具1～3花，花序柄很短，花序基部苞片较大，宽卵形，鞘状，长2～3cm；花径5～17cm，花苞片较小，长6mm，膜质，花白色，先端带淡紫红色；萼披针形至矩圆形，长约4.5cm，花瓣与萼片近等长，但较萼片宽很多，椭圆形，唇瓣宽卵形，先端淡紫色，基部两侧各具一个暗紫色斑块，唇盘黄色，具白色周边，两面密布短绒毛。花期3～5月，果期9～10月。

产云南金平、勐海、镇康、腾冲。生海拔1 300～1 900m的阔叶林中，附生树上或岩石上。印度、缅甸、泰国有分布。

主供观赏。种子或分枝繁殖。

足茎毛兰　兰科

Eria coronaria(Lindl.)Rchb.f.

附生兰，全体无毛，高20～40cm，具根状茎。茎圆柱形，直立，无假鳞茎，顶生叶2枚，基部被鞘。叶对生，矩圆形或矩圆状披针形，长10～20cm，宽2.5～6.5cm，顶端渐尖或急尖。总状花序生于茎顶，有花5～7朵；花白色，唇瓣黄色而内面具紫色条纹；花瓣及萼片近等长；中萼片矩圆形，顶端钝，侧萼片镰状披针形，比中萼片略宽；

唇瓣卵圆形，3裂，长约1.8cm，侧裂片矩圆形，顶端圆形，中裂片卵状舌形，具5～7条褶片，顶端钝，边缘波状。花期5～6月。

产云南西部、南部至东南部。生海拔1 100～2 700m的常绿阔叶林内，附生树干上或岩石上。西藏有分布。印度也有。

花大，洁白的花配以黄色唇瓣，非常美丽，是很好的庭园观赏花卉。

毛萼珊瑚兰　兰科

Galeola lindleyana(Hook.f.et Thoms) Reichb.f.

腐生兰，直立，高1～3m；根状茎粗厚，被卵形鳞片。茎褐红色，基部直径可达4cm，节几不膨大，节上不生根，具鳞片。圆锥花序由顶生与侧生的总状花序组成；总状花序常具6～7朵花，密被锈色短柔毛；苞片披针形，黄褐色；花苞片卵形，较子房短，背面密被锈色短绒毛；花黄色，直径2cm，萼片矩圆状椭圆形，长17mm，宽8～9mm，背面具龙骨状突起并密被锈色短柔毛；侧萼片较宽且背面龙骨较高；花瓣宽卵形，几与萼片等长，无毛；唇瓣兜状，近半球形，较萼片短，几不裂，边缘具短流苏，内面密被乳突，在近基部具1平滑、中空的胼胝体；合蕊柱棒状；子房条状，密被锈色短绒毛。花期6～7月，果期10～11月。

产云南西畴、麻栗坡、屏边、景东、贡山。生海拔800～2 100m的林下、腐叶土的岩间或枯木上。四川、贵州、湖北、陕西、广西、广东有分布。

鹅毛玉凤花*Habenaria dentata*

大苞鞘石斛 *Dendrobium wardianum*

足茎毛兰 *Eria coronaria*

长距玉凤花　兰科

Habenaria davidii Franch.

地生兰，高70cm。块茎矩圆状，肉质。叶5~7枚，直立伸展，披针形或矩圆形，渐尖，基部抱茎。总花序的花疏散，具4~12朵，长8~20cm；花苞片披针形，渐尖，下部的长于子房；花大，萼片淡绿色，长约15mm，中萼片矩圆形，顶端钝，和花瓣蕊合呈广椭圆形兜；侧萼片反折，卵形，渐尖，近偏斜；花瓣白色，近舌状，顶端钝，边缘具细的短缘毛；唇瓣淡黄色，具爪，3深裂，侧裂片外侧成条裂状深裂，条裂刚毛状，中裂片不裂，条形和侧裂片几等长；距悬垂，比子房长，甚至超过1倍；药隔宽4~5mm；柱头2裂，突出物长，伸长，顶端多疣；子房无毛。花期9~10月，果期11月。

产云南中部至东南和西北部。生海拔1 000~3 200m的山坡、草地、杂木林中。西藏、四川、贵州、湖北、湖南有分布。

花形奇异，美观，供观赏。用种子或块茎繁殖。

鹅毛玉凤花　兰科

Habenaria dentata (SW.) Schlecht.

地生兰，高35~60cm。块茎卵形或矩圆形，肉质。叶3~5枚，散生，近矩圆形，渐尖。总状花序长5~12cm，具3~17朵花；

扇唇舌喙兰 *Hemipilia flabellata*

长距玉凤花 *Habenaria davidii*

花苞片披针形，长渐尖，长于或短于子房；花白色，萼片近卵形，急尖，长10~13mm，宽5~5.5mm，边缘有睫毛；中萼片直立和花瓣靠合成兜；侧萼片斜卵形，反折；花瓣不裂，较小，狭披针形，边缘具睫毛；唇瓣长，几为萼片的2倍，3裂，侧裂片宽，外侧边缘之前有细裂齿，中裂片条形，全缘，近等长；距口有胼胝体，距长达4cm，上半部白色，下半部绿色，弯曲，向顶端逐渐膨大，钝头，较子房长。花期4~5月，果期9~10月。

产云南富宁、屏边、蒙自、砚山、昆明、安宁、玉溪、江川、双柏、元江、勐腊、勐海、腾冲、凤庆、临沧、景东、洱源、鹤庆、福贡、贡山。生海拔250~2 300m的山坡林下及草丛中。广布长江以南大部分地区。日本有分布。

花洁白，形态奇异，供观赏。块茎药用。

扇唇舌喙兰　兰科

Hemipilia flabellata Bur.et Franch

地生兰，高20~28cm。块茎矩椭圆形，长1.5~3.5cm。基生叶1枚，心形，卵状心形或阔宽卵形，长2~10cm，大小变化很大，上面绿色，具紫色斑，背面变紫，急尖或短尖，基部心形或圆形抱茎。总状花序长5~10cm，常具3~5朵花；花苞片披针形，短于子房；花中等大，萼片绿色，中萼片近卵形，长9~10mm，宽3.5~4mm，顶端钝；侧萼片斜卵形，等长，宽5mm；花瓣淡紫红色，阔卵状披针形，较萼片稍短，近急尖；

毛萼珊珊瑚兰 *Galeola lindleyana*

唇瓣扇形，淡紫红色或近白色，长9~10mm，宽8~9mm，顶端及边缘均具不整齐细锯齿，基部骤狭成短爪；距绿白色，长15~19mm，长于子房，渐尖，距口外具2枚胼胝体。花期6~8月。

产云南西北部。生海拔2500~3200m的林下、林缘或石灰岩石缝中。四川有分布。

供观赏。

倒苞羊耳蒜 *Liparis olivacea*

小花槽舌兰 兰科

Holcoglssum junceum Tsi

附生兰。植株悬垂，具浅白色扁而长的气生根。茎长9～24cm，上部叶互生。叶肉质，3～4枚，圆柱状，腹面具1纵槽，长达50cm，粗3～5mm，基部扩大为鞘；叶鞘半抱茎，与叶片相连处有1关节。花序1～2个腋生，长4～9cm，有花数朵至11朵；花苞片膜质，卵形、外折，长约4mm；花梗连子房长约1.3cm，子房具6条纵棱；花萼和花瓣淡红色，椭圆形，先端圆钝，具3脉；萼片中肋背面龙骨状；中萼片长4～5mm，宽约2mm；侧萼比中萼略宽；花瓣与侧萼近等大；长约2mm，中裂片卵状楔形，向前伸展，先端微凹，距朝上弯曲，长1.3～1.5cm；蕊柱近方形，长约2mm。蒴果纺锤形，长3～4cm。花期6～8月。

杏黄兜兰 *Paphiopedilum armeniacum*

产云南勐海、镇康、双江、景东、龙陵、腾冲、贡山和滇西北。生海拔1 400～1 920m的林中，附生树干上。

花美观，适宜于悬吊栽培观赏。

倒苞羊耳蒜 兰科

Liparis olivacea Lindl.ex Wall.

地生兰。假鳞茎狭卵形；茎圆柱形，高3～8cm，被鞘。叶2～3枚，草质，椭圆形，或卵状心形，长10cm，宽2～4.5cm，顶端渐尖，基部鞘状抱茎。花葶直立，高出叶外；总状花序疏生多花，花序轴稍具翅；花苞片反折，披针形，比花梗连子房短，长5mm；花黄绿色，中萼片狭矩圆形，长6mm，宽2mm，顶端稍钝；侧萼片斜矩圆形，等长于中萼片而稍宽；花瓣丝状，长6mm；唇瓣倒卵状截形，中间微凹而具短尖，中下部边缘略具齿；合蕊柱长2.5mm，近端的蕊柱钝圆或钝三角形。花期5～7月。

产云南南部。生海拔550～1 100m的杂木林下。四川有分布。

叶美观，供观赏。

杏黄兜兰 兰科

Paphiopedilum armeniacum S.C.Chen et F.Y.Liu

地生或半附生兰。多年生草本。叶基生5～7枚，常绿，长圆形，长5～12cm，宽1.8～2.2cm，先端急尖，叶面绿，有明显带白色的近方格斑，背面有密集紫色斑点，边缘有细齿，花葶直立，高20～24cm，被褐色硬毛，有紫色、绿色点；花单朵生，杏黄色，直径4～5cm；中萼片卵形，长2.2～4.8cm，宽1.4～2.2cm，先端急尖，外面近顶端和基部被长柔毛，边缘被缘毛；合萼片长2～3.5cm，宽1.2～2cm，背面疏生长柔毛；花瓣宽卵形，长2.8～5.3cm，宽2.4～3cm，先端近圆形，内面基部被白色长柔毛，外面无毛，边缘被缘毛；唇瓣椭圆形的囊状，长4～5cm，宽2.5～3cm，边缘内弯，基部具短爪，兜无耳，基部内有白色长柔毛和紫色斑点。花期5～7月。

特产云南怒江流域。生海拔1 600m的岩壁上。

杏黄色花极美、观赏价值高。分株繁殖。兜兰属为世界名花，极珍贵。现国际花卉市场此类花已常见。

巨瓣兜兰 兰科

Paphiopedilum bellatulum (Rchb.f.) Stein

地生或半附生兰，多年生常绿草本，高

小花槽舌兰 *Holcoglssum junceum*

5～8cm，肉质须根。叶基生，4～6枚，近肉质，基部叶鞘相互套叠；长矩圆形，长8～12cm，宽2～4.5cm，先端具2小齿，全缘，叶面暗绿色而有浅色网格斑，背深紫均具淡绿白色花斑。花茎单生，从基生叶中心抽出，长4～5cm，紫色具白色长节毛，顶端1～2花，苞片兜状，阔形，长14～18mm，宽13～14mm，背呈龙骨状突起，内黄绿色，外密布紫色斑点具白色长节毛；花白色或奶油黄色，密生紫褐色粗大斑点，中萼片卵形长3～3.5cm，宽3.3～4.2cm；合萼长2cm，宽2.5cm，背具紫色粉状毛，唇瓣狭椭圆形的囊状，貌似墨斗鱼，长3～4.2cm，宽1.5～2cm，整个囊口边缘内弯；退化雄蕊近圆形略带方形。花期5～7月。

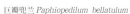

巨瓣兜兰 *Paphiopedilum bellatulum*

同色兜兰 *Paphiopedilum concolor*

长瓣兜兰 *Paphiopedilum dianthum*

产云南石屏。生海拔 1 500 ~ 1 800m 的山坡灌丛、沟边、山箐岩石缝。越南有分布。

花大、株矮、叶美观，供观赏。

同色兜兰　兰科

Paphiopedilum concolor (Par.et.Batem.) Pfitzer

地生或半附生兰。叶 4 ~ 6 枚，长 7 ~ 15cm，宽约 4cm，上面有暗绿色与浅绿色相间的网格斑，背面紫点极密集或近紫色。花葶高 5 ~ 12cm，紫色，有白色短柔毛；花 1 ~ 2 朵，极罕 3 朵，浅黄色，罕有象牙白色，有紫色细点；中萼片宽卵形，长 2.5 ~ 3.5cm，宽 2.4 ~ 3.3cm，两面均有细柔毛；合萼片略狭窄，亦有毛；花瓣椭圆形，长 3 ~ 4.7cm，宽 1.8 ~ 2.7cm，唇瓣狭椭圆形的囊状，貌似墨斗鱼，长 2.5 ~ 3.8cm，宽约 1.5cm，整个（囊口）边缘内弯；退化雄蕊常为宽卵形，长宽各 1 ~ 1.2cm。花期 6 ~ 8 月。

产云南中部。生海拔 300 ~ 1 000m 的石灰岩地区多腐殖质土壤上或岩壁积土上。广西、贵州有分布。缅甸、泰国、越南、老挝和柬埔寨也有。

供观赏。

长瓣兜兰　兰科

Paphiopedilum dianthum Tang et Wang

地生或半附生兰。须根具棕色绵毛。叶基生，2 ~ 3 枚，粗厚，带状狭椭圆形，长近 30cm，宽 3.5 ~ 5cm，顶端钝面 2 浅裂，无毛。花茎常长于叶，具 2 ~ 3 朵花，每花具 1 枚苞片，花苞片兜状，宽卵形，和子房等长，顶端钝而常 3 浅裂；花绿黄色，中萼片白色而有黄绿色的脉和绿色的基部，椭圆形，长 4 ~ 5.5cm，短尖，背面具龙骨状突起，基部内侧被短柔毛；花瓣极长，悬垂，扭曲，条形，长 8.5 ~ 12cm，中部宽约 6mm；唇瓣倒盔状，较中萼片长，具爪，爪几乎和兜等长，具内折侧裂片，耳大而近阔三角形；退化雄蕊倒心形，上面基部具 1 个角状突起；雄蕊具粗短的花丝；子房具喙，长约 5.5cm，无毛。蒴果椭圆形，长 4cm，喙弯曲。花期 8 ~ 9 月，果期翌年 8 ~ 10 月。

产云南西畴、文山。生海拔 1 400 ~ 1 800m 的树上或岩石上。广西有分布。

叶常绿，花很美丽，花瓣似两条扭曲的飘带，具极高的观赏价值。

长瓣兜兰 *Paphiopedilum dianthum*

麻栗坡兜兰 *Paphiopedilum malipoense*

带叶兜兰　兰科
Paphiopedilum hirsutissimum
(Lindl.ex Hook.)Stein

　　地生或半附生兰。须根具淡棕色绵毛。叶基生5～6枚，带形，长20～40cm，宽2～3cm，顶端急尖或渐尖而具2枚小齿，无毛。花茎高20～30cm，被深紫色毛，具1花；花苞片1～2枚(1大1小)，兜状，宽卵形，密被长柔毛；花直径10cm，中萼片与合萼片的中部至基部均具密集的黑紫色斑点或斑块，边缘有淡黄绿色，背被疏柔毛，边缘具缘毛；中萼片宽卵形，长4cm，宽约3.5cm，边缘略波状，花瓣匙形，略扭转，长5～7cm，最宽处2cm，顶端圆形，下半部边缘外强烈的皱波状，并具浓密的紫褐色小斑点；边缘具缘毛；唇瓣较中萼片长，倒盔形，顶端钝，绿色而有小紫点，兜明显长于爪，内折侧裂片不及兜的一半，具近三角形的耳；退化雄蕊近四方形，长宽各约8～10mm；子房具喙，具长柔毛，长5～6cm。花期4～5月，果期翌年2～3月。
　　产云南富宁、西畴、文山。生海拔700～1600m的林中岩石上。
　　花形珍奇美丽，植株常年常绿，是非常优良的观赏花卉。

波瓣兜兰　兰科
Paphiopedilum insigne(Wall.ex Lindl.)
Pfits

　　地生兰，多年生草本，叶5～6枚，长15～40cm，宽2.5～3cm，背面近基部有紫褐色斑点。花葶高25～30cm，被紫色短柔毛，单花；中萼片倒卵形，长4～6.5cm，宽3～4cm，淡黄绿色而具紫红色斑点和白色边缘；合萼椭圆形，长4～5cm，宽2～2.5cm，

波瓣兜兰 *Paphiopedilum insigne*

但无白色边缘；花瓣黄绿色或黄褐色而具红褐色脉及斑点，狭矩圆形至近匙形，长5～6cm，宽1.5～2cm，边缘稍波状，唇瓣倒盔形，长4.5～5cm，宽约3cm，紫红色或紫褐色，而具黄绿色边缘；退化雄蕊倒卵形，有紫色短毛。花期10～12月。
　　中国仅产云南西北部。生于潮湿多石的草丛中。印度有分布。
　　花美丽，叶常绿，中国稀有，是珍贵的观赏花卉。

麻栗坡兜兰　兰科
Paphiopedilum malipoense S. C. Chen
et Tsi

　　地生或半附生兰，地下偶见短的根状茎。叶7～8枚，长10～20cm，宽2.5～4cm，上面有深浅绿色形成的网格斑，背面紫色或具极密集的成片紫点。花葶高26～30cm，紫色，有锈色长柔毛；花1朵，萼片与花瓣绿色带淡黄色而具紫色脉(花瓣上尤其明显)，唇瓣灰黄绿色，囊内具紫点；中萼片椭圆状披针形至近卵形，长约4.5cm，宽约1.8cm，上面疏被短柔毛，背面有长柔毛；合萼片略宽于中萼片，亦具类似毛被；花瓣倒

带叶兜兰 *Paphiopedilum hirsutissimum*

硬叶兜兰 *Paphiopedilum micranthum*

紫纹兜兰 *Paphiopedilum purpuratum*

卵形至卵形，略比中萼片长且宽，两面被微柔毛，但基部有长柔毛；唇瓣为球状或宽椭圆状的囊，长约4.5cm；退化雄蕊宽卵状矩圆形，下半部白色，上半部紫褐色。花期12月至翌年3月。

产云南东南部麻栗坡。生海拔1 300～1 600m的石灰岩山坡林下多石处或岩壁积土处。贵州有分布。越南也有。

稀有，供观赏。

硬叶兜兰　兰科
Paphiopedilum micranthum Tang et Wang

地生兰，直立，多年生草本，高4～10cm。根状茎长，有粗根。叶4～5枚，带形，革质，长5～10cm，宽1.5～2cm，先端钝，叶面具深浅绿色相间的网格斑。背面具密集的紫斑，花葶直立，高10～25cm，紫色密被柔毛，顶生1花，苞片圆帽状，先端钝，外面被柔毛；中萼片卵形，黄色并有紫色粗脉纹，长2.2～2.6cm，宽1.8～2cm，先端急尖，内面无毛，外面有龙骨状突起，并有长柔毛；合萼片和萼片近似而略短，有龙骨状突起2条；花瓣近圆形，长宽各约2.8～3.2cm，先端钝圆，黄色并有紫色条纹，内面基部被白色长柔毛，外面被短柔毛；唇瓣为球形至椭圆形的囊，长5～7cm，宽3.5～5cm，粉红色，内面基部被白色长柔毛，外面无毛。花期2～5月。

产云南麻栗坡、西畴。生海拔1 000～1 420m的石山常绿阔叶林下石上。广西、贵州有分布。

珍贵稀有观赏植物。

紫纹兜兰　兰科
Paphiopedilum purpuratum (Lindl.) Stein

地生兰。有叶3～8枚，长7～17cm，宽2.5～4.2cm，上面具暗绿色与浅黄色相间的

紫纹兜兰 *Paphiopedilum purpuratum*

网格斑。花葶从叶丛中发出，高达20cm，紫色，被紫色短柔毛，顶生1花。中萼片卵状心形，长宽各约2.5～3.5cm，白色而有紫栗色的弧形粗脉纹；合萼片披针形，长2～2.7cm，宽约1.3cm，绿色而有暗色纹；花瓣近矩圆形，长3.5～4.5cm，宽约1cm，紫栗色而有绿白色晕和黑色疣点；退化雄蕊倒心状半月形，绿白色。花期10月至翌年1月。

产云南南部。生海拔700m以下的林内多腐叶土、排水良好的土壤上或箐沟边多苔藓的石缝间。广东、广西有分布。越南也有。

花、叶很美观，是珍贵观赏花卉。

紫毛兜兰 *Paphiopedilum villosum*

紫毛兜兰 兰科

Paphiopedilum villosum(Lindl.)Stein

附生兰，丛生。叶4~5枚，长20~40cm，宽2.5~4cm，深黄绿色，背面近基部有紫点。花葶高10~24cm，黄绿色，有紫色斑点和长柔毛；花1朵，中萼片倒卵形至宽卵圆形，长4.5~6.5cm，宽约3cm，基部边缘向后卷，中内紫栗色而有白色带黄绿色边缘，合萼片卵形，长4~5cm，宽约2cm，花瓣倒卵状匙形，长5~11cm，上部宽达3cm，中脉紫褐色，中脉上侧为淡紫褐色，中脉下侧色较淡或呈淡黄褐色，唇瓣倒盔状，亮褐黄色而有暗色脉纹，长4~6cm，宽3~3.5cm；退化雄蕊椭圆形，绿黄色，长约1.5cm，宽约1.3cm。花期11月至翌年3月。

产云南东南部。生海拔1 100~1 700m的林中树上透光处。越南、老挝、泰国和缅甸也有分布。

供观赏。

狭叶紫毛兜兰(变种) 兰科

Paphiopedilum villosum (Lindl.) Stein var. *annamense* Hort.

本变种与原变种的区别在于本变种叶较窄，宽1.9~3cm，背萼片黄色并带紫褐色，而原变种叶宽达4cm，背萼片白色。

产云南麻栗坡。生海拔1 400~1 500m的石灰岩山常绿阔叶林内，附生于树干上或岩石上。

也是一种很有观赏价值的植物，宜种植于荫湿的环境。用种子组培繁殖。

黄花鹤顶兰 兰科

Phaius flavus (Bl.) Lindl.

地生兰。假鳞茎圆锥形或狭卵状矩圆形。叶片椭圆状披针形，长达45cm，宽5~10cm，顶端渐尖或急尖，基部收窄为长柄，具黄色斑块；花葶通常侧生于假鳞茎基部，直立，圆柱形，大不高出叶外；花苞片披针形，短于子房(连花梗)；总状花序具多数花；花黄色，直径6~7cm，干后矩圆形，顶端钝；花瓣矩圆状倒披针形；唇瓣直立，楔状倒卵形，3裂，侧裂片半圆形，小而短，顶端近圆形，中裂片略较长而宽，反卷呈螺壳状，边缘为皱波状，距长1cm；合蕊柱长1.7cm，前面具长柔毛。花期4~6月。

产云南西畴、文山、勐腊、碧江。生海拔1 500~2 200m的常绿阔叶林下，山谷溪边湿地。福建、广东有分布。日本也有。

是非常有价值的观赏花卉。

黄花鹤顶兰 *Phaius flavus*

白花独蒜兰　　兰科

Pleione albiflora Cribb et C.Z.Tang

附生兰。假鳞茎卵球状圆锥形，上端有长颈，长 3~4.5cm，宽 0.8~1.8cm，顶生 1 叶。叶披针形(未长成)。花葶高 7~13cm；花苞片 2~3.5cm，略长于或等于子房；花单朵，白色，有时唇瓣上有染红色或褐色斑，芳香；萼片狭椭圆形，长 4.4~4.5cm，宽 0.8~1cm；花瓣倒披针形，略狭于萼片；唇瓣近宽椭圆形，长 4~5.7cm，宽 3~3.6cm，不明显的 3 裂，基部有长 1~2mm 的囊，上面有 5 行流苏状长毛；蕊柱长 3.3~4cm。花期 4~5 月。

产云南西北部(大理)。生海拔 2 400~3 250m 被覆有苔藓的树干上或林下生有苔藓的岩石下，也见于荫蔽的岩壁上。缅甸也有。

供观赏。通常用假鳞茎繁殖。

黄花独蒜兰　　兰科

Pleione forrestii Schltr.

附生兰。多年生草本。假鳞茎肉质，近圆锥形或卵形，长 1.5~3cm，径 1~1.5cm，顶端有杯状齿环。叶在花后出现，1 叶生于假鳞茎顶端，披针状长圆形；长 8~10cm，宽 2~2.4cm，先端渐尖，基部收狭成柄、柄抱花葶。花 1 朵，顶生，花葶长 6~10cm，花鲜黄色或黄白色；苞片披针形；中萼片倒披针形，长 2.8cm，宽 6~8mm，侧萼片狭长圆形，长 3cm，宽 0.5cm；花瓣长圆，长约 3cm，宽约 6mm，唇瓣宽卵状椭圆形，长 3.2~3.17cm，宽达 3.7cm，有紫红色斑点，前缘具不明显 3 裂，中裂片边缘撕裂状；褶片 5~7 条，全缘。蒴果圆柱形，长 3cm，径 1cm，具纵棱。花期 4~5 月，果期 8~9 月。

特产云南西部。生海拔 2 700~3 200m 的高山石隙缝中或附生于树干枝杈上。

为珍贵观赏植物。适合盆栽。

秋花独蒜兰　　兰科

Pleione maculata (Lindl.) Lindl.

附生兰。假鳞茎陀螺状，顶端喙状，顶生 2 叶。叶椭圆状披针形，长 10~20cm，宽 1.5~3.5cm。花葶通常长 5~6cm，有时长达 10cm，具 1 朵花，花白色或略带淡紫红色晕，花期无叶或花叶同时开放，花有香味；苞片比子房长；萼片矩圆状倒披针形，长 3~4cm，宽 7~9cm；花瓣倒披针形，与萼片等大。唇瓣卵状矩圆形，中内有 1 大的黄色斑块，前部紫红色的斑块，上面具 5~7 条褶片，边缘呈小波状齿；蕊柱长 1.7~2cm。花期 8~10 月。

产云南西南部。生海拔 600~1 600m 的阔叶林树干上或附生于多苔藓的岩石上。泰国、缅甸、印度、不丹和尼泊尔也有分布。

花素雅美丽，供观赏，需种植于荫湿处的花坛或用盆栽。分株或用种子、组织培养繁殖。

白花独蒜兰 *Pleione albiflora*

黄花独蒜兰 *Pleione forrestii*

秋花独蒜兰 *Pleione maculata*

狭叶紫毛兜兰(变种) *Paphiopedilum villosum* var. *annamense*

二叶独蒜兰 Pleione scopulorum

二叶独蒜兰　　兰科

Pleione scopulorum W.W.Smith

地生兰，高10~20cm。假鳞茎卵形，长1.5cm，当叶掉后有1杯状齿环。顶生2枚叶；幼叶和花同时出现，成叶条状椭圆形或椭圆状披针形，长达15cm，宽1.5~2cm，渐尖，基部收狭成柄抱花茎。花葶顶生1朵花；花苞片狭倒卵形或近矩圆形，顶端钝，和子房近等长；花稍下垂，玫瑰红色或带紫，具紫色斑点，萼片等大，狭卵形，长约2.5cm，宽约9mm，急尖；花瓣和萼片近相等，矩圆形，稍急尖；唇瓣肾形，长约2.5cm，宽约3cm，顶端钝尖，边缘稍有不规则的细锯齿，内面有5~9条具不规则鸡冠状缺刻的褶片；合蕊柱长1.7cm。花期5~6月。

产云南西北部腾冲、贡山澜沧江与怒江分水岭。生海拔3000~3800m的山坡密林，沟谷泥土石壁上。西藏有分布。

花美观，主供观赏，适于盆栽或花坛种植。

云南独蒜兰　　兰科

Pleione yunnanensis (Rolfe) Rolfe

地生兰，高13~33cm。假鳞茎瓶状，顶有杯状齿环，长2~3.5cm，宽1~1.5(2)cm，顶生花葶和1枚叶。叶披针形，近急尖，长20~30cm，宽2.5~3.5cm，基部收狭成鞘状柄抱花茎。花茎直立，高12~20cm，通常开花时无幼叶，罕有具小的幼叶，顶生1朵花；花苞片狭倒卵形，顶端钝，短于子房；花淡紫色，萼片晕大，矩圆状倒卵形，顶端稍钝，长3.5~4cm，宽6~8mm；花瓣和萼片相似，顶端钝；唇瓣基部阔楔形，3裂，侧裂片圆形，中裂片楔形，顶端稍凹缺，边缘具锯齿状撕裂，内面具2~5条近全缘的褶片；子房连柄长3~4cm。花期5~6月，果期8~9月。

产云南中部至西北部和东川、蒙自、红河等地。生海拔2000~3000m的林下沟谷有泥土的石壁上。

鳞茎入药代"白及"止咳化痰。花供观赏，适于盆栽和花坪中种植。

云南独蒜兰 Pleione yunnanensis

缘毛鸟足兰　　兰科

Satyrium ciliatum Lindl.

地生兰，高14~30cm。块茎矩圆状椭圆形，长1~5cm。茎直立，具1~2枚叶及1~2枚鞘状鳞片。叶肥厚，卵状披针形，下面1叶长6~15cm，宽2~5cm，边缘稍具皱波状。总状花序长3~15cm，具多数密集的花；花苞片卵状披针形，外折，较子房长；花粉红色，萼片顶端边缘具细缘毛，中萼片条状椭圆形，长5~6mm，宽1.3mm，顶端或多或少具不明显的3裂；唇瓣兜状，近半球形，长6mm，顶端急尖且具不整齐的齿；距较萼片短或近等长，长4~6mm；子房无毛。花期8~9月，果期10月。

产云南中部至东部，东北部和西北部以及临沧地区、蒙自、丘北等地。生海拔2000~3400m的山坡草丛中或灌丛间。四川有分布。锡金、不丹也有。

供花坛或盆栽。通常用块茎分株繁殖。

船唇兰　　兰科

Stauropsis undulata(Lindl.)Benth.ex Hook.f.

附生兰。茎圆柱形，长50~60cm；节间长4cm。叶片舌状矩圆形，长9~12cm，宽1.5~2.5cm，顶端2圆裂，裂口中内具1短芒，基部具鞘；叶鞘表面具疣状突起。花葶粗壮，长50cm；花序常具少数短分枝，疏生少数花；花苞片宽卵形，长8mm，顶端钝；花大，白色带紫褐色；萼片和花瓣多少反折，匙状披针形，边缘波状；萼片长2.5~4cm，宽8~12mm；花瓣较小；唇瓣比花瓣短，侧裂片近直立，抱住合蕊柱，耳状三角

缘毛鸟足兰 Satyrium ciliatum

船唇兰 Stauropsis undulata

形、中裂片船状、肉质、中部以上两侧压扁、顶端钝、基部凹陷、唇盘上面中内具2条肉质状龙骨、龙骨到达中部汇合成1条、在近顶端处高高隆起；合蕊柱粗短。花期4~5月，果期9~10月。

产云南勐腊、景洪、勐海、思茅、澜沧、景东、临沧、龙陵、腾冲、贡山。生海拔1 600~2 200m的山坡阔叶林中、附生。不丹、锡金、印度有分布。

供观赏、适于悬吊栽培。

笋兰　兰科
Thunia alba(Lindl.)Rchb.f.

地生兰、高30~50cm。根状茎粗短。茎粗壮、具节、形如竹笋。云南称岩笋。叶互生、长椭圆形、基部具关节、长12~20cm、宽2.5~5cm、基部呈鞘抱茎、秋季落叶、叶基膜质鞘残存；夏季开花、总状花序顶生、具3~7朵花；花大、美丽芳香、花苞片大、卵圆状椭圆形、短于花；花瓣、花萼白色、等长、萼瓣舌状、钝尖、长4cm；唇瓣淡黄色、矩圆形、急尖或截平、前面具细锯齿、内面具5条宽的赭黄色的褶片、距大、胼胝体半月形。花期5~6月。

产云南腾冲、瑞丽江与怒江分水岭、绿春、蒙自。生海拔1 500~2 300m的石山岩壁上、阔叶林下石上、沟边。四川、西藏有分布。

全草入药、滋阴润肺、止咳化痰。花大而美丽极芳香、观赏极佳。分株繁殖。

白柱万代兰　兰科
Vanda brunnea Rchb.f.

附生兰。茎伸长、具多数2列而披散的叶。叶带状、通常长22~25cm、宽约2.5cm、先端具2~3个不整齐的尖齿状缺刻。总状

笋兰 Thunia alba

花序长13~25cm、疏生多数花；花质地厚、直径约5cm；萼片和花瓣上面白色、背面黄褐色、明显具网格纹、边缘多少波状；唇瓣3裂、侧裂片白色、宽矩圆形；中裂片黄绿色或淡黄色、基部与先端近等宽、先端2圆裂、基部两侧各具2条褐红色条纹；距短圆锥形、长6~7mm；蕊柱和子房乳白色。花期3~4月。

产云南南部。生海拔800~1 550m的疏林中或林缘树干上。缅甸和泰国也有分布。

万代兰、花艳丽、花期长、是著名的观赏兰花。适于悬吊栽培。

琴唇万代兰　兰科
Vanda concolor Bl. ex Lindl.

附生兰。茎短、圆柱形。叶革质、带状、弧曲伸展、长20~30cm、宽1~3cm、顶端3裂、裂片牙齿状、基部略对折。花葶腋生、短于叶；总状花序疏生少数花；花苞片小、卵状三角形、顶端钝；花梗(连子房)长3cm；花质地厚、淡黄色、无斑纹、直径约3cm；萼片斜矩圆形、顶端钝、边缘波状；花瓣倒卵形、比萼片略小、顶端圆形、基部具短爪；唇瓣3裂、侧裂片小、直立、镰状三角形、中裂片近提琴形、中上部缢缩、顶端扩大并且通常微凹、上面具多条疣状突起的条纹、在距入口处有2个乳突状毛的胼胝体；距纤细、长7mm。

产云南东南部、蒙自。生海拔1 300~2 100m、附生树上。广西、四川、贵州有分布。

供观赏。适宜于悬吊栽培。

白柱万代兰 Vanda brunnea

琴唇万代兰 Vanda concolor

参考文献

1.　中国科学院昆明植物研究所. 云南种子植物名录（上、下册）. 昆明: 云南人民出版社，1984

2.　中国科学院昆明植物研究所. 云南植物志（1～8卷）. 北京:科学出版社，1977～1997

3.　吴征镒主编. 云南植物(日文版，Ⅰ，Ⅱ，Ⅲ). 日本: 日本放送出版协会，中国：云南人民出版社. 昭和61年

4.　中国科学院《中国植物志》编辑委员会. 中国植物志（已出版的有关卷册）. 北京: 科学出版社

5.　中国科学院植物研究所主编. 中国高等植物图鉴(第一至第五册). 北京:科学出版社，1972～1976

6.　中国科学院植物研究所主编. 中国高等植物图鉴(补编第一、第二册). 北京:科学出版社，1982、1983

7.　吴征镒主编. 西藏植物志(第二、四卷). 北京: 科学出版社，1985

8.　《中国自然资源丛书》编撰委员会. 中国自然资源丛书(云南卷). 北京: 中国环境科学出版社，1996

9.　《云南植被》编写组. 云南植被. 北京: 科学出版社，1987

10.　中国科学院《中国自然地理》编辑委员会. 中国自然地理总论. 北京: 科学出版社，1985

11.　冯国楣主编. 中国杜鹃花（第一、二册）. 北京: 科学出版社，1988、1992

12.　冯国楣主编. 云南杜鹃花（日文版）. 日本: 日本放送出版协会，中国: 云南人民出版社，昭和56年

13.　冯国楣主编. 中国珍稀野生花卉（1）. 北京: 中国林业出版社，1995

14.　傅立国主编. 中国植物红皮书（第一册）. 北京: 科学出版社，1992

15.　陈心启，吉占和. 中国兰花全书. 北京: 中国林业出版社，1998

16.　杨增宏等. 兰花—中国兰科植物集锦. 北京: 中国世界语出版社，1993

17.　陈俊愉、程绪珂主编. 中国花经. 上海: 上海文化出版社，1990

18.　郑万钧主编. 中国树木志（第一、二卷）. 北京: 中国林业出版社，1983、1985

19.　侯宽昭. 中国种子植物科属词典. 北京: 科学出版社，1982

20.　徐廷志等. 中国－日本槭树资源与园林. 昆明: 云南科技出版社，1996

21.　方震东. 中国云南横断山野生花卉. 昆明: 云南人民出版社，1993

22.　管开云主编. 云南高山花卉. 昆明: 云南科技出版社，1998

23.　吉占和. 兰科槽舌兰属研究. 植物分类学报，1982,20(4)

24.　陈心启、刘芳媛. 云南几种兜兰属植物. 云南植物研究，1982.4(2): 163～167

拉丁名索引

中文名索引